Complex Networks

複雑ネットワーク
基礎から応用まで

増田直紀　今野紀雄

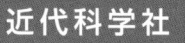

近代科学社

◆ 読者の皆さまへ ◆

　小社の出版物をご愛読くださいまして，まことに有り難うございます．

　おかげさまで，㈱近代科学社は1959年の創立以来，2009年をもって50周年を迎えることができました．これも，ひとえに皆さまの温かいご支援の賜物と存じ，衷心より御礼申し上げます．

　この機に小社では，全出版物に対してUD（ユニバーサル・デザイン）を基本コンセプトに掲げ，そのユーザビリティ性の追求を徹底してまいる所存でおります．

　本書を通じまして何かお気づきの事柄がございましたら，ぜひ以下の「お問合せ先」までご一報くださいますようお願いいたします．

お問合せ先：reader@kindaikagaku.co.jp

なお，本書の制作には，以下が各プロセスに関与いたしました：
・企画：山口幸治
・編集：大塚浩昭
・組版：TeX／大日本法令印刷
・印刷：大日本法令印刷
・製本：大日本法令印刷
・資材管理：大日本法令印刷
・カバー・表紙デザイン：ティプロット
・広報宣伝・営業：冨高琢磨，山口幸治

- ・本書の複製権・翻訳権・譲渡権は株式会社近代科学社が保有します．
- JCOPY 〈(社)出版者著作権管理機構 委託出版物〉
  本書の無断複写は著作権法上での例外を除き禁じられています．
  複写される場合は，そのつど事前に(社)出版者著作権管理機構
  （電話 03-3513-6969，FAX 03-3513-6979，e-mail: info@jcopy.or.jp）の
  許諾を得てください．

はじめに

本書は，複雑ネットワーク (complex networks) の解説書である。「ネットワーク」は，日常用語としてはインターネットの意味で用いられることが圧倒的に多い。しかし，本書では，ネットワークはつながり全般を指し，下の図のように表されるものを扱う。人間関係，企業間の取引関係，食物網，道路網，脳，ウェブ，といった多くのネットワークが身の周りにある。世の中のネットワークのつながり方は複雑であり，かつ，ある程度の秩序がある。そして，地域社会，経済破綻，生態系の破壊，交通渋滞，脳の高次機能，検索エンジンなど，つながりが大きな役割を果たす例は数え切れない。

下の図では，人の個性が捨てられて一人ひとりが1つの丸で表されている。そのような荒っぽいやり方ながらも，複雑ネットワークの研究は，1998年頃の勃興から10年余をかけて急速に進展し，様々な応用分野でもその成果が認められるようになった。本書は，複雑ネットワークの専門書であり，実データの

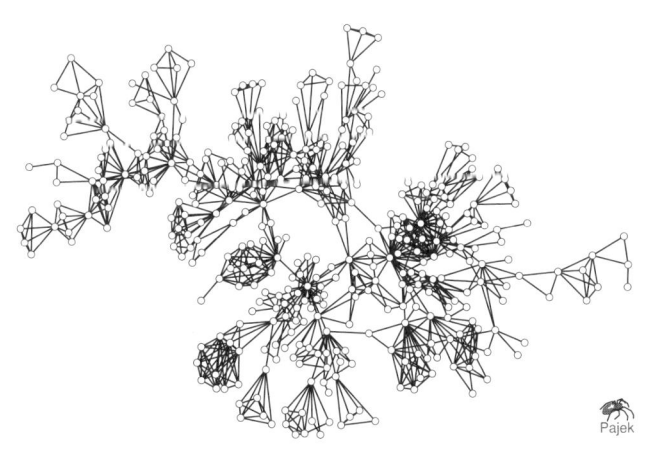

図　共著ネットワーク。文献 [175] のデータの一部を図示

解析，理論，数値計算などを扱う。

我々は，2005 年に複雑ネットワークの専門書を刊行した [13]。それにも関わらず本書を執筆したことには理由がある。第一に，この分野は発展が速い。この 5 年間の間にも，新しい理論の発展と応用の広がりがかなりあった。第二に，この分野において，どの内容が遍く勉強するに値するような基礎あるいは古典であるかが，この分野の研究者の間で共有されるようになってきた。これらの内容は，本書でも重点的に解説する。第三に，この分野に対する研究者，学生，企業人などの興味の高まりも手伝って，前書よりも体系的，網羅的で，独習も可能であり，参考情報が充実している専門書の必要性を強く感じるに至った。本書は，前書のちょっとした改良版ではない。第 3 章，第 9 章，第 10 章，付録のアルゴリズム集の全部や，第 2 章，第 7 章，付録の文献情報の大半は新規であり，また，それ以外の部分にもかなりの新しい内容を追加した。

本書は，第 7 章まででネットワークの構造，第 8 章から付録の手前まででネットワーク上の現象を扱う。数式や論理展開は，なるべく独習が可能になるように，一部の読者にはくどくても，できるだけ行間を埋める記述を心がけた。それでも計算が難しいかもしれないところは 🔍 マークで始めと終りを示した。数式にあまり興味のない読者は，このマークの中の範囲を飛ばして構わない。また，どうしても記述が詳細に渡ってしまう 3 箇所は，補遺（PDF 版）に回した。補遺の著作権は著者に属するが，近代科学社のサポートページ[1]，および，著者のウェブサイト[2] から無償でダウンロード可能である。

本書にある図の多くを，フリーソフトの Pajek を用いて描画した。該当する図については，Pajek のロゴをそのまま残した。本書の原稿を読んでコメントして頂いた，一宮尚志氏（京都大学），井手勇介氏（神奈川大学），上野太郎氏（熊本大学），大槻久氏（JST），郡宏氏（お茶の水女子大学），小林徹也氏（東京大学），長谷川雄央氏（東京大学），巳波弘佳氏（関西学院大学），室田一雄氏（東京大学），吉野好美氏（東京大学）の諸氏に御礼申し上げる。また，著者からの出版の提案を快諾して頂き，着実に編集と出版を進めて下さった近代科学社の山口幸治氏と，出版の提案について相談にのって頂いた impress R&D 社の松本修氏に御礼申し上げる。

---

1) http://www.kindaikagaku.co.jp/support.htm
2) http://www.stat.t.u-tokyo.ac.jp/~masuda/

目　次

第 1 章　準備 ··· 1
　1.1　複雑ネットワークとは ··· 1
　1.2　グラフの基礎 ·· 3

第 2 章　ネットワークの特徴量 ··· 7
　2.1　次数分布 ·· 7
　2.2　平均距離 ·· 21
　2.3　クラスター係数 ··· 23
　2.4　次数相関 ·· 27
　2.5　中心性 ··· 31
　2.6　コミュニティ構造 ·· 37
　2.7　モチーフ ·· 48

第 3 章　実データ ··· 51
　3.1　人間関係ネットワーク ··· 51
　3.2　インターネット関係 ·· 55
　3.3　食物網 ··· 57
　3.4　神経系と脳 ··· 59
　3.5　システム生物学のネットワーク ······························· 61
　3.6　その他 ··· 63

第 4 章　古典的なグラフ ·· 65
　4.1　完全グラフ ··· 65
　4.2　空間に埋め込まれた格子 ·· 66

目 次

4.3	木	73
4.4	ランダム・グラフ	76
4.5	複雑ネットワークに向けて	82

第5章 スモールワールド・ネットワーク　83

5.1	Watts–Strogatz（WS）モデル	83
5.2	WS モデルの解析	87
5.3	地理的なモデル	92

第6章 成長するスケールフリー・ネットワークのモデル　95

6.1	Barabási–Albert（BA）モデル	95
6.2	BA モデルの次数分布の導出	99
6.3	優先的選択ルールの拡張	103
6.4	頂点コピーモデル	106
6.5	Holme–Kim モデル	109
6.6	適応度モデル	110
6.7	頂点非活性化モデル	117
6.8	階層的モデル	122

第7章 成長しないスケールフリー・ネットワークのモデル　129

7.1	コンフィグモデル	130
7.2	一般の次数分布をもつ木	136
7.3	Goh モデルと Chung–Lu モデル	140
7.4	隠れ変数モデルと閾値モデル	143

第8章 ネットワーク上の感染伝播モデル　149

8.1	パーコレーション	150
8.2	スケールフリー・ネットワーク上のパーコレーション	155
8.3	選択的攻撃	169
8.4	WS モデル上のパーコレーション	174
8.5	SIS モデル（コンタクト・プロセス）	178
8.6	SIR モデル	186

第 9 章	ネットワーク上の他の確率過程	193
9.1	進化ゲーム	193
9.2	ランダム・ウォーク	203
9.3	カスケード故障	220
第 10 章	ネットワーク上の同期	225
10.1	結合位相振動子	226
10.2	結合力学系	233
第 11 章	付録	245
11.1	アルゴリズム集	245
11.2	複雑ネットワークの情報源	255
	関連図書	258
	索引	277

第 1 章　準備

1.1　複雑ネットワークとは

複雑ネットワークの対象は，点が線で結ばれた，「はじめに」の p.i にある図のようなものである．点を人，線を二者間の人間関係と思えばこの図は社会ネットワークであり，点を交差点，線を道路と思えば道路網であり，点をコンピュータ，線をケーブルと思えばインターネットである．このような図を一般にネットワークと言う．インターネットよりも広い概念である．

　頭に「複雑」という枕詞がつくのは，人間関係やインターネットなど現実に見られるネットワークが，思いのほか複雑だからである．なので，複雑ネットワーク研究を，現実に則したネットワークの研究と言い換えてもよい．研究分野としてはネットワーク科学 (network science) と呼ばれることもある．

　複雑系と関連づけて複雑ネットワークを把握する人もいる．素子の相互作用を通じて，単一素子の振舞いからは想像できない大規模ないし複雑な振舞いが生じることが，複雑系の主な特徴であると思われる．複雑ネットワークを複雑系の例と考えることはできる．しかし，そのように個対総という対比を行っても，特に理解は進まない．単一素子の振舞いとは異なる集団現象が生じる理由を明らかにする必要があるが，ネットワークの研究においては，そのために複雑系の道具立てや概念を用いるわけでもない．あくまで，ネットワークの全体ないし局所を具体的に解析する方法を準備し，用いる．本書全体はそのように構成されている．

　さて，「現実は複雑だ」と言っていても，ネットワークの理解は進まない．実は，様々なネットワークに共通して見られる普遍的な性質がある．そのような性質が明らかになり始めたことが，複雑ネットワーク研究の幕開けであった．

多少の重要な先行研究はあるものの，1998年のワッツとストロガッツの論文 [219] と1999年のバラバシとアルバートの論文 [68] がこの研究分野の始まりであるとしてよい．それから10年ほどの間に，ネットワークの研究は，理論から応用まで急速に発展した．他分野との相互作用も多い．

p.i のような図は，複雑ネットワーク研究の専売特許ではない．関連分野について，簡単に説明する．

このような図は，数学ではグラフと呼ばれ，歴史がある．円グラフや高校で描く $y = 2x + 1$ のグラフとは意味が異なり，数学での語法である．グラフ理論はグラフ（＝ネットワーク）を数学的に調べる分野である．グラフ理論の歴史は，18世紀の大数学者オイラーにまで遡る．オイラーは，1736年にケーニヒスベルクという川の街を訪れたときに，街に7本ある全ての橋を1回ずつ通って出発地点に帰着する散歩道があるかどうかを自問した．この問は，街の地図をグラフとして抽象化することによって，数学的に解析できる．その後しばらくはグラフ理論の歩みは遅かったが，20世紀に入ってからグラフ理論は体系化された．現在では，グラフ理論は，離散数学と呼ばれる数学の中の大きな研究分野である．なお，離散数学においては，グラフ上の物流のようなものを調べる研究分野の意味でネットワーク理論という言葉が使われる．しかし，本書で言うネットワークは，離散数学で言うネットワーク理論ではなく，離散数学で言うグラフと同じである．

グラフ理論の応用は広いが，数学の分野であるグラフ理論そのものは，定義，定理，証明，… の形をとる．グラフ理論の枠組みだけで現実の複雑ネットワークを理解することは，実データがもつ証明に不向きな性質やノイズなどが理由で必ずしも可能ではない．複雑ネットワークの研究は，グラフ理論を含む数学の立場から見ると，様々な近似を許して実利や定量性に重きを置いている．

例えば，p.i の図にある点や線の数は整数値だが，それらを連続量として近似して定式化することがしばしばある．証明には必ずしもとらわれないような物理学，応用数学，工学などの研究者が参入することによって，複雑ネットワークの研究が本格的に始まったのである．近年は，確率論やグラフ理論といった数学の立場からも，複雑ネットワークが研究されている．

次に，社会学におけるネットワーク研究の歴史は長く，1920年代にまで遡

る。ネットワーク分析，とも呼ばれる。社会学のネットワーク分析では，人間関係のネットワークが関心事である。また，従来は，扱えるネットワークの規模は中規模（点の数が100など）までが普通だった。昔は計算機やインターネットが普及していず，また，人間関係なので図の線の有無を同定すること自体が精度，規模の両方の意味で難しかったのである。一方，複雑ネットワーク研究では，人間関係ネットワークはネットワークの1種類にすぎず，生物，物理，工学，経済などに現れる様々なネットワークが研究対象である。また，1998年という時期が計算機やインターネットの爆発的発展と重なったこともあって，データの精度，規模，分野横断などについての向上が現在に至るまで著しい。

また，社会学のネットワーク分析には，黎明期からグラフ理論研究者が参画した。そのために，数学に基づいた解析手法が多い。複雑ネットワーク研究では，物理学などの研究者の手法を反映して，統計物理学的な手法や数値計算を多く用いる。

まとめると，複雑ネットワークの研究は，数学や社会学における同様な研究と密接に関係しつつ，1998年頃の物理学者たちの参入をきっかけに大きく開かれた。

1.2　グラフの基礎

本書では主に「ネットワーク」という語を用いる。説明対象がグラフ理論に由来するときには「グラフ」という語を用いることがある。この2つは同じものを指す。以下，本書を通じて必要となる最低限のグラフ理論等の道具立てを説明する。グラフ理論のごく初歩の定義周辺のみである。

ネットワークにある●を頂点と呼ぶ。点，ノードとも呼ばれる。ネットワークにある線分を枝と呼ぶ。弦，弧，紐帯，リンクとも呼ばれる。p.iのネットワークからわかるように，1本の枝は2つの頂点をつなぐ。枝で直接結ばれる2頂点は隣接しているという。二者関係を考えることが，グラフ理論やネットワークの科学の大前提である。三者関係以上をひと単位とすることもあり，それも複雑ネットワークの守備範囲ではあるが，頻用されてはいない。本書では，二者関係のみを考える。1つのネットワーク（＝グラフ）は，いくつかの頂点の集まりといくつかの枝の集まりから成る。

第 1 章　準備

本書を通じての約束事として，

$$N \text{ は頂点数，} M \text{ は枝数}$$

を表す。複雑ネットワークの研究では，大きなネットワークに着目することが多い。「大きい」の定義はないが，N が数百以上，場合によっては 10 万や 100 万以上である。よって，ネットワークを描くだけでは，ネットワークを把握することが難しい。次章では，複雑なネットワークを理解するための様々な指標を紹介する。

ネットワークの定義をもう少し正式に述べる。ネットワークは頂点の集合 $V = \{v_1, v_2, \ldots, v_N\}$ と枝の集合 $E = \{e_1, e_2, \ldots, e_M\}$ からなる。1 本の枝 e_i は $e_i = (v_a, v_b)$（a, b は 1, 2, …, N のどれか）と表される。v_a と v_b を並べる順番は，特に断りのない限り問わない。そのようなネットワークは**無向グラフ，無向ネットワーク**と呼ばれる。枝に方向をつける場合は**有向グラフ，有向ネットワーク**と呼ばれ，本書では時折出てくるのみである。p.i の図は無向ネットワークである。図 1.1 も無向ネットワークであり，$N = 5, M = 6,$

$$V = \{v_1, v_2, v_3, v_4, v_5\}, \tag{1.1}$$
$$E = \{(v_1, v_2), (v_1, v_3), (v_1, v_4), (v_1, v_5), (v_2, v_4), (v_4, v_5)\} \tag{1.2}$$

である。図 1.1 で，見かけ上は枝 (v_1, v_5) が他の枝よりも長いが，それは関係ない。2 つの点が結ばれているか否かだけに意味があって，頂点や枝の配置は問わない。また，図 1.2（A）のように 2 本以上の枝が見かけ上交わっていてもよい。図 1.2 の 2 つのネットワークは同一である。頂点や枝を見やすく配置するためのネットワーク可視化の研究は，本書では扱わない。

$e_i = (v_a, v_a)$ の形の枝は，図 1.3（A）のように，自分から自分へ行く枝であり，**ループ，セルフループ**と呼ばれる。(v_a, v_b) という枝が E の中に 2 回以上現れると，図 1.3（B）のような**多重辺**ができる。本書では，特に断らない限り，ループと多重辺を除外する。

枝の集合を，式（1.2）のような枝のリストのほかに，**隣接行列**によって表すこともできる。隣接行列 A は $N \times N$ 行列であり，v_i（$1 \leq i \leq N$）と v_j（$1 \leq j \leq N$）が隣接していれば A の i 行 j 列要素 A_{ij} が 1, 隣接していなけ

1.2 グラフの基礎

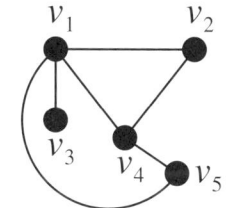

図 1.1　ネットワークの例

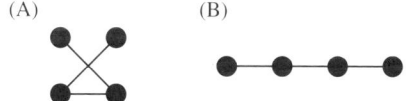

図 1.2　(A) のネットワークと (B) のネットワークは同一

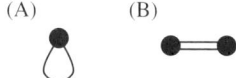

図 1.3　ループ (A) と多重辺 (B) は許さない

れば $A_{ij} = 0$ として定義される。ループがないので $A_{ii} = 0$ である。また，無向ネットワークならば $A_{ij} = A_{ji}$，つまり，隣接行列は対称行列である。図 1.1 のネットワークの隣接行列は

$$A = \begin{pmatrix} 0 & 1 & 1 & 1 & 1 \\ 1 & 0 & 0 & 1 & 0 \\ 1 & 0 & 0 & 0 & 0 \\ 1 & 1 & 0 & 0 & 1 \\ 1 & 0 & 0 & 1 & 0 \end{pmatrix}. \qquad (1.3)$$

式 (1.2) のような枝リスト，または，隣接行列を知れば，ネットワークに関する全ての情報をもっていることになる。数式を書いたり証明をしたりするときは，隣接行列の方が便利であることが多い（例えば 9.2 節，10.2 節）。

隣接行列は $N \times N$ 個の要素をもつので，N が大きいと消費メモリが N^2 に

5

比例して大きい．通常は，隣接行列の要素の多くが0である．隣接行列の1の個数を2で割ったものが枝数であり，それは，$N \times N$ よりも遥かに小さいことが多いのである．したがって，プログラミングをしたり，実データを扱ったりするときは，隣接行列ではなく枝リストを用いるとよい．

どの頂点 v_i からどの頂点 v_j にも到達できるネットワークを，連結であると言う．連結でない，すなわち，非連結とは，1つのネットワークが2つ以上の部分に分断していることである．このときは，個々の部分ネットワークを1つの連結なネットワークと見なして考えればよい．よって，特に断らない限り，本書では連結なネットワークを仮定する．

以下，約束ごととして

- $\approx$ は左辺と右辺がだいたい同じであることを意味する．数学的には N の関数 $f(N)$ と $g(N)$ が $f(N) \approx g(N)$ であるとは

$$\lim_{N \to \infty} \frac{f(N)}{g(N)} = 1 \tag{1.4}$$

と同値であるとする．頂点数の記号 N を例にとって式 (1.4) を説明したが，引数は N でなくてもよい．

- $\propto$ は左辺と右辺がだいたい比例することを意味する．数学的には $f(N) \propto g(N)$ は

$$c_1 \leq \lim_{N \to \infty} \frac{f(N)}{g(N)} \leq c_2 \text{ を満たす } c_1, c_2 > 0 \text{ が存在する} \tag{1.5}$$

と同義であるとする．

- $O(N)$ は，高々 N に比例する大きさであることを表す．例えば，$M = O(N^2)$ は，「$M \propto N^2$ または $\lim_{N \to \infty} M/N^2 = 0$」と同値である．

第 2 章　ネットワークの特徴量

　本章では，複雑なネットワークを特徴づける主な概念を説明する．概念の羅列となることを避けるために，いくつかについては，後の章で，それが初めて出てくる所で説明する．そのような例に，方向つきの枝（2.7 節，9.2.2 節），階層性（2.6 節，6.8 節，9.2.4 節），固有値（4.4 節，7.3 節，10.1 節，10.2 節）がある．また，枝の重み（各枝が実数値の「太さ」をもつこと [45, 50]）も本書では扱わない．

　ネットワークの特徴には，局所的なものと大局的なものがある．以下で紹介する次数，次数相関，クラスター係数，モチーフなどは，ある頂点の付近の情報だけから計算できる局所的な量である．平均距離，近接中心性，媒介中心性，固有ベクトル中心性，コミュニティ構造などは，ネットワーク全体の情報を用いて計算する大局的な量である．局所的な量は計算がより簡単であるが，ネットワーク全体を 1 つとしてとらえるには大局的な量を用いる．両者をあわせることによって，ネットワークをより深く理解できる．以下では，理解のしやすさを考慮して，局所と大局の区別にこだわらずに，ネットワークの特徴量を順々に説明する．

2.1　次数分布

　頂点 v_i から出る枝の数 k_i を，v_i の**次数**と言う．図 1.1 では $k_1 = 4, k_2 = 2, k_3 = 1, k_4 = 3, k_5 = 2$ である．

　1 本の枝には必ず 2 つの端があり，2 つの頂点がつながっているので，1 本の枝は次数の総和 $\sum_{i=1}^{N} k_i$ に 2 だけ寄与する．よって，どのようなネットワー

クについても

$$\sum_{i=1}^{N} k_i = 2M \tag{2.1}$$

が成り立つ（M は枝数）。これを握手の補題と言う。

図 1.1 の例でもそうであるように，多くのネットワークでは，次数は頂点ごとに異なる。よって，次数が k の頂点が全頂点に占める割合を知ることは有用である。この割合を $p(k)$ と書く。すなわち，次数 k の頂点は $Np(k)$ 個ある。

$$\{p(k)\} \equiv \{p(0), p(1), p(2), \ldots, p(N-1)\} \tag{2.2}$$

を次数分布と言う。

$$0 \leq p(k) \leq 1, \quad \sum_{k=0}^{\infty} p(k) = \sum_{k=0}^{N-1} p(k) = 1 \tag{2.3}$$

が成立していることに注意する。図 1.1 の例では，

$$p(0) = 0, \quad p(1) = \frac{1}{5}, \quad p(2) = \frac{2}{5}, \quad p(3) = p(4) = \frac{1}{5}, \quad p(k) = 0 \; (k \geq 5). \tag{2.4}$$

式 (2.2) によると，次数の最大値は $N-1$ である。図 1.3 のようなループや多重辺を許さないという決まりのもとで v_i の次数が最大となるのは，v_i が他の全ての頂点と結びついて次数が $N-1$ であるときだからである。

ネットワークを生成するモデル（＝作り方）の多くは確率モデルである。すなわち，一定の規則にしたがいながらも，乱数を振ることによって枝を決める。すると，$p(k)$ も確率的な量となり，同じモデルを用いて頂点数 N を固定しても，出てくる次数分布は毎回異なることが普通である。そのときは，$p(k)$ は確率分布であると見なす方がよい。つまり，ある頂点が次数 k をもつ確率が $p(k)$，ということである。次数が k の頂点数は，ネットワークを生成する度に一般的に異なるが，約 $Np(k)$ である。

次数 k の平均値を平均次数と呼び $\langle k \rangle$ と書く。つまり

$$\langle k \rangle = \sum_{k=0}^{\infty} kp(k). \tag{2.5}$$

$\langle k \rangle$ は，1つのモデルから何回もネットワークを生成するときの次数の平均と

表 2.1　分布の例。$N = \infty$ と見なす

分布	$p(k)$	$\langle k \rangle$	$\langle k^2 \rangle$
ポアソン分布	$e^{-\langle k \rangle}\langle k \rangle^k/k!$,　$(k = 0, 1, \ldots)$	$\langle k \rangle$	$\langle k \rangle^2 + \langle k \rangle$
指数分布	$\lambda e^{-\lambda k}$,　$(k \geq 0)$	$1/\lambda$	$2/\lambda^2$
正規分布	$e^{-\frac{(k-\mu)^2}{2\sigma^2}}/\sqrt{2\pi}\sigma$	μ	$\mu^2 + \sigma^2$

見なしてよい。一方，1 つのネットワークを成す N 個の頂点に渡る平均を考えることもある。その場合は式 (2.5) を

$$\langle k \rangle = \frac{1}{N}\sum_{i=1}^{N} k_i \qquad (2.6)$$

と書き直すことができる。式 (2.1) とあわせると，便利な関係式 $\langle k \rangle = 2M/N$ を得る。

次数分布は様々な形をとりえる。いくつかの次数分布と，その平均次数 $\langle k \rangle$，次数の 2 乗平均 $\langle k^2 \rangle$ を表 2.1 に示す。次数は整数であるが，指数分布や正規分布は連続分布である。ただ，その差は大きな問題とならない場合がほとんどである。次節で見るように，次数分布の形は複雑ネットワークの大きな興味である。ただ，次数分布の形を論じる以前に注意点が 1 つある。

複雑ネットワークの世界では，$\langle k \rangle$ は大きすぎないというのが暗黙の約束事である。知人関係にある 2 人の間にだけ枝があるような，$N = 10$ の知人関係ネットワークを考える。$\langle k \rangle = 6$ だとしても驚きではない。しかし，$N = 100000$ のネットワークで $\langle k \rangle = 60000$ ということは起こらなそうである。複雑ネットワークでは，頂点数 N の大きなネットワークを扱うことが多い。そのとき，$\langle k \rangle$ が大きすぎてネットワークが枝だらけになることは，稀である。枝が非常に多いと，隣接行列の要素に 0 が多い（疎行列）ときにだけ使える各種計算技法が使えない，という技術上の困難も生じる。

そこで，明記しない限り，$\langle k \rangle$ は大きすぎないと仮定する。次数は最大で $N - 1 \approx N$ なので，$\langle k \rangle \ll N$ のときに $\langle k \rangle$ は大きすぎないと言う。実用的には，N が大きくなるときに，$\langle k \rangle$ は定数に留まるか，せいぜい $\log N$ の程度でしか大きくならない状況を指す。

次に，本書の随所で使われるある関係式について説明する。自分 v の隣接

第2章 ネットワークの特徴量

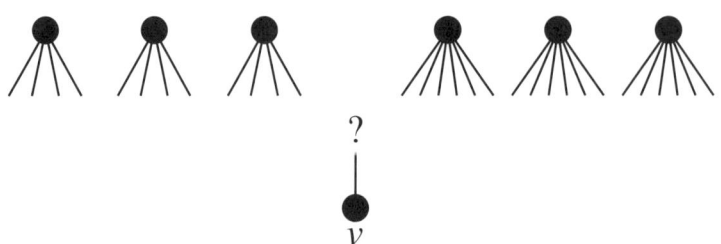

図 **2.1** 隣接点の次数は？

点 v' の次数はどれくらいだろうか？ 実は，隣接点の次数分布は $\{p(k)\}$ ではなく，平均次数も $\langle k \rangle$ ではない。「隣」は枝をたどって初めて意味をなす概念なので，枝をたどったもとでの条件つき確率分布を考えなければいけないからである。例として，v のほかに，次数が4の頂点と6の頂点が半分ずつあるとする（図 2.1）。v が自分から出る1本の枝をたどって隣接点を1つ選ぶとき，$k=4$ の頂点が選ばれる確率は $1/2$ ではない。他の頂点のうちの1個を等確率で選ぶわけではなく，他の頂点たちから出る枝のうちの1本を等確率で選ぶ。よって，$k=4$ の頂点のいずれかを隣接点として選ぶ確率は $4/(4+6)=2/5$，$k=6$ の頂点を選ぶ確率は $6/(4+6)=3/5$ である。頂点が v に選ばれる確率は，次数に比例する。よって，隣接点の次数が k となる確率は，頂点の割合を枝の本数で重みづけた $kp(k)$ に比例して

$$\frac{kp(k)}{\sum_{k'} k'p(k')} = \frac{kp(k)}{\langle k \rangle} \tag{2.7}$$

となる。式 (2.7) の分母は，確率を足して1になるようにするための規格化定数である。

2.1.1 べき則

多くのネットワークの次数分布は，べき則である。べき則とは

$$p(k) \propto k^{-\gamma} \tag{2.8}$$

を指す（$\propto$ は比例を表す）。規格化定数 $\mathcal{N}$ を用いて $p(k) = \mathcal{N} k^{-\gamma}$ と書いても

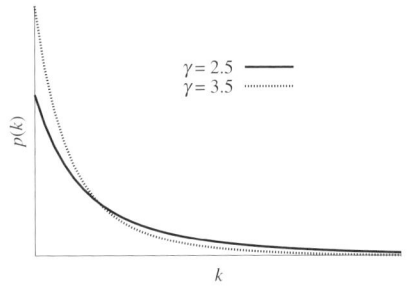

図 **2.2** γ が異なる 2 つのべき分布

よい。γ をべき指数と呼ぶ。図 2.2 に $\gamma = 2.5$ のべき分布と $\gamma = 3.5$ のべき分布を模式的に示す。べき則は，正規分布（表 2.1）などと比べて，大きな値が出やすい分布である。また，べき則の中でも，γ が小さいほど大きな値が出やすい（図 2.2）。

べき則は，不平等な分布であり，パレートの法則，ジップの法則などの名前でも知られる。いったんネットワークから離れてみよう。19 世紀末に，パレートが人の収入分布がべき則であることを発見して以来，様々な量の分布がべき則になることが知られている。図 2.2 から想像されるように，収入分布がべき則であることは，一部の人がものすごく金持ちであり，大半の人は平均以下であることを意味する。

正規分布と比較してみよう。ある地点の年間降水量が仮に正規分布であるとする。平均は 1500 mm，標準偏差は 300 mm といった具合である。すると 6〜7 割くらいの年については，降水量が「平均 ± 標準偏差」の範囲におさまり，9 割以上の年については「平均 ± 2 × 標準偏差」の範囲におさまる。しかし，「平均 ± 2 × 標準偏差」といった考え方で収入分布を理解することはできない。平均の年収を仮に 500 万円とする。昨今の格差社会を鑑みて，標準偏差を 250 万円とする。そのとき，9 割の人が 500 ± 500 万円に入るとは限らない。年収が 1000 万円以上の人は，案外多い。さらには，1 億円を超える人も，少ないがそれなりにいる。正規分布だったならば，そのような人は天文学的に少なくて，実際にはほぼいないと言える。式 (2.8) によると，べき則でも，値が大きくなるほど出現確率は減る。しかし，その減り方が正規分布などと比べて遅

いので,とても大きな値をもつ人が少ないながらもそれなりにいる。図 2.2 の右方の裾を占める人たちである。

　これが,べき則の最も重要な性質である。地震の規模,都市の大きさ,各単語の現れる頻度,本の売り上げ,生物の種類ごとの数などの分布も,べき則となる。

　多数のネットワークにおいて次数分布がべき則であることが,1999 年から発表され始めた。ネットワークの世界ではべき則のことをスケールフリーという。次数分布がべき則であるネットワークをスケールフリー・ネットワークと呼び,複雑ネットワークの科学の重大な知見の 1 つである。世の中の多くのネットワークはスケールフリー・ネットワークである。$2 \leq \gamma \leq 3$ 程度であることが多い。ネットワークにまつわる驚きの多くが,スケールフリー性から出てくる。

　スケールフリー・ネットワークにおいて,次数が巨大な頂点のことをハブという。次数がいくつ以上がハブ,という決まりはない。例えば,航空網において主要な役割を果たす空港のことを日常用語としてハブ空港という。国内線なら羽田や伊丹などがハブ空港である。空港を頂点,定期便を枝とするネットワークにおいて,ハブ空港はネットワークの意味でもハブである。なお,スケールフリーの中でも,γ が小さいほどハブが出やすい。

　スケールフリーという名前は,特徴的なスケール(縮尺)がない(フリー)ことに由来する。特徴的な縮尺とは,例えば平均値や標準偏差である。正規分布に近い分布ならば,平均値と標準偏差がわかれば,分布を図示するときに,平均を真ん中に据えて図の横幅は標準偏差 × 3 くらいにとれば見易いだろう。しかし,スケールフリーでは,「真ん中とその周り」で分布を理解することができない。特に,横の値の縮尺を変えても,分布は全く同じ形をしている。

　スケールフリー・ネットワークについて,いくつかの注意をする。

- スケールフリーでないネットワークも多数ある。
- 式 (2.8) は k の大きい領域(分布のテイル,裾,裾野などと呼ばれる)であてはまることが重要である。k の小さいところでは,はずれてもよい。ほとんどのデータでは,k の小さいところでは式 (2.8) から予想されるよりも頂点が少ない。
- 統計物理学では,観測されるべき則の背後に相転移,自己組織化臨界

現象，自己相似性，などの深淵な構造がしばしば潜むことが知られている。相転移の起こるぎりぎりの所でだけべき則が見られる，といった具合である。しかし，ネットワークの次数のべき則は，相転移，自己組織化臨界現象，自己相似性とは直接は関係がない。次数分布がべき則になる仕組みは様々である。スケールフリー・ネットワークにも例えば自己組織化臨界現象に基づくものはあるが，それは個別論であり，複雑ネットワークの主人公というわけではない。

2.1.2 べき則の数理

ネットワークにまつわる驚きの多くは，次数分布がべき則であることから生み出される。よって，べき則をよく知ることは，ネットワークの理解のために重要である。そのためには，厳密性は犠牲にして大雑把な評価式を導くことが有効である。そのいくつかを紹介する。

次数 k は整数である。しかし，k を連続変数と見なしてしまう方が解析には都合がよい。k に関する積分を計算できるからである。本書の随所でも，k や他の変数に対してそのような近似を行う。この近似を**連続近似**と呼ぶ。

さて，値の小さいところでは k の分布は厳密なべき則でないことが多い，と述べた。しかし，次数の小さい頂点は多数あるもののネットワーク全体への影響は小さい場合がよくある。それらの頂点がとても多いか，まあまあ多いか，の差を切り捨てても本質を損なわないことが多い。逆に，ハブは何らかの影響力をもちやすいので，数をそれなりに精度よく知りたい。そこで，解析に都合のよいように，厳密なべき分布を仮定する。

k の下限を $k_{\min}$ と書く。$k_{\min} = 1$ とは限らず，特にモデルにおいては，$k_{\min}$ が 1 より大きい整数であることも多い。比例定数を用いて $p(k) = \mathcal{N} k^{-\gamma}$ と書こう。$\mathcal{N}$ は確率分布の規格化条件

$$1 = \int_{k_{\min}}^{\infty} p(k) dk = \frac{\mathcal{N}}{1-\gamma} \left[k^{-\gamma+1} \right]_{k_{\min}}^{\infty} \tag{2.9}$$

より決定され，

$$\mathcal{N} = (\gamma - 1) k_{\min}^{\gamma-1}. \tag{2.10}$$

第 2 章　ネットワークの特徴量

$\mathcal{N}$ が定義できるために $\gamma > 1$ が必要である。連続近似のお陰で式 (2.9) の積分が実行できた。仮に k を離散のまま扱うと，$\mathcal{N} = 1/\sum_{k=k_{\min}}^{\infty} k^{-\gamma}$ である。$k_{\min} = 1$ であるときの分母の和はリーマンのゼータ関数と呼ばれるが，無限和を簡単な形にできるわけではない。無限和が簡単な形になるように k の小さい部分を少し修正した離散の $p(k)$ も提案されているが，さほど用いられていない。連続近似の方が標準的に使われる。

式 (2.10) を用いて，次数平均は

$$\langle k \rangle = \int_{k_{\min}}^{\infty} k p(k) dk = \mathcal{N} \int_{k_{\min}}^{\infty} k^{-\gamma+1} dk$$
$$= \frac{(\gamma-1) k_{\min}^{\gamma-1}}{2-\gamma} \left[k^{-\gamma+2} \right]_{k_{\min}}^{\infty} \tag{2.11}$$

で与えられる。$\langle k \rangle$ は，γ が小さいほど大きく，$\gamma \leq 2$ のときに発散する。γ が小さいほど次数の散らばりが大きいので（図 2.2），平均が大きくなっていくのもうなずける。$\langle k \rangle$ が発散するのは，上記の解析が $N = \infty$ に対応するからである。我々が観測するような N が有限のネットワークでは，$\gamma < 2$ のスケールフリー・ネットワークでも，とても大きい k における $p(k)$ がべき則よりも急激に減る。そもそも，k は $N-1$ より大きい値をとれない。実際の次数分布は

$$p(k) \propto k^{-\gamma} e^{-k/k_{\mathrm{cut}}} \tag{2.12}$$

に近い形をしている。$k \ll k_{\mathrm{cut}}$ ではだいたい $p(k) \propto k^{-\gamma}$ であるが，k が k_{cut} より大きいと $k^{-\gamma}$ よりも $e^{-k/k_{\mathrm{cut}}}$ が効いて，$p(k)$ は指数分布（表 2.1）のように減衰する。k_{cut} が N とともに大きくなることに対応して，$\langle k \rangle$ は N とともに発散する。

$\gamma > 2$ ならば，式 (2.11) は収束し

$$\langle k \rangle = \frac{\gamma-1}{\gamma-2} k_{\min}. \tag{2.13}$$

同様に，次数の 2 乗平均は

$$\langle k^2 \rangle = \int_{k_{\min}}^{\infty} k^2 \times \mathcal{N} k^{-\gamma} dk = \frac{(\gamma-1) k_{\min}^{\gamma-1}}{3-\gamma} \left[k^{-\gamma+3} \right]_{k_{\min}}^{\infty}. \tag{2.14}$$

式 (2.14) は $\gamma \leq 3$ で発散する．次数は整数である，という元の世界に戻って考えても，

$$\langle k^2 \rangle = \sum_k k^2 p(k) \propto \sum_k k^{2-\gamma} \tag{2.15}$$

が $\gamma \leq 3$ のときに発散することは，無限級数のよく知られた性質である．現実のネットワークでは $\langle k^2 \rangle$ は有限だが，$\gamma \leq 3$ ならば，$\langle k^2 \rangle$ は確かにとても大きい．ハブの k は大きいので，k^2 はさらに大きな値になり，$\langle k^2 \rangle$ を大きくすることに貢献するのである．$\gamma < 2$ のときの $\langle k \rangle$ の議論と同様，$\gamma \leq 3$ のときの式 (2.14) は，$\langle k^2 \rangle$ は N の増加とともに徐々に発散する，と解釈する．実は，$\gamma \leq 3$ のときに $\langle k^2 \rangle$ が ($N \to \infty$ で) 発散することは，ネットワークにおける「驚き」の多くを説明する．本書でもそのような例をいくつか扱う．

なお，$\gamma > 3$ では

$$\langle k^2 \rangle = \frac{\gamma - 1}{\gamma - 3} k_{\min}^2 \tag{2.16}$$

となり，有限値である．

次数の分散

$$\langle (k - \langle k \rangle)^2 \rangle = \langle k^2 \rangle - \langle k \rangle^2 \tag{2.17}$$

は，$\langle k^2 \rangle$ と大小を共にし，γ が小さいほど大きい．これは，スケールフリー・ネットワークを数値計算で研究することを難しくする．$\gamma = 2.5$ のスケールフリー・ネットワークを生成する確率的なモデルが，ここにあるとする（第 6 章，第 7 章でいくつかのモデルを紹介する）．作る度に，$\gamma = 2.5$ のスケールフリー・ネットワークの異なる例が生成される，というよくある状況である．式 (2.17) によると，γ が小さいとき，特に $\gamma \leq 3$ のときは次数の分散が非常に大きく，生成されるネットワークの N 個の頂点の次数が，毎回かなり異なる．k の最大値，N 個の頂点から計算した $\langle k^2 \rangle$ なども，毎回のネットワークごとにかなりばらつく．すると，ネットワークを 1 個作って何かを試しただけでは不十分ということになる．作った 1 個が平均的なネットワークであるという保証が薄いからである．複数のネットワークを生成して結果の平均をとるなどするが，毎回のばらつきが大きいために，多数回の平均をとらなければいけ

第 2 章　ネットワークの特徴量

ない。これについては，特に処方箋がない。だからこそ，スケールフリー・ネットワークについては特に，理論的な理解が望まれる。

　同じようにして，$\langle k^3 \rangle$, $\langle k^4 \rangle$ などの高次のモーメントを計算できる。一般に，$\langle k^\alpha \rangle$ は $\gamma \leq \alpha + 1$ で発散する。例えば $\langle k^3 \rangle$ は $\gamma \leq 4$ で発散する。もっとも，何かしらの解析をした答には $\langle k \rangle$ と $\langle k^2 \rangle$ のみが含まれることが非常に多い（例えば式 (8.19)（p.161））。よって，ネットワークの現象は，$\gamma = 2$ や $\gamma = 3$ を境に大きく切り変わることが多い。

　現実のネットワークでは頂点数 N が有限なので，$\langle k \rangle$, $\langle k^2 \rangle$ などを有限の N に対して評価しておくと後々便利である。そのために，まず，γ と N が与えられたときの，ネットワークの最大次数 $k_{\max}$ を見積もる。$k_{\max}$ は，生成するネットワークごとに異なるが，大雑把には

$$\sum_{k=k_{\max}+1}^{\infty} p(k) \approx \sum_{k=k_{\max}}^{\infty} p(k) = \frac{1}{N} \tag{2.18}$$

を満たす $k_{\max}$ の値として見積もることができる。本当は $k = k_{\max}$ より上に頂点は 1 個もないが，仮想的にあったとしても高々 1 個であろう，という論理である。

　式 (2.9), (2.10) は次数の上限を ∞ から $k_{\max}$ に直してもほとんど変化しないので，$\mathcal{N}$ は式 (2.10) をそのまま用いてよい。式 (2.18) より

$$\sum_{k=k_{\max}}^{\infty} p(k) \approx \int_{k_{\max}}^{\infty} \mathcal{N} k^{-\gamma} dk = (\gamma-1) k_{\min}^{\gamma-1} \frac{-k_{\max}^{-\gamma+1}}{-\gamma+1} \approx \frac{1}{N}. \tag{2.19}$$

したがって

$$k_{\max} \approx k_{\min} N^{\frac{1}{\gamma-1}}. \tag{2.20}$$

これをカットオフ次数と言う。$k_{\max}$ 以上の次数は原理的に存在しにくい。

　例えば $\gamma = 2.5$, $k_{\min} = 1$ ならば $k_{\max} \approx N^{\frac{2}{3}}$. 最大次数は N に比例するほどは大きくないことがわかる。$\gamma = 2$ ならば $k_{\max} \approx N$ となるが，$k_{\max}$ は $N - 1$ を超えないし，必ず $k_{\max} = N - 1$ になるわけでもない。式 (2.20) は粗い評価なので，$\gamma \geq 2$ の場合は，式 (2.20) を $k_{\max} \propto N^{\frac{1}{\gamma-1}}$ と解釈するのが正しい。また，$\gamma < 2$ の場合は，$k_{\max}$ が N を超過してしまう式 (2.20) は適切でなく，$k_{\max} \propto N$ と考える。

さて，式 (2.11)，(2.14) では，次数の上限が ∞ である．$k_{\max}$ を上限にして計算し直すと，

$$\langle k \rangle = \int_{k_{\min}}^{k_{\max}} k \times \mathcal{N} k^{-\gamma} dk = \mathcal{N} \frac{k_{\max}^{-\gamma+2} - k_{\min}^{-\gamma+2}}{-\gamma+2}, \tag{2.21}$$

$$\langle k^2 \rangle = \int_{k_{\min}}^{k_{\max}} k^2 \times \mathcal{N} k^{-\gamma} dk = \mathcal{N} \frac{k_{\max}^{-\gamma+3} - k_{\min}^{-\gamma+3}}{-\gamma+3}. \tag{2.22}$$

スケールフリー・ネットワークにおいては $k_{\max} \gg k_{\min}$ であること，および，式 (2.20) を用いると

$$\langle k \rangle \propto \begin{cases} N^{-\gamma+2}, & (1 < \gamma < 2), \\ 1, & (\gamma > 2), \end{cases} \tag{2.23}$$

$$\langle k^2 \rangle \propto \begin{cases} N^{-\gamma+3}, & (1 < \gamma < 2), \\ N^{\frac{-\gamma+3}{\gamma-1}}, & (2 < \gamma < 3), \\ 1, & (\gamma > 3). \end{cases} \tag{2.24}$$

式 (2.23) によると，$\langle k \rangle$ が十分に小さい (2.1 節) のは $\gamma > 2$ のときである．よって，N が小さくない限り，$\gamma > 2$ を仮定することが普通である．

べき則のもう1つの大切な特徴として，中央値と平均値の違いがある．中央値 $k_{1/2}$ は

$$\int_{k_{1/2}}^{\infty} p(k) dk = \frac{1}{2} \int_{k_{\min}}^{\infty} p(k) dk \tag{2.25}$$

を満たす $k_{1/2}$ として定義される．$p(k) = \mathcal{N} k^{-\gamma}$ を式 (2.25) に代入して

$$k_{1/2} = 2^{\frac{1}{\gamma-1}} k_{\min}. \tag{2.26}$$

よって，γ が 1 に近くない限り，$k_{1/2}$ と $k_{\min}$ は大差ない．特に $\gamma \geq 2$ ならば，$k_{1/2}$ は $k_{\min}$ の高々 2 倍である．一方，式 (2.10)，(2.20) を式 (2.21) に代入してわかることとして，$\langle k \rangle$ もまた $k_{\min}$ の 2 倍以下であるためには $\gamma \geq 3$ でなければならない．したがって，特に $2 < \gamma < 3$ では，平均次数 $\langle k \rangle$ が $k_{1/2}$ や $k_{\min}$ よりもかなり大きい．このような中央値と平均値のずれは，私たちが

べき則を直観的に理解することを難しくする。平均年収は 500 万円の状況で，順位が真ん中の人の年収が 300 万円以下でも，妥当なのである。

2.1.3 べき則の図示

実際のネットワークの次数分布は，N 点の次数から作られる。この N 個の値からべき則を結論できるかどうかを考える。最も簡単でよく行われる方法は，次数分布の両対数プロットである。次数が k である点の数を N で割ったものを $p(k)$ とする。$p(k) = \mathcal{N} k^{-\gamma}$ の対数をとると

$$\log p(k) = \log \mathcal{N} - \gamma \log k. \tag{2.27}$$

よって，$\log k$ を横軸，$\log p(k)$ を縦軸として図示すれば，データは理論的には直線に乗る。その傾きは $-\gamma$ である。

しかし，この方法はノイズに弱い。k が大きいところでは，$p(k)$ は小さく，また，$p(k) > 0$ となる k が少ないので，プロットが乱高下してしまう。その例を図 2.3（A）に示す。ハブに対応する大きい k に興味があるのに，大きい k では図が不明瞭になってしまうのである。このノイズなどが理由で，この方法を用いると，べき則でない分布からべき則を結論してしまったり，γ の値を信頼性をもって推測できなかったりすることが多い。とりあえずべき則でありそうかどうかを見るためならこの方法でもよいが，基本的には避けるべきである。

べき則を判定するのにより有効な方法を，4 つ紹介する。

1 つ目は，ある程度の範囲の k をまとめて 1 つの値で代表する方法である。例えば，区間 $(k_1, k_2]$ に入る頂点をひとまとめにして，次数は $(k_1 + k_2)/2$ で代表する。すると，1 つの区間に入る点の数は増えるので，特に k が大きいところでプロットが滑らかになると期待される。注意として，各区間の高さは，区間の幅で割って規格化する。$(k_1, k_2]$ の中に $N = 10000$ のうちの 100 個の点が入ったときに $p(k) = 100/10000 = 0.01$（ただし，$k = (k_1 + k_2)/2$）としてはならない。次数が $k_1 + 1$ の点，$k_1 + 2$ の点，…，k_2 の点をあわせて 100 個なので，この区間の正しい高さは $0.01/(k_2 - k_1)$ である。

通常，区間の幅は，一定にはせずに，次数が大きくなるほど左隣の区間の x (>1) 倍になるようにする。例えば $x = 10$ として，最初の区間は $(0, 10]$ す

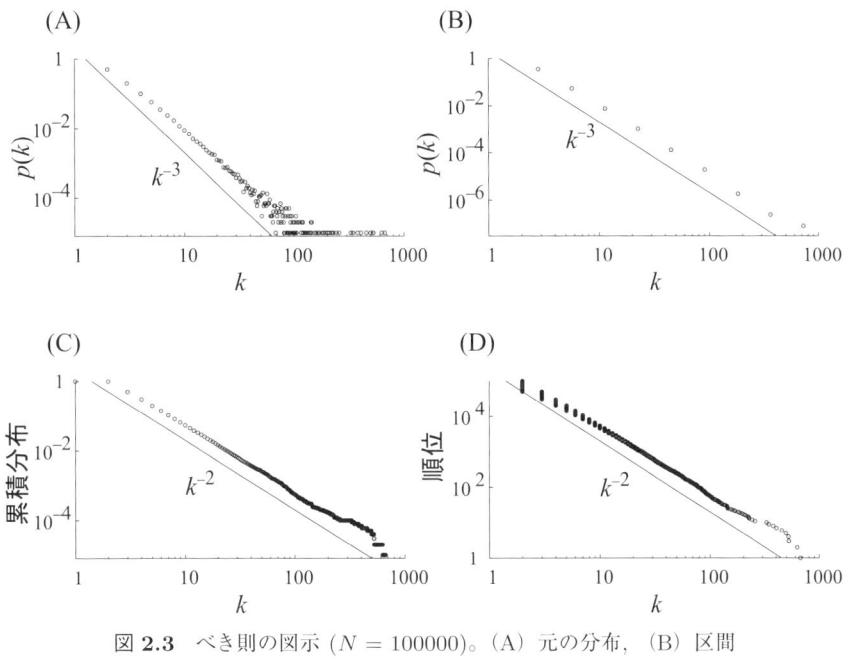

図 **2.3** べき則の図示 ($N = 100000$)。(A) 元の分布, (B) 区間化した分布, (C) 累積分布, (D) 順位プロット

なわち $[1, 10]$, 次は $(10, 100]$ すなわち $[11, 100]$, 次は $(100, 1000]$ すなわち $[101, 1000]$ とする。区間の高さの規格化が区間ごとに異なることに注意する。最初の区間では得られた頂点数を 10 で割り, 次は 90 で割り, 次は 900 で割る。区間幅を等比級数で決める長所は 2 つある。1 つ目に, 大きい k における区間幅が大きくなる。小さい k では $p(k)$ が小さいが, 区間幅が大きいのでそれなりの頂点数を集めることができる。2 つ目は, 両対数で図示するときに, 横軸が等間隔になることである。図 2.3 (A) のデータをこの方法で図示し直したものを図 2.3 (B) に示す。$x = 2$ とした。

区間を用いても, やはり, 1 つの区間に入る点数は k の増加とともに小さくなる。そこで, より有効な 2 番目の方法は, 区間のことは忘れて, 元の次数分布の累積分布を図示することである。次数が k 以上の点の割合（累積分布）は

$$\int_k^\infty p(k')dk' = \mathcal{N} \int_k^\infty k'^{-\gamma} dk' = \frac{\mathcal{N}}{\gamma - 1} k^{-(\gamma - 1)}. \tag{2.28}$$

これを両対数で図示する。式 (2.28) より，累積分布のべき指数は，γ でなく $\gamma - 1$ となる。図 2.3 (A) のデータに対する累積分布を図 2.3 (C) に図示する。図 2.3 (A) と比べて，上下動がかなり少ない。ところで，式 (2.28) は積分である。次数分布に限らず，積分をすると細かな変動がならされて滑らかになることはよく知られている。工学ではローパスフィルタとも呼ばれる（微分はその逆）。そのために，滑らかになっている。しかも，累積分布は，区間化のように情報を落としていない。区間化では，近くの次数をまとめて 1 つにするので，情報が減る。先の例では，$k = 11$ と $k = 12$ を区別しないことにしてしまった。累積分布の方法ではそのようなことがない。

順位プロットは，累積分布と等価でより簡単に行いやすい方法である。まず N 点の次数を小さい順に左から並べる。次に，次数を横軸にとる。縦軸は，その点の次数を大きい方から数えた順位であるとする。N 個のデータ点は，縦軸に関しては等間隔に並ぶ。次数 k の順位が N' ($1 \leq N' \leq N$) であるということは，次数が k 以上の頂点の割合が N'/N であることと同じである。つまり，順位プロットは累積分布と等価である。図 2.3 (A) のデータを順位プロットしたものを図 2.3 (D) に示す。縦軸の目盛りの差異を除けば図 2.3 (C) の累積分布と同じである。

最後の方法は，統計モデルを用いて γ の値を推定することである [43, 94]。図 2.3 から見た目の当てはめや線形回帰で γ を推定すると，推定誤差が大きいことが知られている。それを避けるためにも，統計モデルを用いて γ を推定することが正式である。統計モデルを用いると，データの分布がべき則かどうかの有意性を検定することもできる。

しばしば，分布がべき則になっていないデータにべき則をあてはめて「このネットワークは $\gamma = 4.1$ のスケールフリー・ネットワークである」と結論している論文がある。それは避けなければならない。べき則の統計モデルは複雑なので，この解析をしないと結果の妥当性が認められないというほどではない。しかしながら，べき則をデータから結論するには慎重を要する。区間化，累積分布，順位プロットのいずれかを用いるのがよいだろう。明確な決まりはないものの，$\log_{10}$ をとって両対数プロットを行うときに 2～3 桁は直線の範囲があることが好ましい。そこまでではなく，かつ正規分布や指数分布が当てはまらないときは，正規分布よりは分布の裾が広いがべき則ほどではない，という守

2.2 平均距離

2頂点 v_i と v_j の距離 $d(v_i, v_j)$ を，v_i から v_j に行くために通らなければならない最小の枝数で定義する。枝に方向を仮定していないので，v_i から v_j へ行く最短路を逆にたどれば v_j から v_i へ行く最短路になる。よって，$d(v_i, v_j) = d(v_j, v_i)$ である。図1.1のネットワークでは，例えば $d(v_1, v_2) = 1$，$d(v_3, v_4) = 2$ となる。ネットワークの平均（頂点間）距離 L は，$d(v_i, v_j)$ の全ての頂点対にわたる平均である。頂点が N 個ならば，頂点対の選び方は $N(N-1)/2$ 通りあり，

$$L = \frac{2}{N(N-1)} \sum_{1 \leq i < j \leq N} d(v_i, v_j). \tag{2.29}$$

図1.1では $N = 5$, $N(N-1)/2 = 10$ で，隣接する頂点対が6，距離が2の頂点対が4あるので

$$L = 1 \times \frac{6}{10} + 2 \times \frac{4}{10} = \frac{7}{5}. \tag{2.30}$$

L は，1個のネットワークに対して1個定まる量である。

現実のネットワークでは，N が大きくても L があまり大きくないことが非常に多い。これが複雑ネットワークの2番目の特徴である。大きくならない，とは $L \propto \log N$ 以下であると定義する。仮に $\log$ の底を10とし，$N = 10^3$ のときに $L = 3$ であるとする。すると，$N = 10^4$ で $L = 4$, $N = 10^5$ で $L = 5$, となり N の増加の割には L は増えにくい。もしこれが $L = 0.003N$ という式ならば，$N = 10^3$ では先の例と同じく $L = 3$ であるが，$N = 10^4$ で $L = 30$, $N = 10^5$ で $L = 300$ となり，かなりの勢いで L が増える。

人間関係のネットワークで L が小さいことを実証した古典的研究に，1960年代にミルグラムらが行ったスモールワールド実験がある。無作為に選ばれたある始点の人がボストン在住の目標人物まで手紙をリレーして届ける，という社会実験である。目標人物は，ミルグラムらがあらかじめ指定しておいた。始点の人は，ファースト・ネームで呼びあうくらいに近い仲の人にしか手紙を託

せない。手紙を受けとった人も，やはりファースト・ネームで呼びあう相手のうちから，ボストンの目標人物に最も速く手紙を届けてくれそうな人へ手紙を投げる。目標人物の，名前や住所を含むそれなりの情報は公開した上でのことである。すると，たった $L=6$ 程度で手紙は目標人物まで届いた。このことを標語的に **6 次の隔たり**，あるいは，**スモールワールド性**と言う。

ミルグラムの実験では，目標人物まで到達した手紙は 18 通だけだった。手紙の中継地点にいる人たちは特に，この実験に協力的とは限らず，多くの手紙が途中で捨てられたからである。始点の人はミルグラムらに協力するとしても，中間の人にとってはミルグラムは赤の他人である。18 サンプルの平均として導かれた $L=6$ という数字の信頼性は微妙である。そもそも，始点として選ばれたのは 96 人にすぎない。結果が始点にどのように依存するかも未知だった。

ところが，ワッツらが 2002 年頃に行ったスモールワールド・プロジェクトでも，6 次の隔たりの結果の正当性は支持された。彼らは，電子メールを使って現代版スモールワールド実験を行った。ウェブサイトでボランティアに登録すると，前もって決めておいた 13 ヶ国の 18 人，職業もばらばらの人たちの中から 1 人，自分の目標人物が指定される。98847 人の登録があった。後は電子メールによって手紙のリレーを行う。その結果，384 の手紙のリレーが目標人物まで届いた。到達率は $384/98847 \approx 0.3\%$ に過ぎなかったが，大半のリレーが途中で捨てられたことも考慮した上で計算したところ，始点と目標人物が同じ国だと $L=5$，違う国だと $L=7$ となった。

6 という数字は重要ではない。9 や 5 でもよい。ただ，100 や 1000 ではない。N が大きくても L が小さい。$L \propto \log N$ 的なのである。

ところで，モデルならば，N を勝手に調整し，N によって L がどのように変化するかを調べることができる。しかし，実際のネットワークは 1 個である。例えば $N=2353$ の人間関係ネットワークが与えられていて，N を変化させることは難しい。この状況で L の大小を論じるには以下のようにする。各頂点の次数は保ったまま，枝を無作為につなぎかえる（7.1 節でそのようなネットワークの作り方を紹介する）。このようなつなぎかえをすると $L \propto \log N$ 以下になることが知られている。そこで，つなぎかえネットワークを多数発生させて，それらの L と元のネットワークの L を比べる。元のネットワークの

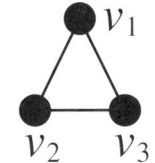

図 2.4 クラスター

L の方が有意に大きければ元のネットワークの L は大きいと判定し，そうでなければ元のネットワークの L は小さいと判定する。

最後に，実際のデータから L を求めるには，通常はダイクストラ法を用いる。そのアルゴリズムは多くの書籍やインターネットに詳しい。うまい実装をすれば，計算量は $O((M+N)\log N)$ となる。

2.3 クラスター係数

頂点たちが近い仲間うちで密につながっているネットワークは数多い。「自分（v_1 とする）の知人（v_2）の知人（v_3）が，実は自分の直接の知人だった」，「自分（v_1）の無作為に選んだ知人 2 人（v_2 と v_3）が，実は別の関係で知りあいどうしだった」という日常経験はよくある。この 2 つは，ネットワークに描くと，両方とも図 2.4 に示す三角形となる。

三角形のことを，複雑ネットワークの用語でクラスターと呼ぶ。クラスターは，一般的には群れ，集団などを意味し，研究関係ではクラスター分析，クラスター同期，クラスター展開，など様々な意味に用いられる。本書では，三角形の意味のみで用いる。人間関係のネットワークに限らず，たいていの現実のネットワークにはクラスター（＝三角形）がたくさんある。

クラスターの多寡は，クラスター係数で測られる。ネットワークのクラスター係数を定義するために，まずは，頂点 v_i を含む三角形の数から v_i のクラスター係数 C_i を定義する。v_i の次数を k_i とする。k_i 個ある v_i の隣接点から 2 点を選び出す方法は $k_i(k_i-1)/2$ 通りある。もしこういった 2 点が枝となっていれば，この 2 点と v_i の 3 点によって三角形が 1 つできる。よって，v_i を

第2章 ネットワークの特徴量

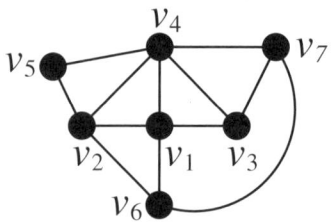

図 **2.5** クラスター係数の計算例

含む三角形は最大 $k_i(k_i-1)/2$ 個ある。そこで

$$C_i \equiv \frac{v_i \text{ を含む三角形の数}}{k_i(k_i-1)/2} \tag{2.31}$$

と定義する。定義から $0 \leq C_i \leq 1$ である。図 2.5 では v_1 の次数 k_1 は 4 で，その隣接点は v_2, v_3, v_4, v_6 である。したがって，(v_2,v_3), (v_2,v_4), (v_2,v_6), (v_3,v_4), (v_3,v_6), (v_4,v_6) の合計 $k_1(k_1-1)/2=6$ 隣接頂点対があり，それぞれについて，枝であれば v_1 を含む三角形が 1 つできる。実際に枝であるのは (v_2,v_4), (v_2,v_6), (v_3,v_4) である。よって，$C_1 = 3/6$ となる。同様に数えると，$C_2 = 3/6$, $C_3 = 2/3$, $C_4 = 4/10$, $C_5 = 1/1$, $C_6 = 1/3$, $C_7 = 1/3$ である。

ネットワーク全体のクラスター係数 C を，頂点ごとのクラスター係数の平均値

$$C \equiv \frac{1}{N} \sum_{i=1}^{N} C_i \tag{2.32}$$

で定義する。図 2.5 の例では，計算すると $C = 8/15$ となる。C_i は各頂点についての量で，C はネットワーク 1 つについての量である。

どのネットワークに対しても $0 \leq C \leq 1$ である。どの頂点間にも枝がある完全グラフ（4.1 節）でのみ $C = 1$ となる。三角形が 1 つもないネットワークでは $C = 0$ となる。ほとんどの現実のネットワークにおいて，C は大きい。これが，複雑ネットワークの第 3 の大きな特徴である。

k_i が 0 または 1 の場合は，式 (2.31) の分母が 0 となってしまう。このときの対処法は特に決まっていない。$k_i = 0$ は孤立した点なので，そもそもネッ

2.3 クラスター係数

トワークに含まない，とするのが適切である。$k_i = 1$ の頂点はネットワークに本当の意味で含まれるが，C_i を特に定義せず，式 (2.32) からはそのような頂点を除外して C を計算することが多い。このときは，式 (2.32) の分母を，N から $k_i = 1$ である頂点の数（と $k_i = 0$ である頂点の数）を引いたものに変更する。与えられたネットワークからこの定義に沿って C を計算するアルゴリズムを，11.1 節に掲載する。

C が大きいとは，N を大きくしても C が正に留まること，とする。$\lim_{N \to \infty} C$ が存在して正であるということになるが，そのような数学的な条件は特に議論されないことが多い。

モデルのネットワークで自由に N を変えられるならば，様々な N において C を測れば，クラスター性の有無を確認できる。しかし，実際のデータでは N が固定されている。そこで，$L \propto \log N$ かどうかを調べる方法と同様にして，実データの C を，各頂点の次数は保ったまま枝を無作為につなぎかえたネットワークの C と比較する。このように無作為に枝をつなぎかえると，三角形は非常に少なくなる（7.1 節）。よって，元のネットワークの C を，枝を無作為につなぎかえたネットワークの C と比べる。つなぎかえネットワークを多数発生させて，それらの C の値よりも元のネットワークの C が有意に大きければ，クラスター性が高いと判断する。

C の定義は，L の定義ほどには普遍性がない。社会学では，三角形の量を測るために，**推移性**という指標が以前から用いられている [32]。推移性は

$$C' \equiv \frac{\text{分母の組のうち } v_i \text{ と } v_{i''} \text{ が隣接しているものの数}}{(v_i, v_{i'}), (v_{i'}, v_{i''}) \in E \text{ である三つ組 } i, i', i'' \text{ の数}} \tag{2.33}$$

で定義される。C' の分子は，$3 \times$（三角形の数）になる。三つ組の真ん中の頂点が $v_{i'}$ である場合が式 (2.33) に示されているが，真ん中が v_i である場合と $v_{i''}$ である場合もあって，1 つの三角形を 3 回数えているからである。C と同様に，$0 \leq C' \leq 1$ であり，完全グラフでのみ $C' = 1$，三角形が全くないと $C' = 0$ である。C' の大小は，C のときと同様にして判定する。

C と C' は異なる。複雑ネットワーク研究では C の方がよく用いられるが，それぞれは以下に示すような特徴をもち，優劣は決められない。

- C は次数が 1 の頂点に変な影響を受けるが，C' は受けない。

第2章　ネットワークの特徴量

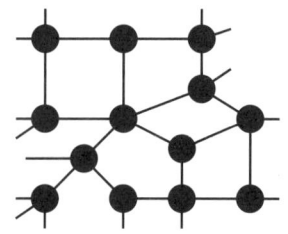

図 2.6　四角形でクラスターを定義する？

- C の方が，C' よりも次数の小さい頂点により重きを置いた定義である。ある三角形 v_1, v_2, v_3 について，k_1, k_2, k_3 が小さければ，この三角形は，C_1, C_2, C_3 を大きく押し上げ，C も大きくなりやすい。式 (2.31) の分母が小さいからである。一方，k_1, k_2, k_3 が大きければ C_1, C_2, C_3，ひいては C への影響が小さい。C' はこのような重みづけを行わない。
- 解析計算（各種の手計算）は C' の方がしやすい。
- 数値計算は C の方が少ししやすい。
- C は，C_i だけで使われることもある。特に，C_i の，次数ごとの平均はよく計測される。次数が大きい頂点ほど C_i が小さいことが多く，$C_i \propto k_i^{-1}$（k_i は v_i の次数）がしばしば観測される（6.8節）。

また，C と C' に共通することとして，三角形をクラスターの定義に用いたのは便宜的な理由である。図 2.6 のネットワークには三角形はないが，四角形の意味での知人の輪はたくさんある。三角形を用いるのは，局所的には枝が密であることを表す最も簡単な概念であることと，プログラミングや解析計算が相対的に簡単であることが大きな理由である。三角形だけが本質というわけではないことを強調しておく。

さて，現実のネットワークの大多数は，小さい L と高いクラスター性を同時にもつ。人間関係の喩えで言うと，世界中の誰とでも 6 次の隔たり程度でつながっていて（小さい L），新しく出会った友人との間にも共通の知り合いの 1 人くらいは見つかりやすい（大きい C）。この 2 つの特徴は，それぞれ，世間はせまい（It's a small world.）という実感をネットワークの言葉で表現したものである。よって，L が小さく C が大きいネットワークをワッツとストロガッツの定義 [219] に習い，スモールワールド・ネットワークと呼ぶ。現実に

あるネットワークの大半はスモールワールド・ネットワークである。文献によっては，L が小さいことだけでスモールワールドと言う。これは元来は社会学での使い方だが，複雑ネットワークの文献でも，L が小さいことだけでスモールワールドとする場合もあるので，注意する。

2.4 次数相関

隣接する2点の次数が似る度合いを測る概念が次数相関である。似やすいとき，すなわち，ハブの隣にハブがいやすく，次数の小さい頂点の隣に次数の小さい頂点がいやすいとき，そのネットワークは，正の次数相関をもつという（英語では assortative）。逆に，ハブの隣に次数の小さい頂点がいやすいとき，負の次数相関をもつという（英語では disassortative）。

次数相関を実際のデータやモデルから測るには，2つの方法がある。1つは，隣接点の平均次数に基づく方法である。自分（頂点 v_i）の隣接点は次数 k_i 個だけある。隣接点の次数の平均は

$$k_{\mathrm{nn},i} \equiv \frac{1}{k_i} \sum_{\substack{j=1; \\ (v_i,v_j) \in E}}^{N} k_j. \tag{2.34}$$

ここで，$\sum_{j=1;(v_i,v_j) \in E}^{N}$ は，v_i と隣接する v_j について和をとる，という意味である。同じ次数をもつ v_i について $k_{\mathrm{nn},i}$ を平均して，次数 k の頂点の隣接点の平均次数

$$\begin{aligned}\langle k_{\mathrm{nn}}(k) \rangle &= \frac{1}{(k_i = k \text{ である頂点の数})} \sum_{\substack{i=1; \\ k_i = k}}^{N} \frac{1}{k_i} \sum_{\substack{j=1; \\ (v_i,v_j) \in E}}^{N} k_j \\ &= \frac{1}{(k_i = k \text{ である頂点の数}) \times k} \sum_{i=1; k_i=k}^{N} \sum_{j=1;(v_i,v_j) \in E}^{N} k_j \end{aligned} \tag{2.35}$$

に着目する。式 (2.35) は

$$\langle k_{\mathrm{nn}}(k) \rangle = \sum_{k'} k' P(k'|k) \tag{2.36}$$

と書き直すこともできる。$P(k'|k)$ は自分の次数が k であるという条件のもと

第2章 ネットワークの特徴量

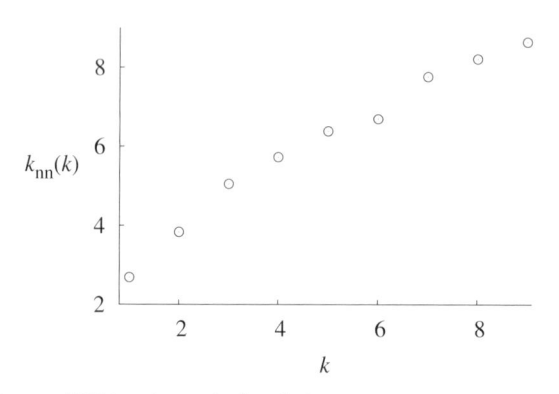

図 2.7 共著ネットワーク［175］ ($N = 1589$, $M = 2742$) の次数相関。$k \geq 10$ の頂点もあるが，$k_{\mathrm{nn}}(k)$ を計算するには点数が少ないので，$1 \leq k \leq 9$ のみを示す

で，隣接点の次数が k' になる割合である。ネットワークのモデルについては，理論的に $P(k'|k)$ が求まることがある。

$\langle k_{\mathrm{nn}}(k) \rangle$ が k とともに増える傾向があれば正の次数相関であり，減る傾向があれば負の次数相関である。よって，k を横軸に，$\langle k_{\mathrm{nn}}(k) \rangle$ を縦軸にとって図示すれば，次数相関を知ることができる。p.i に図示したネットワークの元データについてのそのような図を，図 2.7 に示す。このネットワークは正の次数相関をもつ。

次数相関がなければ，$P(k'|k)$ は k によらない。このとき，式 (2.36) より，$\langle k_{\mathrm{nn}}(k) \rangle$ は k によらず一定値であるが，その一定値は k ではない。枝の先にある頂点の次数が k である確率は $p(k)$ ではなく式 (2.7)（p.10）で与えられるので，次数相関のないときは

$$\langle k_{\mathrm{nn}}(k) \rangle = \sum_{k'} k' P(k'|k) = \sum_{k'} k' P(k') = \sum_{k'} k' \frac{k' p(k')}{\langle k \rangle} = \frac{\langle k^2 \rangle}{\langle k \rangle}. \quad (2.37)$$

全ての頂点の次数が同一でない限り $\langle k^2 \rangle > \langle k \rangle^2$ となることが知られている。よって，通常は $\langle k_{\mathrm{nn}}(k) \rangle > \langle k \rangle$ である。

実データについては，ネットワークの「分野」ごとに次数相関の傾向が異なる。データの詳細は第 3 章で述べるが，経験論として，生物系（タンパク質，

神経系，食物網など）と工学系（インターネット，WWW など）のネットワークの次数相関は負になりやすい．一方，人間関係（知人関係，共著者のネットワークなど）では次数相関が正になりやすい．人間には類は友を呼ぶという性向がある．次数の意味でも，似た者どうしがつながる傾向があって，正の次数相関が生み出されていると思われる．一般に，類は友を呼ぶ傾向のことをホモフィリーと言う．ホモ homo は「同じ」，phily は「友愛」の意味である．

式 (2.36) のような k の関数としてではなく，統計学でよく用いられるピアソン相関係数という 1 変数で次数相関を測ることもできる [170]．1 変数だけなので，$\langle k_{\mathrm{nn}}(k) \rangle$ より情報が少ないが，1 変数の正負で次数相関の正負を判定できるという長所がある．

隣接する 2 点 v, v' の次数 k, k' について考える．枝は M 本あるので，M 組の 2 つ組 (k, k') がある．k を横軸，k' を縦軸にとって，最小二乗法でもっともあてはまる直線を決め，その直線の傾きの正負で次数相関を判定するのが，基本的な考え方である．ただし，v の枝の 1 本は v' とつながるために，v' の枝の 1 本は v とつながるために消費されている．よって，それ以外の枝の本数についての相関係数を測らなければならない．v と v' が隣接しているという条件下での，条件つき確率を使うということである．$K \equiv k-1$, $K' \equiv k'-1$ を残り次数と呼ぶ．

残り次数の相関係数を求めたい．相関係数を求めるためには期待値が必要なので，残り次数の分布を求める．残り次数は，枝をたどった先の頂点に対して求まる．枝をたどった先の頂点の次数分布は式 (2.7) で与えられる．$K = k-1$ を式 (2.7) の右辺の分子に代入すると，枝をたどった先の頂点の残り次数が K である確率は

$$q_K = \frac{(K+1)p(K+1)}{\langle k \rangle} \quad (K \geq 0). \tag{2.38}$$

規格化条件 $\sum_{K=0}^{\infty} q_K = 1$ は満たされている．

$e_{KK'}$ を，枝の両頂点の残り次数が K と K' である経験分布とする．両端点の残り次数が K と K' である枝の数を総枝数 M で割ったものが $e_{KK'}$ である．次数相関がなければ，全ての K と K' について $e_{KK'} \approx q_K q_{K'}$ である．

次数相関を K と K' のピアソン相関係数

$$r \equiv \frac{\displaystyle\sum_{K,K' \in E} KK'(e_{KK'} - q_K q_{K'})}{\displaystyle\sum_K K^2 q_K - \left(\sum_K K q_K\right)^2} \tag{2.39}$$

で定義する．式 (2.39) の分母は，通常の相関係数の定義通り，K の標準偏差と K' の標準偏差の積である．これらは等しいので，分母は K の分散である．分母によって，r は $-1 \leq r \leq 1$ に規格化されている．隣接する頂点対のほとんどが同じ残り次数，よって同じ次数，をもつならば $r \approx 1$ となる．r の正負が次数相関の正負に対応する．

実データから r を計算するには，式 (2.39) をもう少し書きかえるとよい．式 (2.39) に現れる $\sum_K K q_K$ は，残り次数の平均である．実データからこの量を求めるに際して，1本の枝 (v, v') につき 2 つの残り次数の値 K と K' が得られることに注意する．枝は M 本なので，値は合計 $2M$ 個あり，その平均をとればよい．よって

$$\sum_K K q_K = \frac{\displaystyle\sum_{(v,v') \in E} (K + K')}{2M}. \tag{2.40}$$

同様に，

$$\sum_K K^2 q_K = \frac{\displaystyle\sum_{(v,v') \in E} (K^2 + K'^2)}{2M}. \tag{2.41}$$

式 (2.40), (2.41) を式 (2.39) に代入すると

$$r = \frac{\frac{1}{M}\sum_{(v,v')\in E} KK' - \left[\frac{1}{2M}\sum_{(v,v')\in E}(K+K')\right]^2}{\frac{1}{2M}\sum_{(v,v')\in E}\left(K^2+K'^2\right) - \left[\frac{1}{2M}\sum_{(v,v')\in E}(K+K')\right]^2}$$

$$= \frac{\frac{1}{M}\sum_{(v,v')\in E}(k-1)(k'-1) - \left[\frac{1}{2M}\sum_{(v,v')\in E}(k+k'-2)\right]^2}{\frac{1}{2M}\sum_{(v,v')\in E}\left[(k-1)^2+(k'-1)^2\right] - \left[\frac{1}{2M}\sum_{(v,v')\in E}(k+k'-2)\right]^2}$$

$$= \frac{\frac{1}{M}\sum_{(v,v')\in E} kk' - \left[\frac{1}{2M}\sum_{(v,v')\in E}(k+k')\right]^2}{\frac{1}{2M}\sum_{(v,v')\in E}\left(k^2+k'^2\right) - \left[\frac{1}{2M}\sum_{(v,v')\in E}(k+k')\right]^2}$$

$$= \frac{4M\sum_{(v,v')\in E} kk' - \left[\sum_{(v,v')\in E}(k+k')\right]^2}{2M\sum_{(v,v')\in E}\left(k^2+k'^2\right) - \left[\sum_{(v,v')\in E}(k+k')\right]^2}. \tag{2.42}$$

式 (2.42) の途中からは残り次数でなく, 通常の次数 k, k' を用いた。それでも, 式 (2.42) の最後の行からわかるように, 残り次数で r を表現したときと同じ形になってしまう。通常, ネットワークのデータは $(v,v')\in E$ を羅列した枝リストで与えられる。前もって各頂点の次数を調べた上で枝リストに沿って式 (2.42) を計算すれば, 機械的に r が求まる。

2.5 中心性

どの頂点がネットワークの要であるかを知りたいことがよくある。要である度合いを, 頂点の中心性という。中心性の研究は社会学のネットワーク分析に歴史があり, 1950 年代にはすでに指標が提案された。社会学では, 1980 年

頃までにはすでに，現在の複雑ネットワークの研究でも用いられる主な中心性の指標が出揃っていた。複雑ネットワークの分野では，まず，そのような既存の中心性の指標の数理的な性質をより明らかにしたり，大規模なデータに応用したりする研究が行われている。次に，複雑ネットワークで得られた知見に基づいて新しい中心性指標が提案されている。中心性の指標はすでに多くあるので，新しい指標は，具体的な意味をもち解析的にも扱いやすいように提案されることが望ましい。

本節では，複雑ネットワークの分析にも従来の社会ネットワークの分析にもよく用いられる，いくつかの中心性指標を紹介する [32, 33]。複雑ネットワークの分野で提案された中心性の一例を補遺[1])で紹介する。

2.5.1 次数中心性

頂点 v_i の次数 k_i を，v_i の**次数中心性**と呼ぶ。ハブが中心であるという考え方である。

次数中心性は，定義も，与えられたネットワークから計算することも，簡単である。しかし，次数中心性は，私たちが何となく想像する「中心」の概念からずれることが多い。ハブであるがネットワークの辺境の方にある，という状況が案外よく起こるのである。人工的な例だが，図 2.8 のネットワークを見てみよう。次数中心性が高いのは一番右の頂点である。しかし，この頂点はネットワークの端にある。

2.5.2 近接中心性

頂点 v_i の**近接中心性**は，自分から他人まで平均的にどれくらい近いか，によって定義される [113]。頂点から情報を発信するときにネットワーク全体に行き渡りやすいかどうか，を測る量ともいえる。定義は，

$$\frac{N-1}{\sum_{\substack{j=1;\\j\neq i}}^{N} d(v_i, v_j)} = \frac{1}{L_i} \tag{2.43}$$

で与えられる。$d(v_i, v_j)$ は v_i から v_j への距離，L_i は v_i から他の $N-1$ 点

---
1) 補遺（PDF 版）については「はじめに」を参照

2.5 中心性

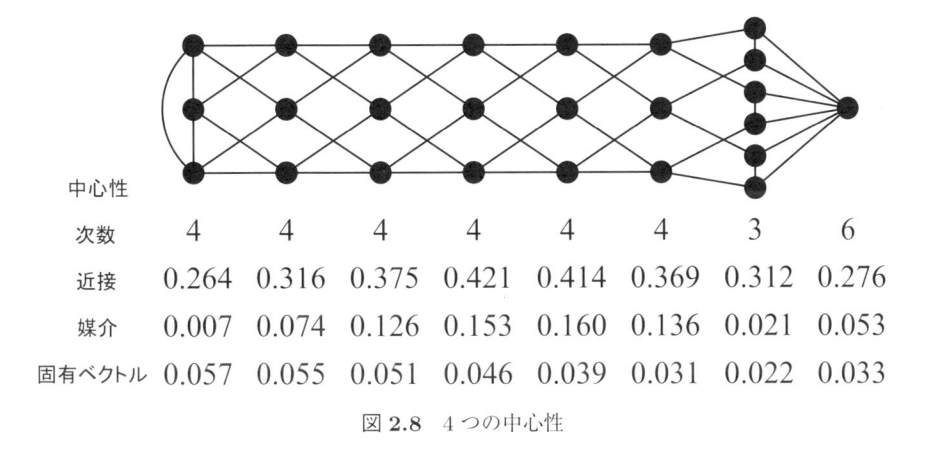

中心性								
次数	4	4	4	4	4	4	3	6
近接	0.264	0.316	0.375	0.421	0.414	0.369	0.312	0.276
媒介	0.007	0.074	0.126	0.153	0.160	0.136	0.021	0.053
固有ベクトル	0.057	0.055	0.051	0.046	0.039	0.031	0.022	0.033

図 2.8　4つの中心性

への距離の平均である。

図 2.8 に例を示す。期待通り，図の真ん中近くにある頂点の近接中心性が高い。辺境のハブ（図 2.8 の一番右の頂点）の近接中心性は小さい。

v_i の近接中心性を求めるには，v_i から他の全ての頂点への距離を計算する必要がある。よって，次数中心性と比べると計算量は多い。

2.5.3　媒介中心性

媒介中心性は，当り前にすぎる次数中心性を除くと，最もよく使われている中心性の指標である。直観的には，頂点 v_i の媒介中心性 b_i は，v_i がネットワーク上の流れを橋渡ししたり制御したりする度合いである。媒介中心性は，

$$b_i \equiv \frac{\sum_{i_s=1;i_s\neq i}^{N} \sum_{i_t=1;i_t\neq i}^{i_s-1} \frac{g_i^{(i_s i_t)}}{N_{i_s i_t}}}{(N-1)(N-2)/2} \quad (2.44)$$

で定義される [113]。$g_i^{(i_s i_t)}$ は始点 v_{i_s} から終点 v_{i_t} へ行く最短路の中で，v_i を通るものの数，$N_{i_s i_t}$ は，v_{i_s} から v_{i_t} へ行く最短路の総数である。式（2.44）の分子によると，頂点 v_i が他の 2 点を結ぶ最短路上にあると，v_i に得点が入る。和のところにある $i_s, i_t \neq i$ は，v_{i_s} または v_{i_t} が v_i ならば v_i が最短路上にあるのは当り前なので，そのような場合を除外することを表す。分母は規格

第2章 ネットワークの特徴量

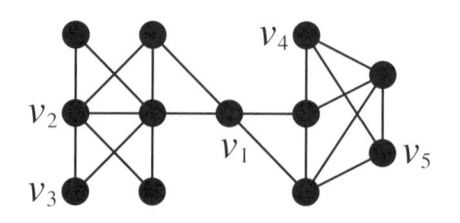

図 2.9 v_1 の媒介中心性は高い

化定数である。分子の二重和は，i_s と i_t の組を i 以外の $N-1$ 頂点から選ぶことを表す。このような i_s と i_t の選び方は $(N-1)(N-2)/2$ 通りある。

図 2.9 の例では，v_2 から v_4 へ行く最短路は，必ず v_1 を通る。v_2 から v_5 へ行くものも，v_3 から v_4 へ行くものも，他の多くの最短路も v_1 を通る。よって，v_1 の媒介中心性 b_1 は他の b_i よりも大きい。

図 2.8 の例では，図で真ん中近くにある頂点の b_i が高い傾向はあるが，必ずしもそうではない。また，近接中心性とは比例係数を調整しても一致しない。

媒介中心性について，いくつかの注意を述べる。

- 「流れ」はあくまで最短路を通ると仮定している。現実ではそうでないことが多いが，近似であると思えばよい。
- b_i が高くなるためには v_i が貴重な（すなわち，$N_{i_s i_t}$ が小さいような v_{i_s} と v_{i_t} を結ぶ）最短路の上にいることが重要である。
- 計算量はそれなりにかかる。11.1 節に掲載する速いアルゴリズム［86］（［7］も参照）を用いると，全ての頂点の b_i を計算するのに $O(MN)$ の時間がかかる。枝が密でなければ，$M \propto N$ なので $O(N^2)$ である。また，Pajek などいくつかのフリーソフトは，実データを与えると媒介中心性（や近接中心性）を計算してくれる。
- 頂点の媒介中心性について述べてきた。各枝に対しても，その枝が最短路の上にある回数に基づいて媒介中心性を定義できる。コミュニティ検出で，枝の媒介中心性が利用される（2.6 節）。
- 複雑ネットワークでは，媒介中心性を負荷と呼ぶこともある［116］。

次に，スケールフリー・ネットワークの様々なモデルやデータについて，b_i

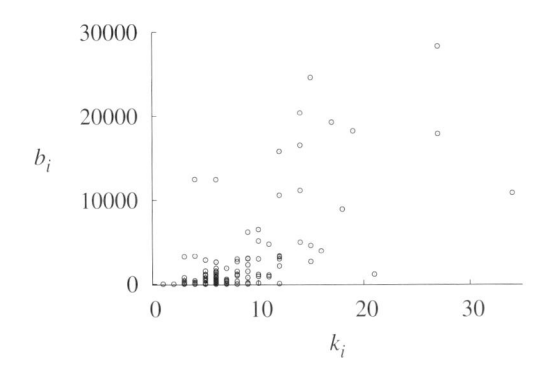

図 **2.10** 次数 k_i と媒介中心性 b_i の関係

の分布 $p(b_i)$ が調べられている [116]。$p(k) \propto k^{-\gamma}, 2 < \gamma < 3$ のとき

$$p(b) \propto b^{-\delta} \quad (\delta \approx 2.0 \text{ または } 2.2) \tag{2.45}$$

が広く成り立つ。δ は約 2.0 か約 2.2 のどちらかであり，その中間の値や，他の値はとらない。これは実験的な知見である。$\gamma > 3$ では δ は γ とともに増加する。δ と γ は一致しないが，k_i の大小と b_i の大小は相関している。

すると，次数 k_i を知れば，b_i を，少なくとも大小の傾向の意味では知ることができるように思われる。では，なぜ k_i よりも面倒な b_i を計算するのだろうか。それは，k_i と b_i が相関していても，少数の頂点 v_i については k_i と b_i の振舞いが一致しないことが多いからである。k_i は大きいのに b_i は小さい場合や，その逆の場合である。そして，k_i や b_i が大きい v_i について，このようなずれが出やすい。図 2.10 に例を示す。1つのデータ点は1つの頂点を表し，横軸が次数，縦軸が媒介中心性である。この図は，p.i に図示したネットワークの頂点の次数と媒介中心性である。k_i が大きいハブは，ネットワークで重要な役割を果たすことが多く，b_i が大きい頂点も同様である。重要な頂点について k_i と b_i がずれやすいからこそ，b_i を測る意義がある。

2.5.4 固有ベクトル中心性

中心的な頂点と隣接していると自分の中心性も大きい，という基準を考える。隣接点から影響力のおこぼれをもらう雰囲気である。一方，自分が中心的

ならば，周囲の頂点の中心性を押し上げる．このような中心性を定義するためには，漸化式

$$\boldsymbol{u}(t+1) = A\boldsymbol{u}(t) \tag{2.46}$$

を考えるとよい．A は隣接行列である．$\boldsymbol{u}(t) \equiv (u_1\ u_2\ \cdots\ u_N)^\top$ は，頂点 v_i の中心性 u_i を並べたベクトルである（$\top$ はベクトルの転置）．

式 (2.46) の第 i 成分をとりだすと，

$$u_i(t+1) = \sum_{j=1}^{N} A_{ij} u_j(t). \tag{2.47}$$

式 (2.47) を，頂点 v_i の影響力 u_i は隣接点（$A_{ij} = 1$ であるような v_j）に渡る u_j の和である，と解釈する．t は更新回数である．得られた更新値 $\boldsymbol{u}(t+1)$ を式 (2.46) で t を 1 増やした式の右辺に代入すると，$\boldsymbol{u}(t+2)$ を得る．これを繰り返して各頂点の中心性を求めたいが，そうすると，$u_1, \ldots, u_N$ が発散してしまうことが普通である．そこで，$u_1, \ldots, u_N$ の和が 1 になるように毎回規格化をしながら，反復を行う．

線形代数の知識より，このような反復法の収束先は，ネットワークに閉じた奇数角形が 1 つでもあれば，A の最大固有ベクトルである．すなわち，A の最大固有値を λ_N と置くと，固有ベクトル中心性は

$$\lambda_N \boldsymbol{u} = A\boldsymbol{u} \tag{2.48}$$

で定まる [85]．線形代数の Perron–Frobenius 定理より，ネットワークが連結でありさえすれば，$u_i > 0\ (1 \leq i \leq N)$ となる．反復法の収束先のベクトルを $\boldsymbol{u}$ とすればよく，固有方程式 (2.48) から直接求める（それはプログラミングや計算量の意味で大変である）必要はない．

固有ベクトル中心性の別の解釈もある．固有ベクトル中心性は，ネットワークの「骨組み」を与える．無向ネットワークの A は対称行列である．対称行列は基本的には

$$A = \sum_{i=1}^{N} \lambda_i \boldsymbol{u}(i) \boldsymbol{u}(i)^\top \tag{2.49}$$

の形にスペクトル分解できる．ここで，λ_i は A の i 番目の固有値であり，実

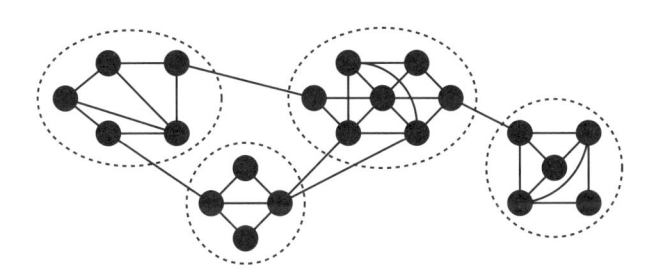

図 2.11　コミュニティ構造をもつネットワーク

部の小さい順に並べられているとする。$u(i)$ は対応する固有ベクトルを規格化したものである。$u(N) \equiv u$ である。λ_N が最大固有値なので，式 (2.49) の $\lambda_N u u^\top$ の項が A に最も大きく寄与する。よって，$\lambda_N u u^\top$ は A への第一近似（＝骨組み）であると言える。A_{ij} を，$\lambda_N u_i u_j$ によって粗く近似するということである。

2.6　コミュニティ構造

私たちは，家族，学校，職場，趣味などの集団に属していることが多い。このことに対応して，図 2.11 のように同じ集団内では枝が密で異なる集団間には枝があまりないネットワークは，よく見られる。点線内が 1 つの集団に対応し，コミュニティと呼ぶ。図 2.11 のネットワークは，4 つのコミュニティからなる。コミュニティは，モジュール，グループ，クラスター，コンパートメント，などとも呼ばれる。なお，クラスターは，クラスター係数のクラスター（＝三角形）と紛らわしいので，避けるのがよい。複雑ネットワークの研究では，コミュニティ，モジュールのどちらかの用語がよく用いられる。図 2.11 のように 1 つのネットワークがいくつかのコミュニティに分かれるとき，そのネットワークはコミュニティ構造をもつと言う。人間関係のネットワークに限らず，コミュニティ構造をもつネットワークは多い。総説 [110] に詳しい（[45, 197] も参照）。

コミュニティ構造の研究は，複雑ネットワークの研究よりもはるか昔からある。社会学の有名な研究に，1977 年にザチャリーが解析した，空手クラブの

ネットワークがある [222]。海外のとある大学の空手クラブで，パート・タイムのインストラクターと主将が経営問題を巡って対立し，クラブ全体が分裂した。図 2.12 は，中心メンバーの 34 人の友人関係ネットワークである。A がインストラクター，B が主将である。インストラクター派と主将派は，それぞれコミュニティを成す。

ネットワークをどのようにコミュニティに分割するかが重要であり，コミュニティ検出問題と呼ばれる。その答は図 2.11 や図 2.12 に与えられているように見えるかもしれないが，実際には以下のような難しさがある。

- ネットワークを描いてみても，たいていはよい分割がわからない。頂点数 N が大きいときにはなおさらである。
- 図 2.12 の例では，各頂点がインストラクター派か主将派か，という答が与えられていた。しかし，そのような付帯情報は手に入らないことが多く，点と枝だけからコミュニティを検出したい。逆に，コミュニティを自動検出すれば，誰がどちら派か，派がいくつあるか，などをそれなりに推測できる。
- 分割の答が一意でない。コミュニティの定義の詳細によって分割結果は異なる。
- コミュニティごとに大きさが異なるのが普通なので，全てのコミュニティが同じ大きさであると仮定して話を進めることはできない。なお，コミュニティの大きさの分布は，べき指数が 1 と 3 の間のべき則となることが多い。

ネットワークをコミュニティにわけたい動機も，いくつかある。

- 頂点をともかく類別できる。
- 1 つのコミュニティに属する頂点たちは，共通する機能を果たすことが多い。空手クラブの例では，コミュニティ ≈ 派閥，である。このような場合は，ネットワーク構造だけから同定したコミュニティに，後づけで名前をつけることができる。
- ネットワークを粗視化できる。コミュニティを 1 つの大頂点で代表し，そのつながり方を見る。2 つのコミュニティの間に 1 本でも枝があれば，その 2 つのコミュニティは隣接すると見なして図 2.11 を粗視化すると，図 2.13 となる。N が大きい（例えば数百以上）と，全てを描画しても

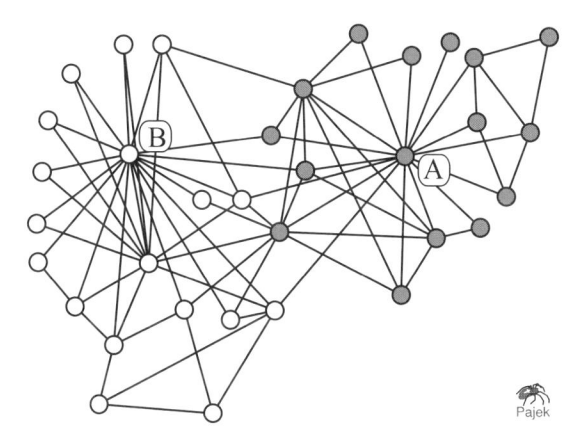

図 2.12 空手クラブのネットワーク [222]

枝が重なりあって様子が判然としない．その場合，粗視化するとネットワークをよりよく理解できることがある．各大頂点は，「共通する機能」と同一視すればよい．粗視化されたネットワークについても，次数，次数分布，平均距離などを考えることができる．

- 頂点や枝についての情報は不完全なことが多い．例えば，人間関係ネットワークとはいっても，すべての人間関係の有無を測定することは難しい．コミュニティとコミュニティのつながり程度ならば，より精確な情報を入手しやすい．粗視化されたネットワークで満足する方が分相応な場合がある．

- 1つのコミュニティを，さらに小さいコミュニティに分割できることがある．会社，部，課，という階層構造を想像すればよい．すると，ネットワークは図 2.14 のような多階層をもつ．このような階層性は現実のネットワークによく見られる（6.8節）．コミュニティ構造は，階層性の単純な場合である．

コミュニティ検出のアルゴリズムは，社会学では1950年代には提案されていた．コンピュータ科学でも研究が盛んである．複雑ネットワークにおいては，2002年のギルバンとニューマンの提案 [115] を契機に，一挙に研究が進んだ．これらの新しい方法の多くは複雑ネットワークの研究の成果を応用している．社会学の方法と比べると，計算量についての考慮が深くなされている．また，

第2章 ネットワークの特徴量

図 **2.13**　図 2.11 を粗視化してできたネットワーク

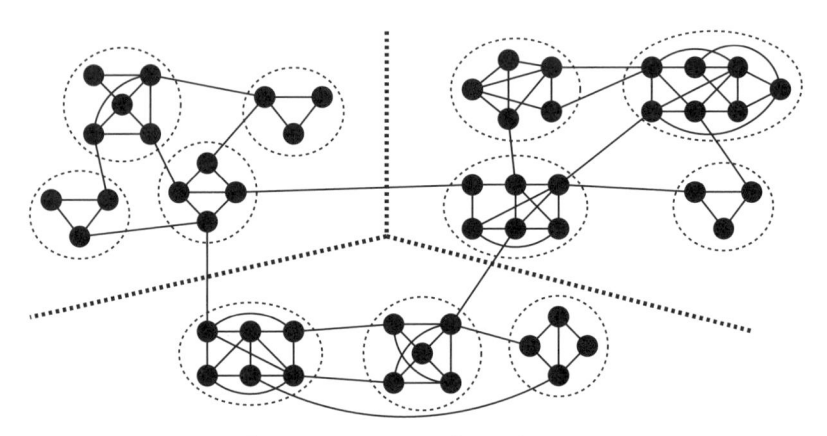

図 **2.14**　多階層のコミュニティ構造をもつネットワーク

社会学の関心である人間関係以外のネットワークにも適用されている．コンピュータ科学の方法と比べると，必ずしも性能の厳密評価を求めずに，分割結果の実用性を重視する傾向があるように思われる．

　ギルバンとニューマンは，媒介中心性を用いたコミュニティ検出方法を提案した．ただ，2.5.3 節で紹介した頂点の媒介中心性ではなく，枝の媒介中心性を用いる．枝の媒介中心性は，その枝がどれだけ多くの最短路の上にいるかで定義され，頂点の場合の定義とほぼ同じである．図 2.15 は，2 つのコミュニティをもつネットワークの例である．太線の枝の媒介中心性は，他の枝の媒介中心性より大きい．左側の任意の点から右側の任意の点へ行くために，必ずこの「橋」を通るからである．橋の両端点は，どちらもハブでないことに注意する．ハブは橋から遠くにある．太線の枝を除くと，ネットワークは 2 つのコミュニティに分かれる．そこで

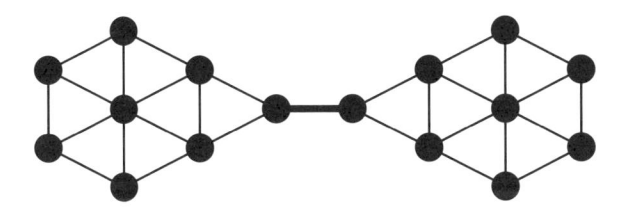

図 **2.15** 媒介中心性に基づくコミュニティ検出

ギルバンとニューマンのコミュニティ検出方法

(1) コミュニティ数 N_{CM} をあらかじめ指定する。
(2) 各枝の媒介中心性を計算する。
(3) 媒介中心性が最大の枝を除去する。
(4) 枝を除去したネットワークについて，各枝の媒介中心性を再計算し，媒介中心性が最大の枝を除去する。
(5) ステップ 4 を，ネットワークが N_{CM} 個のコミュニティに分かれるまで繰り返す。

枝を 1 本除去するだけで，多くの枝の媒介中心性が変化し，再計算が必要となることに注意する。この方法は，直観に沿ったコミュニティを検出する能力が高い。図 2.12 のネットワークに適用してみると，1 つの頂点だけを間違えて逆の派に入れてしまう以外は，誰がどちらの派であるかを正しく検出できる。しかし，この方法は弱点を 2 つもつ。

- コミュニティ数 N_{CM} を与えなければいけない。実用的には，N_{CM} も推定したいことが多い。
- 動作が遅い。全ての枝の媒介中心性を計算するのにかかる時間は $O(MN)$ である。平均次数が大きくなければ（$\langle k \rangle = O(1)$ ならば），$O(N^2)$ である。枝を 1 本除去する度にこの計算を行うので，最悪の場合は M 回の繰り返しとなる。よって，全体では $O(M^2N)$，平均次数が小さければ $O(N^3)$ となり，遅い。経験的に，N が数千以上での適用は難しい。

第2章 ネットワークの特徴量

次の大きな突破口は，モジュラリティという概念によって開かれた [173]。モジュラリティはコミュニティ分割結果の良さの指標であり，Q と書く。

あるコミュニティ検出方法をネットワークに適用したとする。媒介中心性の方法でなくてもよい。検出結果において，各コミュニティ内に枝が多くて異なるコミュニティ間に枝が少ないときに Q が大きくなるように，以下で Q を定義する。与えられたネットワークがコミュニティ構造をもつ場合でも，使う検出方法が悪ければ Q は小さい。Q を用いると，異なるコミュニティ検出方法の性能を比較できる。Q は完璧な指標ではないが，実用的にはかなり有効であり，コミュニティ検出研究の標準として用いられるようになった。

隣接行列 A を用いて Q について考える。まず，枝の本数 M について

$$\sum_{i=1}^{N}\sum_{j=1}^{N} A_{ij} = 2M. \tag{2.50}$$

v_i と v_j の間に枝があれば $A_{ij}=1$，なければ $A_{ij}=0$ である。式 (2.50) の右辺が M でなく $2M$ なのは，1本の枝を $A_{ij}=1$ と $A_{ji}=1$ で二重に数えているからである。

$2M$ 本の枝のうちのなるべく多くがコミュニティ内部の2頂点をつなぐ枝であれば，Q は大きいだろう。そこで

$$Q \equiv \frac{1}{2M} \sum_{\substack{i,j=1;\\ v_i,v_j \in \text{同じコミュニティ}}}^{N} A_{ij} \quad (\text{この定義は誤り}) \tag{2.51}$$

とすればよいと思われるかもしれない。このとき，Q の最大値は 1，最小値は 0 である。しかし，このように定義すると，コミュニティが1個しかない場合，つまり何もしない場合にも $Q=1$ となってしまう。Q は，何もしない場合やでたらめなコミュニティ分割に対しては小さくなるように定義したい。一般に，でたらめな分割でも，同一コミュニティ内の2点を結んでいて式 (2.51) で数えられる枝はある。このようなでたらめな場合よりも同一コミュニティ内の枝が有意に多い分割に対してだけ，Q が大きいべきである。

でたらめな分割のときに式 (2.51) で数えられる枝の数は，次数分布による。各頂点の次数 $k_1, \ldots, k_N$ は与えられたもとで無作為に枝を置くネットワーク (7.1 節) で，式 (2.51) で数えられる枝の数を考える。

ネットワークには枝が M 本あるので，枝の端点は $2M$ 個ある。よって，1 本の枝の 1 つの端点が v_i である確率は $k_i/2M$ であり，v_j である確率は $k_j/2M$ である。規格化条件 $\sum_{i=1}^{N} k_i/2M = 1$ が満たされている。v_i と v_j が隣接する確率は $2M \times (k_i/2M) \times (k_j/2M) = k_i k_j/2M$．積の最初の $2M$ は端点数である。v_i と v_j がこの確率よりも高い確率で隣接するならば，v_i と v_j は「有意に」同じコミュニティに属する。そこで，

$$Q \equiv \frac{1}{2M} \left[\sum_{\substack{i,j=1; \\ v_i, v_j \in \text{同じコミュニティ}}}^{N} \left(A_{ij} - \frac{k_i k_j}{2M} \right) \right] \tag{2.52}$$

とする。全体が 1 コミュニティであるという分割に対しては，式 (2.52) は

$$\begin{aligned} Q &= \frac{1}{2M} \sum_{i,j=1}^{N} \left(A_{ij} - \frac{k_i k_j}{2M} \right) \\ &= \frac{1}{2M} \left(2M - \frac{\sum_{i=1}^{N} k_i \sum_{j=1}^{N} k_j}{2M} \right) \\ &= \frac{1}{2M} \left(2M - \frac{2M \times 2M}{2M} \right) = 0 \end{aligned} \tag{2.53}$$

となり，コミュニティ構造があると誤判定することを防げる。また，ネットワークをでたらめにいくつかのコミュニティに分割すると，式 (2.52) の $A_{ij} - (k_i k_j/2M)$ は正だったり負だったりするが，平均的には 0 である。よって，$Q \approx 0$ となる。経験的に，Q が 0.3 程度より大きければ，そのネットワークはコミュニティ構造をもつと見なす。

コミュニティ数を N_{CM}，c 番目のコミュニティを CM_c ($c = 1, 2, \ldots, N_{\mathrm{CM}}$)

と置くと，式 (2.52) を

$$Q = \frac{1}{2M} \sum_{c=1}^{N_{\mathrm{CM}}} \left[\sum_{\substack{i,j=1; \\ v_i, v_j \in \mathrm{CM}_c}}^{N} \left(A_{ij} - \frac{k_i k_j}{2M} \right) \right]$$

$$= \sum_{c=1}^{N_{\mathrm{CM}}} \left[\frac{\mathrm{CM}_c \text{ 内の 2 点をつなぐ枝数}}{M} - \left(\frac{\sum_{\substack{i=1; \\ v_i \in \mathrm{CM}_c}}^{N} k_i}{2M} \right)^2 \right] \quad (2.54)$$

と書き直せる．よって，式 (2.52) の定義に沿って隣接行列に戻らなくても，コミュニティ内の 2 点をつなぐ枝の総数と，各コミュニティ内の頂点の次数和さえわかれば，Q が求まる．

Q を用いると，前もって N_{CM} を決める必要がなくなる．媒介中心性の高い順に枝をとり除いていくと，ネットワークはまず 2 つに分かれ，さらに続けるとより多くのコミュニティへと分かれる．全ての頂点がばらばらになる（つまり，$N_{\mathrm{CM}} = N$）まで枝の除去を続けながら，各時点での Q の値を記録する．その後に，記録をふり返って，Q が最大だった分割を最適な分割として採用する．こうして N_{CM} も自動的に決まる [173]．

ただ，このようにしても，ギルバンらの方法のもう 1 つの弱点である計算量の問題は回避されない．そこで，Q の意義は認めて，媒介中心性の方法にはこだわらずに，Q が大きくなるコミュニティ分割を高速に探すことにする．結果として，実用的なコミュニティ分割が得られればよい．ただ，Q の最大化を厳密に行うと大変で，Q をなるべく大きくすることと必要な計算時間の間に綱引きがある．そこで，Q をそれなりに最大化するという方針に沿って，ニューマンは次のアルゴリズムを提案した [172]．

―――― ニューマンのコミュニティ検出方法 ――――

(1) ネットワークを $N_{\mathrm{CM}} = N$ 個のコミュニティに分ける．すなわち，各頂点が 1 コミュニティを成すとする．$Q \approx 0$ である．

(2) コミュニティを2つ選ぶ方法は $N_{\mathrm{CM}}(N_{\mathrm{CM}}-1)/2$ 通りある．その中で，もし2つのコミュニティを統合して1つにしたら Q が最も大きくなるような2つのコミュニティを選び，1つに統合する．N_{CM} は1だけ減る．

(3) ステップ2を繰り返し，コミュニティを1つずつ減らす．毎回の統合において，Q が最も大きく増える統合（あるいは，Q が減る統合ばかりならば，Q の減少が最も少ない統合）を採用する．

(4) $N_{\mathrm{CM}} = N$ から $N_{\mathrm{CM}} = 1$ までの結果の中で Q が最大であった分割を，最終的な出力とする．

1回の統合で Q が変化する大きさは，簡単に計算できる．コミュニティ1とコミュニティ2を仮に統合する．Q がこの統合によって変化するのは，統合前の式 (2.54) で言うと $\sum_{c=1}^{N_{\mathrm{CM}}}$ の中の $c=1, c=2$ の項だけである．統合を行うと，式 (2.54) の右辺の第1項は

$$(\text{統合前に } \mathrm{CM}_1 \text{ と } \mathrm{CM}_2 \text{ をつないでいた枝数})/M \tag{2.55}$$

だけ増える．これらの枝は，統合後はコミュニティ内部の枝と見なされるからである．第2項の変化は

$$\left(\sum_{\substack{i=1; \\ v_i \in \mathrm{CM}_1 \text{ または } \mathrm{CM}_2}}^{N} k_i \bigg/ 2M\right)^2 - \sum_{c=1}^{2}\left(\sum_{\substack{i=1; \\ v_i \in \mathrm{CM}_c}}^{N} k_i \bigg/ 2M\right)^2$$

$$= \frac{\left(\sum_{\substack{i=1; \\ v_i \in \mathrm{CM}_1}}^{N} k_i\right) \times \left(\sum_{\substack{i=1; \\ v_i \in \mathrm{CM}_2}}^{N} k_i\right)}{2M^2}. \tag{2.56}$$

Q の変化量は式 (2.55) から式 (2.56) を引いた値となる．枝の種類を数えるだけで済むのである．

さて，この方法は，貪欲アルゴリズムと呼ばれ，Q の近似最適化手法として洗練されてはいない．それでも，達成された Q は十分に大きく，実用的なコミュニティ検出ができる．計算量は $O((M+N)N)$，平均次数 $\langle k \rangle$ が大きく

ないネットワークに対しては $O(N^2)$ であり，媒介中心性の方法より速い．その後，この方法はさらに改良され，$\langle k \rangle$ が大きくないネットワークに対しては $O(N(\log N)^2)$ で済む[93]．このアルゴリズムのコードは公開されている[2]．

媒介中心性を用いる方法と Q を近似的に最大化する方法は，設計指針においても対照をなす．媒介中心性の方法では，最初はネットワーク全体が 1 つのコミュニティを成すとして，徐々に複数のコミュニティに分割する（divisive と言われる）．Q を最大化する方法では，最初は各頂点が 1 コミュニティをなし，徐々にコミュニティをつなげて最終的に 1 つになる（agglomerative と言われる）．他のコミュニティ検出方法も，どちらかの種類であることが多い．

Q を近似的に最大化するという方針でコミュニティ検出を行う方法は，続々と発表されている．以下では，Q を用いる方法と関係しているが異なる，統計物理学のスピン系というモデルに基づく方法を紹介する[196, 197]．スピンとは磁石のプラス（+）とマイナス（−）のようなものである．各素子は + または − をとるとしよう．隣接する素子が揃う傾向があれば，全ての素子が + になるかもしれない．すると，物質全体でも + となり，我々が観察するような磁石になる．全ての素子が − になってもよい．ネットワークの頂点にスピンを置いて，+ をコミュニティ 1，− をコミュニティ 2 と同一視する．実用上，3 個以上のコミュニティも許すことが多いので，ここでは，スピンの状態が $N_{\mathrm{CM}}^{\max}$ 個（$N_{\mathrm{CM}}^{\max} \geq 3$ が可能）あるポッツモデルと呼ばれるモデルを利用する．$N_{\mathrm{CM}}^{\max}$ は最大コミュニティ数である．スピン状態が，その頂点が属するコミュニティの番号 c である．

次に，統計物理学の定石に沿って，ネットワーク全体のエネルギーを定義し，エネルギーが低くなる方向へと各頂点のスピンが変化しやすい様にする．具体的には

$$\mathcal{H} \equiv -J \sum_{i=1}^{N} \sum_{\substack{j=1; \\ c(v_j)=c(v_i)}}^{i-1} A_{ij} + \gamma \sum_{c=1}^{N_{\mathrm{CM}}^{\max}} \frac{S_c(S_c - 1)}{2} \qquad (2.57)$$

をエネルギーとする．ただし，$J > 0, \gamma > 0$ とし，頂点 v_i が属するコミュニティの番号を $c(v_i)$ と書いた．式 (2.57) の右辺第 1 項によると，隣接点が同

---

[2] http://cs.unm.edu/~aaron/research/fastmodularity.htm

じ状態であるほどエネルギーが小さい。このような相互作用を強磁性という。隣接点は同じコミュニティに属しやすい，ということである。しかし，それだけならば，全ての頂点が同一のコミュニティに属してしまうだろう。そこで，右辺第 2 項が必要になる。S_c は，状態 c をもつ頂点数，すなわち，コミュニティ c の大きさを表す。右辺第 2 項の和は，コミュニティが多いほど小さい。N 頂点が 1 つのコミュニティをなすなら，$S_1 = N$, $S_2 = \cdots = 0$ で，和は $N(N-1)/2 \approx N^2/2$ である。N 頂点が 2 つの同じ大きさのコミュニティに分かれるなら，$S_1 = S_2 = N/2, S_3 = \cdots = 0$ で，和は $2 \times (N/2)(N/2-1)/2 \approx N^2/4$ である。仮に $N_{\mathrm{CM}}^{\max} = N$ として，各頂点が 1 つの独立したコミュニティを成すなら，$S_1 = \cdots = S_N = 1$ で，和は $N \times 1 \times 0/2 = 0$ である。

まとめると，第 1 項は隣接頂点を同じ状態にする傾向を，第 2 項はコミュニティ数を増やす傾向を表す。この 2 つの綱引きによって，各頂点の最終的なスピン，よってコミュニティ検出の結果が決まる。式 (2.57) にそってスピン状態を動かす方法は統計物理学で決まった方法があるので，それを採用する。この方法にしたがって各頂点の状態を動かしていくと，多くの種類のスピン状態は時間とともに消えてしまう。残ったスピン状態の種類の数が出力すべきコミュニティ数となる。よって，コミュニティ数も自動的に決まる。

いくつかの注意を述べる。

- J/γ が 2 つの傾向の相対的な強さを決める。J/γ が大きいほど，式 (2.57) 右辺の第 1 項が優勢で，コミュニティが少なくなる。
- 最大コミュニティ数 $N_{\mathrm{CM}}^{\max}$ は，それなりに大きくありさえすれば，あまり重要でない。実用上は，$N_{\mathrm{CM}}^{\max}$ は N よりかなり小さくてもよい。
- 確率的な方法なので，実行する度にコミュニティ検出の結果は異なるが，毎回似たような結果となる。

式 (2.57) の右辺第 2 項は特別な形をしている。例えば S_c^2 でもよさそうなものである。しかし，$S_c(S_c - 1)/2$ と定義しておくと，式 (2.57) を

$$\mathcal{H} = \sum_{i=1}^{N} \sum_{\substack{j=1; \\ v_i, v_j \in \text{同じコミュニティ}}}^{i-1} (-JA_{ij} + \gamma) \quad (2.58)$$

と書き直すことができる。式 (2.58) は Q の定義に近い形をしている。Q は

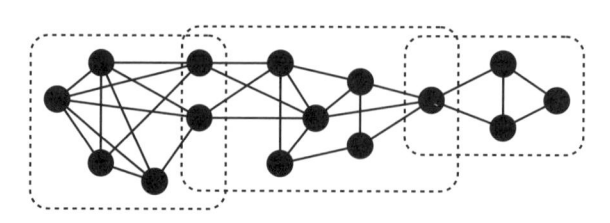

図 2.16　重なりのあるコミュニティ構造をもつネットワーク

最大化すべきもので，$\mathcal{H}$ は最小化すべきものだから，コミュニティ内の枝が多いほどよいという意味で，この 2 つは合致する。Q では，無作為に枝をつないでも 2 頂点が同じコミュニティに属する場合として式 (2.52) の $k_i k_j / 2M$ が導かれたが，式 (2.58) ではこの部分を γ としている。

ほかにも，Q とは関係ない方法も含め，様々なコミュニティ検出方法が存在する。プログラミングや実データに関する情報も含めて [110] に詳しい。10.1 節でも，方法の一例を紹介する。

最後に，重なりのあるコミュニティについて簡単に述べる。私たちは，職場，家庭，友人，など複数の集団に重複して所属している。人間関係ネットワークに限らず，ネットワークのコミュニティの意味でも，1 つの頂点が複数のコミュニティに重複して所属することがよくある（図 2.16）。どのコミュニティにも属さない頂点もある。今までに紹介した方法では，各頂点は 1 つのコミュニティに所属すると仮定されていた。重なりのあるコミュニティを検出する方法も研究されている [188]。

2.7　モチーフ

クラスター係数は三角形を数える指標である。これを一般化したものに，モチーフがある [19, 158, 159, 208]。モチーフとは，そのネットワークに含まれやすい小さいネットワーク（パターンと呼ぶ）の種類のことである。三角形は，クラスター係数が高いネットワーク（大抵のネットワークがそうである）のモチーフの 1 つである。

モチーフの研究は，枝に方向のある有向ネットワークにおいて始まった。有向ネットワークにおいては，頂点数 3 のパターンだけでも，図 2.17（A）に示す

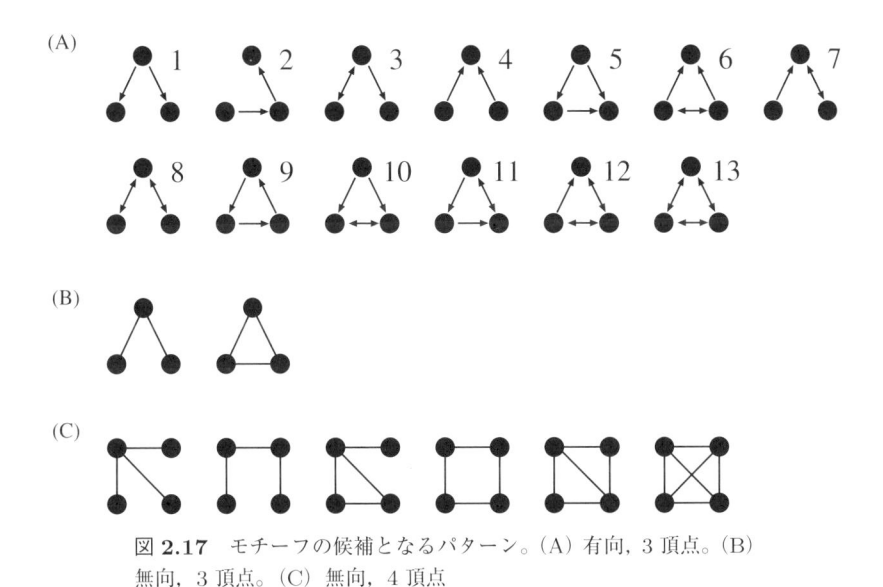

図 **2.17** モチーフの候補となるパターン。(A) 有向, 3 頂点。(B) 無向, 3 頂点。(C) 無向, 4 頂点

13 種類がある。連結でないパターンは，点数 2 のパターンに帰着できるので挙げていない。それぞれのパターンがモチーフの候補であり，どのパターンがモチーフになるかは，ネットワークの種類にかなり依存する。例えば，図 2.17 (A) の 2 番のパターンは食物網（3.3 節）のモチーフであり，5 番のパターンは神経回路（3.4 節）や遺伝子発現調整ネットワーク（3.5 節）のモチーフである。

枝の方向を無視すると，図 2.17 (A) の 13 種類の中で区別されるものは，図 2.17 (B) の 2 種類のみとなる。図 2.17 (B) の左のパターンの数は，クラスター性の 2 つ目の定義である推移性（式 (2.33)（p.25））の分母，右のパターン，すなわち三角形の数は式 (2.33) の分子であると言える。よって，無向ネットワークで頂点 3 個のモチーフを調べることは，クラスター係数を測ることとほぼ同じである。よって，無向ネットワークでは 4 頂点以上のモチーフが意味をもつ。4 頂点からなるパターンは，図 2.17 (C) に示す 6 種類がある。なお，有向ネットワークに対しては，4 頂点のパターンは 199 種類もある。

実際には，無向ネットワークの場合は，クラスター係数を測ってよしとすることが多い。有向ネットワークに対しては，3 頂点のパターンだけでも 13 種

類もある，各パターンが情報処理などと関連づけて議論される，などが理由でモチーフの解析が盛んである．

モチーフの有無を結論するためには，そのパターンがネットワークに多いことを示す必要がある．そのために，多い少ないの基準点を決めなければならない．そこで，各点の次数は変えずに枝を無作為につなぎかえたネットワークにおける各パターンの数を，基準点とする．L, C, コミュニティ構造の解析でも，この比較用ネットワークを用いた（7.1節で詳述する）．

例として，パターン i（有向ネットワークにおける3頂点パターンならば，$1 \leq i \leq 13$）がモチーフかどうかを調べる．元のネットワークにはパターン i が N_m 個あるとする．つなぎかえたネットワークを1個作り，その中にはパターン i が $N_\mathrm{m}^\mathrm{rand}$ 個あるとする．N_m が $N_\mathrm{m}^\mathrm{rand}$ よりも十分に大きければ，パターン i はこのネットワークのモチーフであると判定したい．実際には，つなぎかえネットワークを多数作り，Z-スコア

$$Z_\mathrm{m} = \frac{N_\mathrm{m} - \langle N_\mathrm{m}^\mathrm{rand} \rangle}{\sigma_{N_\mathrm{m}}^\mathrm{rand}} \quad (2.59)$$

を計算する．$\langle N_\mathrm{m}^\mathrm{rand} \rangle$ は，全てのつなぎかえネットワークに渡るパターン i の数の平均，$\sigma_{N_\mathrm{m}}^\mathrm{rand}$ は標準偏差である．Z_m が大きければ，次数分布は同一の平均的なネットワークと比べて，元のネットワークはこのパターンを有意に多くもつ．このとき，パターン i はこのネットワークのモチーフである．この検定を自動的に行うフリーソフトが公開されている[3]．

この判定手法は，統計学で標準的な方法の1つである．つなぎかえたネットワークは帰無仮説に相当するサロゲート・データであり，それに対する有意性を検定している．本当は，次数分布を固定するサロゲートだけでなく，L をなるべく固定してつなぎかえる，など様々なサロゲートを考えることができる．しかし，次数を保存するつなぎかえは，比較的実装しやすい，解析計算を行いやすい，次数分布はネットワークの特徴量の中でも非常に重要である，といった理由で最も頻用される．この事情は，L や C の大小判定のときの事情と同じである．

---

3) http://www.weizmann.ac.il/mcb/UriAlon/

第3章 実データ

本章では，複雑ネットワークの研究でよく使われる実データについて，応用分野ごとにその特徴等を簡単に説明する。データの多くがインターネットから無償でダウンロードできる。そのようなデータのいくつかは本章で触れられ，また，研究者のホームページに公開されているデータも多い[1]。これらのネットワークのほとんどは，スモールワールド性をもち，多くがスケールフリー性をももつ。次数相関やコミュニティ構造などをもつネットワークも多くある。

3.1 人間関係ネットワーク

人間関係のネットワークの研究は社会学に起源があり，その歴史は少なくとも 1920 年代にまで遡る。元来の社会学では，収集できる人間関係ネットワークの規模は小さかった。まず，現在のように大型計算機が簡単に使えるわけではなかったために，データを収集したり処理したりする能力に限界があった。これは，他の分野のネットワークについても言える。次に，人間関係ネットワークにおいて，枝を定義することは難しい。ひとくちに人間関係，あるいは，もう少し限定して知人関係や仕事上の協力関係などとしても，人によって定義が異なりやすい。アンケートに基づいて枝を決めるならば，アンケートの設問をどう解釈するかは人によってかなりばらつきがある。回収率や答の精度も人ごとに違う。このような原理的な難しさがあり，ネットワークを決定することは簡単でない。また，社会学では，異なる調査に共通する性質を探して一般的な結論を導くよりも，個々の調査の社会学的背景を考察することに重きが

---

[1] http://www-personal.umich.edu/~mejn/netdata/ にあるニューマンのデータセット，および，このウェブサイトから到達できる他のデータセットは充実している。これらのデータを論文などの出版物に使用するときは，許諾をとったり元論文を引用したりするのが礼儀である。

置かれる傾向があるようだ．おそらくこれらの理由から，社会学のネットワーク研究は，複雑ネットワークがよく知られるようになる以前は，他の分野の研究者や一般大衆に膾炙(かいしゃ)するというわけではなかった．

ただし，計算機の能力やインターネットの発達によって，社会ネットワークを調べることは，より手の届きやすいことになってきた．インターネットや電子メールによって，質が統制されたアンケートを大規模で行いやすくなった．また，電子メール，携帯電話，オンラインの交流サービスなどの「社会」に対しては，アンケートに基づくネットワークよりは枝を定義しやすい．オンラインの人間関係とオフラインの人間関係は異なるものの，これらは，人間関係ネットワークの貴重な情報源である．以下，代表的な人間関係ネットワークをいくつか紹介する．

まず，社会学のネットワークについて，いくつかのデータベースが公開されている．特に，ネットワークを解析するためのフリーソフトのウェブサイトで入手できることが多い（Pajek など）．

さて，複雑ネットワーク研究では，よく使われるデータがいくつかある．まず，知人関係でよく使われるネットワークに，電子メールによる人間関係のネットワークがある．電子メールの送受信で枝が定義される．枝に方向をつけることもつけないこともある．いくつかのデータが入手可能である[2]．

最近では，ソーシャル・ネットワーキング・サービス（SNS）のネットワークも解析されている．日本ではミクシィがSNSの代表例である．会員制のシステムであり，会員登録は無料だが入会に会員の紹介が必要であることが多い．ユーザーは，個人情報をある程度開示することが多く，お互いに認証することによって友人関係を作ったり，趣味ごとのグループに加入したりする．枝がしっかり定義できていることが，解析する立場にとって重要である．他国のSNSのネットワークも研究されている．

電子メールのネットワークとミクシィは，スケールフリー・ネットワークである．ミクシィは本書執筆時点では各ユーザーの友人は最大1000人であるという制限があるので，$k \leq 1000$ の範囲においてスケールフリーということである．

---

[2] 例えば http://www.itp.uni-bremen.de/complex/
http://deim.urv.cat/~aarenas/data/welcome.htm

3.1 人間関係ネットワーク

実は，人間関係一般においては，スケールフリー性はとても頻繁に見られるわけではない。各自の生活の時間は限られているので，ある程度の濃さでつながっていようとすれば，1人がもつことのできる枝の数には限界がある。例えば，「1000人と親友の人」という状況は，日本文化の親友の定義に基づくならばありえない。親友関係に限らずとも，例えば，携帯電話の通話で結ばれる人間関係ネットワークの次数分布は，それなりに幅が広いがべき分布ではない[187]。電子メールやSNSのネットワークがスケールフリーとなるのは，これらがオンラインのネットワークであり，人間関係を維持するコストが低く，枝を増やしやすいからだろう。

人間関係にも色々ある。性交渉のネットワークを知ることは，性感染症の伝播を抑えるために必要である。ネットワークの構造は，感染症の広がり方に大きく影響する（第8章）。性交渉のネットワークの詳細を明らかにすることは難しいが，次数分布は調べられている。様々な国において，男女それぞれについて，1人が関係をもった人数はべき分布にしたがう[150]。

共著関係のネットワークも研究対象としてよく用いられる。研究者は論文を発表する。論文を他の研究者と書くことを共著と言う。研究者たちは，共著関係を枝とするネットワークを成す。図3.1（A）において，1つの四角形は1つの論文を示す。A, B, … は研究者を表す。1つの論文に3人以上の著者がいることもある。同じ論文に現れる著者を，2人ずつ全て枝で結ぶ。また，ある2人が2本以上の論文を共著することもある。そのときは，共著論文の数を枝の太さと定義することもあるが，枝の太さは無視することが多い。その結果，図3.1（B）のようなネットワークができる。論文のデータベースが存在し，枝の定義も明確なので，共著ネットワークは比較的容易に作れる。分野別（数学，物理など）の共著関係のネットワークがダウンロード可能である。p.iの図は，実は，ネットワーク科学研究者たちの共著ネットワークの最大連結成分である（$N = 379, M = 914$）[175]。

共著ネットワークでは，しばしばエルデシュ数が話題となる。エルデシュは，4.4節で紹介するランダム・グラフの提案者の1人であり，ランダム・グラフ以外の業績も含めた上で大数学者である。エルデシュ数とは，共著ネットワークにおけるエルデシュからの距離である。エルデシュは，約1500の論文を発表し，約500人の研究者と共著した。これらの共著者は，エルデシュ数1をも

第3章 実データ

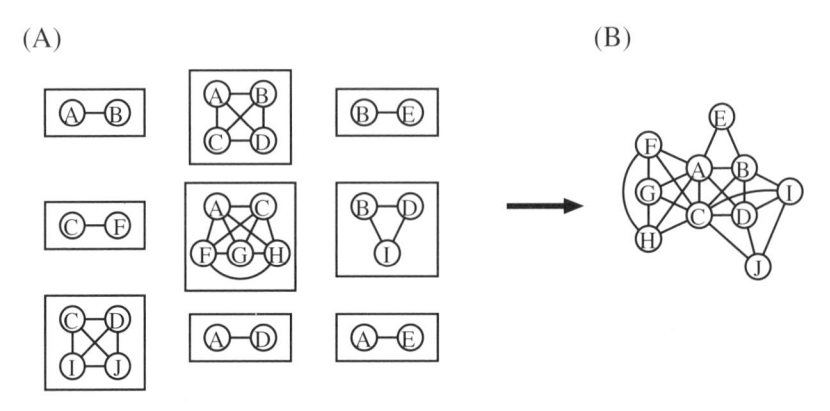

図 3.1 共著関係のネットワーク

つ。これらの共著者と共著論文があるがエルデシュとは共著論文がない人は，エルデシュ数 2 をもつ。エルデシュ数はインターネットで調べることができ[3]，たいていの研究者のエルデシュ数は 5 か 6 以内である。数学者でない研究者についてもエルデシュ数はたいてい小さい。エルデシュから出発しなくてもよい。ある有名ではない研究者から他の研究者への平均距離は，エルデシュからの距離よりは少し大きいかもしれないが，それでも十分に小さい。よって，共著ネットワークの L は小さく，6 次の隔たりが実現されている。

同様のネットワークと指標に，映画共演ネットワークとそのベーコン数がある。複雑ネットワーク研究が始まる以前の 1994 年に，3 人のアメリカ人が，テレビショーにおいてケヴィン・ベーコン・ゲームなるものを披露した。俳優が頂点，何らかの映画で共演したことがあるという関係が枝である。そして，任意の映画俳優を，なるべく少ない枝でベーコンに結びつけるのである。ベーコンまでの距離がベーコン数である。たいていの俳優のベーコン数は，3 や 4 以下である。ベーコン数は，エルデシュ数の映画版だ。俳優の名前を入力してベーコン数を求められるウェブサイトもある[4]。プロ野球や他のスポーツなどについても同様のことが試みられている。

共著ネットワークや映画共演ネットワークは，趣味的な感じがする。ただ，複雑ネットワーク研究の黎明期から使われてきたこと，話題にしやすいこと，

---

[3] http://www.oakland.edu/enp/
[4] http://www.cs.virginia.edu/oracle/

データを集めやすいこと，などが理由で現在でもよく用いられる．

人間関係のネットワークの特徴に，2.4 節で説明したホモフィリーがある．2.4 節では次数についてのホモフィリー（＝正の次数相関）を紹介したが，次数以外についてもホモフィリーの有無を議論できる．私たちは，性別，国籍，職業など様々な意味において，似た者とつながりやすい．これは人のネットワークの大きな特徴である．ただ，もし似た者とだけつながるならば，似ていない人に到達しにくくなり，L が大きいだろう．実際にはそのような状況はほとんどなく，似ていない人どうしもある程度は隣接し，L が小さい．

3.2 インターネット関係

ネットワーク管理，ネット産業などの言葉が示すように，日常生活でネットワークというと，インターネットを指すことが圧倒的に多い．インターネットは，複雑ネットワークの例である．データを集めやすい，そもそも通信工学やコンピュータ科学の主要な研究対象の 1 つである，などの理由で，インターネットのつながり方は，複雑ネットワーク研究の初期から解析されてきた[58]．

インターネットの頂点はコンピュータやルータである．枝はコンピュータ間の物理的な接続であり，ケーブルなどにより提供される．枝の方向は仮定しないのが普通である．枝にはケーブルの容量などで決まる重みがあるが，それを網羅的に計測することは難しいので，枝の重みは無視されることがほとんどである．

インターネットは世界中のコンピュータからなり，巨大である．しかも，頂点や枝は絶えず作られたり除去されたりしている．インターネットの全てを把握することは難しい．よって，インターネットの一部のみを解析する．実際には，さらにつながりを粗視化したネットワークが調べられている．

粗視化の主な方法は 2 つある．1 つは，ルータのネットワークである．一般のコンピュータはルータを介して世界中のインターネットへとつながっているので，ルータのネットワークは，インターネット全体の骨組みを成す．もう 1 つは，AS (autonomous system) レベルのネットワークである．1 つの AS は，ドメイン名 1 つや 1 つの組織（大学，会社など）に対応する，と大雑把には思ってよい．もっとも，1 つの AS が複数のドメイン名をもつ場合もある．1 つ

第 3 章　実データ

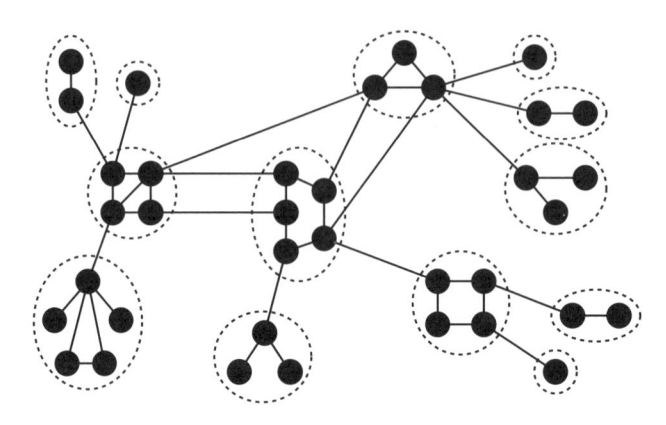

図 3.2 インターネットの粗視化。1 つの ● はルータ。点線で囲った範囲が 1 つの AS

の AS は通常は複数のルータを含むので，AS レベルのネットワークは，ルータのネットワークよりも粗い。1 つの AS は内部で完結している。そして，AS 間の相互接続を通じて，AS は他の AS とデータをやりとりする。

図 3.2 は，ルータのネットワークの模式図である。点線で囲った範囲が 1 つの AS である。1 つの AS は一般に複数のルータを含むことが図に示されている。AS はルータ以外のコンピュータも含むが，図 3.2 には示されていない。AS レベルのネットワークとは，点線で囲った範囲を 1 つの頂点と思い直したネットワークである。このような粗視化は，ネットワークのコミュニティ構造の考え方（2.6 節）と似ている。

インターネット上のネットワークには，ルータのネットワークと AS のネットワーク以外にも，個人のコンピュータ間を仮想的につなぐピア・ツー・ピアネットワークなどがある。これらは異なるネットワークではあるが，ある程度は類似していて，スモールワールド性やスケールフリー性を示す。例えば，大陸間の接続を仲介するバックボーンのシステムも 1 つの AS と見なされるが，これはハブであることが多い。

インターネットのネットワーク構造を収集するプロジェクトは多くある。CAIDA[5]，DIMES[6] などが有名で，データが公開されている。

---

5) http://www.caida.org/
6) http://www.netdimes.org/

重要なインターネット関係のネットワークのもう 1 つは，ワールド・ワイド・ウェブ（WWW）である．ウェブグラフとも呼ばれる．WWW の頂点はウェブページ，枝は，ウェブページからウェブページへとクリックで飛ぶこと，すなわち，ハイパーリンクである．インターネットと同様に，部分的でよければ，WWW のデータを収集することは比較的容易である．頂点数が $N \geq 10^8$ 以上もの巨大なネットワークのデータがある．同じインターネット関係のネットワークとはいっても，ルータや AS のネットワークと WWW は，全く異なる．

WWW の大きな特徴は，枝に方向があることである．ページ v_1 からページ v_2 にリンクがあっても，v_2 から v_1 へはリンクがないことが多い．Google の検索エンジンは，WWW のネットワーク構造を利用している．その仕組みを 9.2.2 節で紹介する．

ウィキペディアのネットワーク，ブログのネットワークなど，WWW の一部分と見なすことができるネットワークもある．様々なネットワークが，現在までに解析されている．

インターネットも WWW も，動的で，膨張し続けている．激しく変化し続けていることと N が大きいことは，これらのネットワークの主要な特徴である．

3.3 食物網

食物網は捕食–被食関係を表すネットワークである．頂点は動植物の種であり，枝は食う食われるの関係である．実際には，単一種が頂点を定義することもあるし，いくつかの種をまとめたものを 1 つの頂点とする場合もある．図 3.3 は食物網の例である．

食物網をネットワークとして調べることは，生態系の保護などに役立つと期待される．というのも，ある種が絶滅すると，ネットワークも変化する．絶滅した種はネットワークから除かれるし，絶滅した種と直接枝でつながっている種や間接的にだけつながっている種も，何らかの影響を受けるかもしれない．1 種の絶滅がさらなる種の絶滅を引き起こすこともあるだろう．食物網の安定性や，食物網の擾乱（ある 1 種の絶滅など）への反応などは，生態学で伝統的に調べられている [160, 184]．近年では，複雑ネットワークの立場からの食物

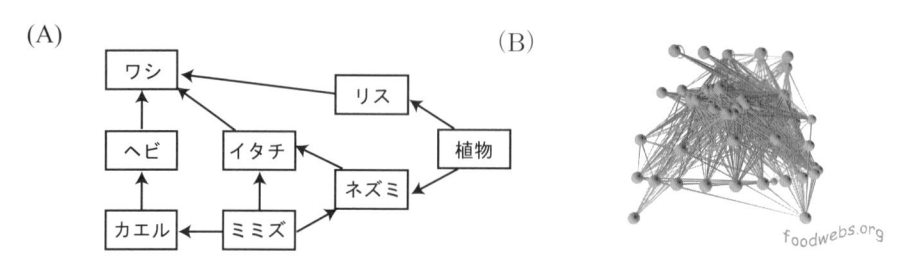

図 **3.3** (A) 食物網の模式図。(B) カリブ海の珊瑚礁の食物網。捕食者が上，被食者が下になるように頂点が配置されている。一番下の頂点は，草や動植物の残骸。www.foodwebs.org の要項にしたがって，R. J. Williams 氏と Pacific Ecoinformatics and Computational Ecology Lab によるソフトウェア FoodWeb3D を用いて作成。原論文は [221]

網の解析も盛んである [46, 47, 48, 184]。

ネットワークとしての食物網の特徴を 3 つ挙げる。1 つ目は枝に方向があることである。本書では主に枝に方向がないネットワークを扱う。食物網のネットワーク的解析も，初期は枝の方向を無視して進められた。しかし，実用化のためには枝の方向を無視することはできない。

2 つ目に，頂点数 N は一般に小さい。せいぜい数百である。食物網の頂点や枝は，ある場所（特定の湖など）でのフィールドワークの結果に基づいて定義される。均質かつ大量のデータをとることは難しい。N は，食物網の複雑度の指標の一種である。

3 つ目に，N と異なる主要な複雑度指標として

$$\text{結合度} \equiv \frac{M}{N(N-1)/2} \tag{3.1}$$

がしばしば用いられる。結合度は，ネットワーク研究では枝の密度とも呼ばれる。平均次数は

$$\langle k \rangle = \frac{2M}{N} = \text{結合度} \times (N-1) \tag{3.2}$$

なので，N が大きくなるときに，結合度が $1/N$ 程度の速さで減らないと，$\langle k \rangle$

表 3.1 シナプスの種類

シナプスの種類	枝の方向	物理的な距離
ギャップ・ジャンクション	なし	短い
化学シナプス	あり	長いものもある

が発散し，枝が多過ぎることになってしまう．ただ，先に述べたように食物網の実データの N は大きくなく，N が大きいときに $\langle k \rangle$ が大き過ぎるかどうか，はあまり問題にされない．

さて，食物網の構造解析では，初期の解析ではスモールワールドかつスケールフリーであることが主張された．ところが，L が小さいことは広く支持されているものの，C は小さいとする結果も現在では多い．スケールフリー性については，N が大きくないことも部分的な理由で，食物網によって異なるというのが現在の見解である．実際には，枝が動的に切りかわる，枝に重みがあるなどの様々な場合の効果が調べられている．また，食物網は捕食–被食関係を表すが，生物種間の関係には，競争，寄生，助け合いなどの関係もある．そのような関係を表すネットワークも生態学的に重要である[184]．

3.4 神経系と脳

人間の脳は10億〜100億個，あるいはそれ以上ものニューロンのネットワークからなる．ニューロンが頂点に対応する．単一ニューロンの形や振舞いでさえ非常に複雑であるが，電位が単一ニューロンを特徴づける最も基本的な変数であると見なせる．枝に対応するニューロン間の結合はシナプスと呼ばれる．大別して2種類のシナプスがある（表3.1）．

1つはギャップ・ジャンクションと呼ばれる電気的な結合である．2つのニューロンの電位の差を縮めるように働く．すなわち，電位の小さい方のニューロンの電位は大きくなり，大きい方のニューロンの電位は小さくなる．この意味で，方向性のない枝である．ギャップ・ジャンクションは，進化的に古いとされ，神経系に限らず心筋，肝臓の細胞などにも多くある．信号伝達が速いこともあり，無脊椎動物では反射に使われる．1999年以降は，霊長類の脳にも多くのギャップ・ジャンクションがあることが確かめられ，原始的な機能に対

応するだけではないことがわかってきている [114]。ギャップ・ジャンクションは，物理的に接しているニューロン間にのみ存在しうる。よって，ギャップ・ジャンクションだけで物理的に遠い2つのニューロンが通信しようとすると，途中に多くのギャップ・ジャンクションをはさむ必要がある。よって，L が大きくなるだろう。

もう片方のシナプスは，化学シナプスと呼ばれる。これは，方向性のあるシナプスであり，ニューロン v_i からニューロン v_j へ結合があっても，v_j から v_i へは結合がないことが多い。化学シナプスは，軸索という高飛びが許される連絡線を使うので，物理的に離れた v_i と v_j を直接結ぶことができる。この高飛びのため，ニューラル・ネットワークはスモールワールド・ネットワークとなることが多い。

部分的にでもよいのでニューラル・ネットワークを脳から取り出して構造や機能を調べたい。ところが，技術的な理由で，現時点では簡単でない。そこで，以下のようなネットワークが主に調べられている。なお，以下のネットワークのそれぞれについて，各頂点の機能は本当は異なる。ただ，頂点の個別性はとりあえず無視して，まずはつながり方を調べる，というのがネットワーク研究の基礎的な態度である。

線虫 C. elegans については，唯一，ニューラル・ネットワークがすべてわかっている。この土壌に住む動物は 302 個のニューロンからなる。ニューロンの個数，つながり方，各ニューロンの機能は，個体に関わらずほぼ同じであると思われていて，個々のニューロンやシナプスのデータが充実している [7]。複雑ネットワーク研究の幕開けの論文 [219] でも，このネットワークが解析された。線虫のニューラル・ネットワークは，スモールワールドである。スケールフリー性については，$N = 302$ という比較的小さいネットワークなので判断できない。線虫のニューラル・ネットワークから得られた知見は，そのまま高等動物の脳に当てはまるわけではない。例えば，線虫の神経系は脳に集中していずに体の全体に分散している点が，高等動物と大きく異なる。

高等動物のニューラル・ネットワークを調べる手段の1つに，部分的な計測からネットワーク構造を推定する手段がある。例えば，fMRI という機器を用

---

7) http://www.wormjp.umin.jp/jp/index-j.html
http://www.wormatlas.org

いて，人間の脳活動を非侵襲的に計測できる．空間解像度には限界があり，3ミリ立方メートル程度のボクセルと呼ばれる箱ごとに，脳活動を表す時系列データが得られる．ピクセルは2次元で，ボクセルは3次元である．ボクセルをネットワークの頂点とする．この計測だけからは本当は結合がわからないので，2つのボクセルについて，活動時系列の相関係数がある閾値以上のときに，隣接頂点であると見なす．このような結合を機能的結合と呼び，解剖学的な結合（＝物理的な結合）と区別する．特に，解剖学的には隣接していなくても機能的には隣接していることがよくある．機能的結合は，相関の有無で測られるので方向のない枝であり，脳の状態や人の行う活動などに応じて変化する．fMRIや他の非侵襲的な計測方法から決められた機能的結合のネットワークについて，スケールフリー性などが示唆されている．ただし，解剖学的なネットワークや，より空間解像度の高いニューラル・ネットワークがスケールフリーであるとは限らないことに注意する．また，非侵襲的な計測手法によっては，スケールフリー・ネットワークとならないこともある．計測手法によって空間解像度や時間解像度が異なることが一因である．また，相関係数の閾値によっても，結果がどうしても左右される [87]．

　もう1種類の脳のネットワークについて説明する．脳を，機能分化に基づいて領野に区切ることができる．1909年に，ブロードマンが大脳皮質を約50の領野にわける番号づけを行った．この脳領野の地図を発展させた地図は，現在でもよく用いられる．ネコとサルについては，領野と領野の結合を部分的に調べた様々な論文がある．これらの結果を統合して作られた脳全体の領野間のネットワークがあり，公開されている[8]．これらは有向ネットワークであり，Nは数十から数百である．1つの領野は多数のボクセルを含むことが普通なので，領野間のネットワークは，機能的結合のネットワークよりも空間解像度が粗い．

3.5　システム生物学のネットワーク

　いわゆるシステム生物学では，タンパク質や，タンパク質を生成するため

---

8) http://sites.google.com/a/brain-connectivity-toolbox.net/bct/Home

第3章 実データ

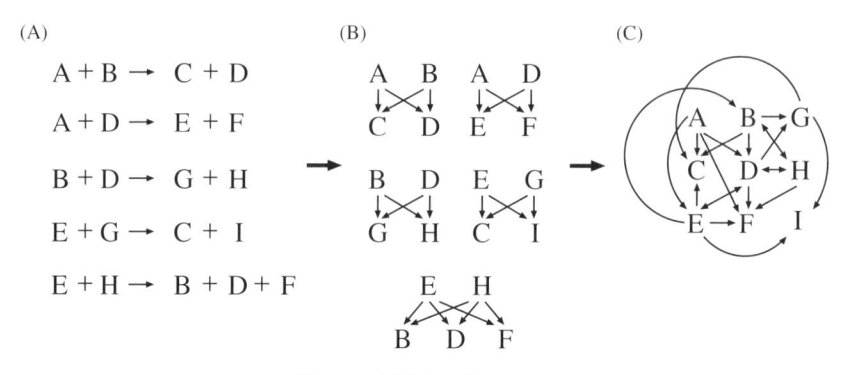

(A)
A + B → C + D
A + D → E + F
B + D → G + H
E + G → C + I
E + H → B + D + F

(B)
A B　A D
↓×↓　↓×↓
C D　E F

B D　E G
↓×↓　↓×↓
G H　C I

　E H
　↓×↓
B D F

(C) 反応ネットワーク図

図 **3.4** 反応ネットワーク

の情報をもつ遺伝子などの相互作用が解析される．これらの相互作用もネットワークと見なすことができ，いくつかの定義が考えられる．その中で代表的なものを紹介する[21, 42]．

図 3.4 (A) はいくつかの反応式を表す．A，B，C，… は代謝物質，酵素，ATP，水などの細胞内分子である．これらの反応式は，物質間のつながりの一種を表していて，ある物質がある反応を通じてある物質になるなら，この2つの物質を方向つきの枝で結ぶことにする．すると，各反応式は図 3.4 (B) となる．これらの図を1つの反応ネットワークに統合すると，図 3.4 (C) となる．反応ネットワークを構成するいくつかの頂点は，目的に応じて省略されることがある．例えば，水や ATP などは，多くの反応に現れるので多くの物質と隣接する．ある物質が水や ATP と枝で結ばれていることはあまり情報をもたないので，水や ATP をネットワークから除くことがよくある．また，反応物質が生成物へと変化する様子に着目することがある．このとき，各反応式を触媒する酵素は変化しないので，酵素をネットワークに含めないことも多い．

代謝物質の間の生化学反応から作られる図 3.4 (C) のようなネットワークは，代謝ネットワークと呼ばれる．代謝ネットワークはスケールフリーである[124] とともに，階層性（6.8 節）が発見された最初の例である[194]．

次に，細胞核の中にある遺伝子は，mRNA に情報が転写された後にタンパク質に翻訳される．このことを遺伝子の発現と言う．遺伝子とタンパク質の対応は一対一ではないが，かなり強い対応関係がある．遺伝子の発現，ないし，対応するタンパク質の生成は，他のタンパク質の存在によって影響を受けるこ

とがある。影響は正のことも負のこともある。そのような関係にあるタンパク質2つを枝で結ぶ。タンパク質が頂点であり，遺伝子を頂点に含めることもある。遺伝子とタンパク質の間にそれなりの対応関係があるので，このネットワークは遺伝子間のネットワークに近い。そこで，このネットワークは遺伝子発現調整ネットワークと呼ばれる。代謝ネットワークでは遺伝子の発現は気にしなかったことに注意する。

　代謝ネットワークでは特に，単純化として枝の方向を無視することも多い。しかし，枝に方向があって反応が一方向的であることが，生物の機能を考える上で本質的である。もっとも，一方向的だからといって，反応の上流から下流へと物質が変換されていくだけではない。図 3.4 では，物質 A から物質 I が間接的に作られる。この図には I から他の物質へ向かう枝はないが，この図から省かれている物質も含めた大きなネットワークにおいては，I から A へ間接的につながっているかもしれない。そのようなつながりは，フィードバック制御の機構を与えることが多い（制御関係を議論するときには，通常，酵素もネットワークに含める）。すなわち，I が増えすぎると，A を減らすことを通じて I が減るように，I から A へと何かしらの経路を使って働きかけるのである。反応ネットワークは，そのような相互調節の網が成す複雑ネットワークであり，一方向的に信号が流れるという描像だけでは理解できない。

　遺伝子発現調整ネットワークはタンパク質の間のネットワークであると見なしてもよいが，タンパク質が頂点である他の種類のネットワークもある。タンパク質相互作用ネットワーク（PIN）では，タンパク質の物理的な相互作用を考える。物理的に結合できる2つのタンパク質を枝で結ぶ。遺伝子発現調整ネットワークとは異なり，枝に方向性がない。PIN はスケールフリー・ネットワークであり，ハブのタンパク質は，生物が生きる上で重要な機能をもつ場合が多い[125]。

3.6　その他

　その他のネットワークをいくつか挙げる。
- 電力網。発電所や変電所などが頂点，電線が枝である。スモールワールド・ネットワークの最初の論文 [219] でも扱われた。スケールフリーで

はない。
- 航空網，道路網，電車の路線網など交通関係のネットワーク。道路網や電車の路線網は，直観的な定義を用いるとスモールワールドでない。2次元平面に埋め込まれていて L が大きいからである。
- 単語の共起ネットワーク。単語が頂点，共起する関係（一緒に現れること）が枝である。共起関係の定義の例として，同じ文で2つ隣の単語とまで隣接させたり，同じ文に出てくる単語を隣接させたりする。ほかに，シソーラスに基づく同義語のネットワークなどもある。
- 各種の引用ネットワーク。論文引用ネットワークならば，論文が頂点，ある論文がある他の論文を引用する関係が方向つきの枝である。特許の引用ネットワーク，ブログのネットワークなども同様である。
- 経済のネットワーク。例えば，株のネットワークを，株を頂点，2つの株が相関して変動する関係を枝として定義することができる。類似する業界の株は隣接する傾向がある。活動の相関によって枝を定義することは，脳の機能的結合のネットワーク（3.4節）と同様である。経済関係のネットワークとして，国を頂点とする貿易量のネットワーク，会社の持ち株関係のネットワークなども挙げられる。

第 4 章　古典的なグラフ

本章では，複雑ネットワークの研究以前からよく用いられているネットワークのモデルを説明する。どのモデルも，現実らしさについて至らない点がある。しかし，これらのモデルは，複雑ネットワーク研究の基盤を成す。

4.1　完全グラフ

完全グラフ K_N は，N 個の頂点があり，全ての頂点対が隣接するネットワークある。図 4.1 に例を示す。次数分布は

$$p(k) = \begin{cases} 1, & (k = N-1), \\ 0, & (k \neq N-1). \end{cases} \quad (4.1)$$

どの頂点対も隣接しているので，$L = 1$ である。また，$C = 1$ である。理由を図 4.1（A）の例を用いて述べる。頂点 v_1 の隣接点は v_2, v_3, v_4, v_5 である。v_1 を含む三角形は最大 $4 \times 3/2 = 6$ 個ありうるが，枝 (v_2, v_3), (v_2, v_4),

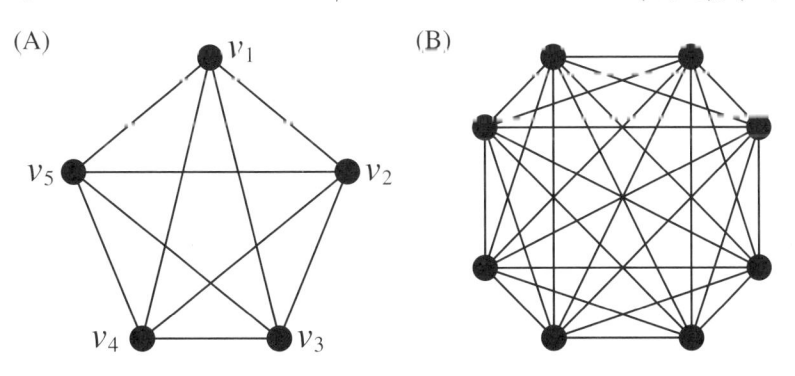

図 4.1　完全グラフ。（A）$N = 5$，（B）$N = 8$

(v_2, v_5), (v_3, v_4), (v_3, v_5), (v_4, v_5) は存在し，本当に 6 個の三角形がある。ゆえに，v_1 のクラスター係数 C_1 は 1 である。C_2, C_3, C_4, C_5 も 1 なので，$C = \sum_{i=1}^{5} C_i/5 = 1$ となる。

小さい L と大きい C をもつので，完全グラフは一見スモールワールド性を満たすように見える。しかし，枝が多すぎる。平均次数は $\langle k \rangle = N - 1$ である。人間関係で言うと皆が皆と知人どうしということになり，N が大きいときに現実的ではない。$N = 10000$ のときに $\langle k \rangle = 9999$ であることは不可能であろう。よって，完全グラフは，スモールワールド・ネットワークのモデルとしてふさわしくない。

完全グラフは，つながりの構造を全くもたないという意味でも現実に則さない。見方を変えると，相互作用する N 素子の集団を表す最も簡単なネットワークであるといえる。ネットワークを実質的に無視している分，様々な現象（例えば感染症の広がり方）がより深く分かる。ネットワークを無視することは，一般的に平均場近似と呼ばれ，完全グラフ上で厳密に解析することに対応する。完全グラフは，もっとも単純な試験用のネットワークであると言える。本書の主題は複雑なネットワークなので，ネットワークは忘れて現象を深く解析するという完全グラフの態度とは対照を成す。しかしながら，知りたい現象を解析するときには，まずは平均場近似をやってみることが定石である。

N が大きい完全グラフは現実にはほとんど見られないが，N が大きいネットワークの中に小さい完全グラフが埋め込まれていることはある。一般に，1 つのネットワークの中に埋め込まれているネットワークを部分グラフと呼び，部分グラフとしての完全グラフをクリークと呼ぶ。枝は頂点数 2 のクリークであり，クラスターは頂点数 3 のクリークである。図 4.2 のネットワークは，頂点数 4 のクリークをもつ。

4.2 空間に埋め込まれた格子

4.2.1 2 次元格子

私たちは 2 次元面の上に住んでいると見なせる。近代的な高速移動手段やインターネットがなかった頃のネットワークを考えよう。その最も大きな特徴は，

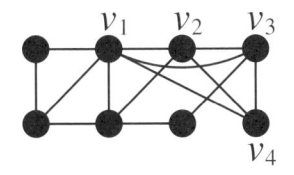

図 4.2 v_1, v_2, v_3, v_4 から成る頂点数 4 のクリークをもつネットワーク

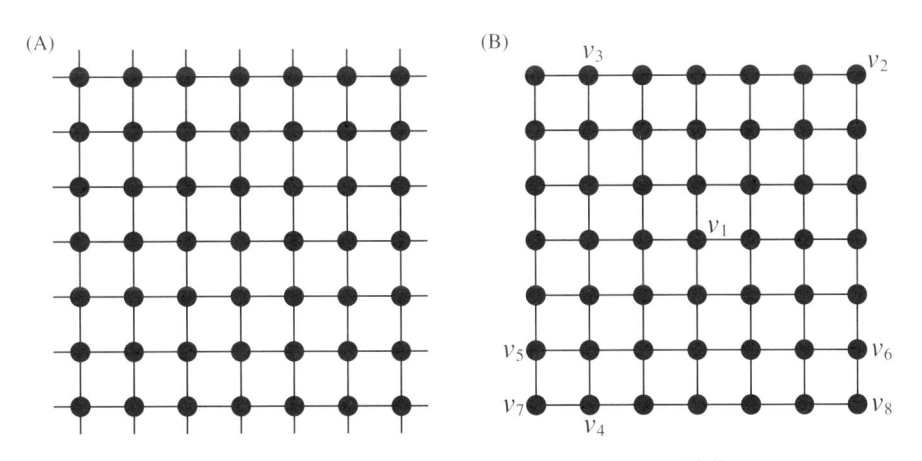

図 4.3 (A) 正方格子。(B) 有限部分を切り出した正方格子

物理的に近くにいる人としか直接相互作用をできないことであろう。遠くの人と相互作用するためには，多くの人を介さなければならない。

この状況を表すネットワークで最もよく用いられるモデルが，図 4.3 (A) に示す**正方格子**であり，しばしば Z^2 と書かれる。Z は整数の集合，添字 2 は2 次元を表す。碁盤目上に頂点が規則的に並んでいるという意味で，格子の一種である。ネットワークは上下左右に無限に広がっている。全ての点について，次数は $k = 4$ である。

正方格子は，物質における原子などの相互作用の 2 次元版，生態系における動植物の移動や競争の様子，土地利用の様子などを表す目的で今でも用いられる。これらの応用では，厳密な正方格子が良いかどうかはさておき，物理的な近隣間でだけ直接相互作用が起こっている。一方，正方格子は現代人の相互作

用を表すことはできない。人は，平面上を少しずつ歩くだけでなく，高速移動手段などを使って一挙に遠くへとジャンプするからである。

以上の議論から示唆されるように，正方格子の L は大きい。L を具体的に計算したいが，正方格子は無限に広がるネットワークである。そこで，頂点数が N の部分を正方格子から切り出して L を計算し，N に応じて L がどのように変化するかを調べる。

図 4.3（B）に示すように，正方格子から，一辺が $\sqrt{N}$ の正方形を切り出す。この部分グラフに対しては L が求まるが，細かい計算になる。そこで，L の N への依存性は正しく求まるように，大雑把な評価を行う。

説明のために，図 4.3（B）の一辺の頂点数 $\sqrt{N}$ を奇数とする。真ん中の頂点 v_1 から見ると，距離 1 に 4 個，距離 2 に $4 \times 2 = 8$ 個，距離 3 に $4 \times 3 = 12$ 個の頂点がある。このように，最初のうちは距離に応じてその距離にある頂点数が 1 次関数的に増える。距離 $(\sqrt{N}-1)/2$ では $4 \times (\sqrt{N}-1)/2 = 2\sqrt{N}-2$ 個ある。さらに距離が大きくなると，今度は頂点数が 1 次関数的に減る。距離 $(\sqrt{N}+1)/2$ では $2\sqrt{N}-2$ 個，距離 $(\sqrt{N}+3)/2$ では $2\sqrt{N}-6$ 個ある。このように続けていくと，距離 $\sqrt{N}-2$ の所には 8 個の頂点があり，v_1 から最も遠いのは，v_2 などの四隅にある 4 頂点であり，距離は $\sqrt{N}-1$ である。よって，v_1 から他の頂点への平均距離は

$$\frac{1}{N-1}\left(\sum_{\ell=1}^{(\sqrt{N}-1)/2} 4\ell \times \ell + \sum_{\ell=(\sqrt{N}+1)/2}^{\sqrt{N}-1} 4(\sqrt{N}-\ell) \times \ell\right) = \frac{\sqrt{N}}{2}. \quad (4.2)$$

次に，v_2 を始点とすると，距離 1 に 2 個，距離 2 に 3 個の頂点がある。最も遠いのは距離 $2\sqrt{N}-2$ であり，そこには 1 つの頂点がある。v_2 から他の頂点への平均距離は約 $\sqrt{N}$ である。同様な考え方で，どの頂点を始点としても，そこから他の頂点への距離はだいたい $\sqrt{N}/2$ と $\sqrt{N}$ の間である。よって，L もまたその範囲におさまり，

$$L \propto \sqrt{N}. \quad (4.3)$$

N が大きくなると，$\sqrt{N}$ は $\log N$ よりもはるかに大きくなる。よって，正方格子の L は大きく，スモールワールドでない。

より正確に L や他の量を計算するために，図 4.3（B）の両端をつないで端

4.2 空間に埋め込まれた格子

をなくす操作がよく行われる．図 4.3 (B) で言うと，例えば v_3 と v_4, v_5 と v_6, v_7 と v_8 をつなぐ．これは，**周期的境界条件**と呼ばれる．周期的境界条件は，境界があることによって起こる人工的な現象を回避する目的でよく用いられる．図 4.3 (B) のネットワークに周期的境界条件を課すと対称性が向上する．図 4.3 (B) ではネットワークの縁にある頂点の次数は 4 ではなく 3 や 2 だが，変更後のネットワークでは全ての頂点の次数が 4 である．また，図 4.3 (B) で v_1 から他の頂点への距離と v_2 から他の頂点への距離が異なることを説明した．変更後のネットワークではそれらは同じになる．どこを中心と思い直してもよいのである．このことによって，変更後のネットワークに対しては L を計算しやすい．まず，v_1 から他の頂点への距離は，式 (4.2) より $\sqrt{N}/2$ である．よって，ネットワーク全体についても厳密に $L = \sqrt{N}/2$ となるのである．

クラスター性についてはどうだろうか？ 元の正方格子にも，有限部分を切り出した図 4.3 (B) にも，それに周期的境界条件を課したネットワークにも，四角形はたくさんある．しかし，三角形は 1 つもないので $C = 0$ である．しかし，正方格子はクラスター性を欠く，と結論するのは少し早計である．クラスター性とは，そもそもは局所的にはつながりが密であることを指す．我々はその指標として便宜的に三角形の数を用いているという面があり，三角形を認めて四角形は認めない積極的な理由はない．三角形は「知人の知人は自分の知人」を指し，四角形は「知人の知人の知人は自分の知人」を指すだけの違いだ．仮に四角形をクラスターの仲間として認めれば，正方格子のクラスター性は高いことになる．

正方格子の最も重要な性質は，$L \propto \sqrt{N}$ であること，$\langle k \rangle$ が小さいこと，k が頂点によらず等しい（= 4）ことであろう．これらを保ったまま，ネットワークを変更して三角形を導入することは容易である．例えば，平面に三角形をしきつめた三角格子（図 4.4 (A)）でも $L \propto \sqrt{N}$ である．しかも，$C = 6/(6 \times 5/2) = 2/5$ で，クラスター性が高い．次数は全頂点について 6 である．他の手段として，正方格子に図 4.4 (B) のように斜めの枝を追加することによっても，$L \propto \sqrt{N}$ が保たれつつ三角形が増える．実は，図 4.4 (B) は，斜め 45 度から見ると三角格子そのものであることがわかる．正方格子に図 4.4 (C) のように斜めの枝をたすき掛けしてもよい．すると，各点について $k = 8$

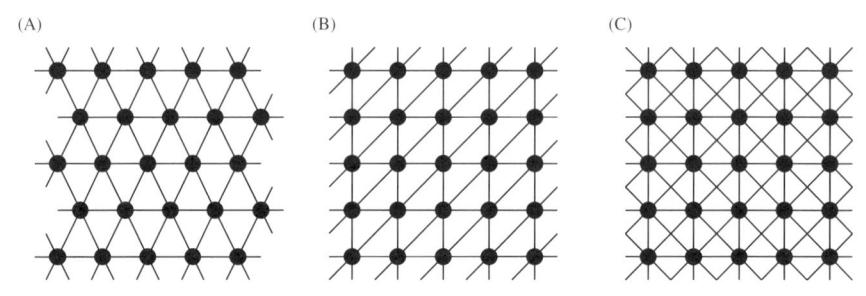

図 4.4 （A）三角格子。（B）正方格子に枝を追加して作った三角格子。（C）ムーア近傍の正方格子

となり，$C = 12/(8 \times 7/2) = 3/7$ となる。このような近傍のとり方はムーア近傍と呼ばれ，進化ゲーム（9.1 節）などでよく用いられる。このネットワークも正方格子と呼ばれることがある。一方，通常の正方格子の近傍（図 4.3（A），$k = 4$）をノイマン近傍と言う。

このように，正方格子の変形版には様々なものがある。とはいえ，これらのネットワークの中では，通常の正方格子が最も広く用いられる。研究成果の蓄積が最も厚い，プログラミングしやすい，次数が無駄に多くない，などが理由であろう。

なお，次に紹介する 1 次元や一般の次元の場合についても共通することとして，正方格子やその変形版があてはまるような現象を扱うために，格子ではなく連続空間で考えることもある。すなわち，場所の変数を x とし，x における量（人数など）を $f(x)$ と書く。時間に依存するなら $f(x,t)$ と書く。そして，f がしたがう偏微分方程式を $\partial f(x,t)/\partial t = \cdots$ のように記述したりする。この方が手計算としては扱いやすいことが多い。ただし，この定式化が使えるのは，物理的に近い距離内でのみ相互作用が起こる場合，あるいは，遠い相互作用が特別な決まりに沿ってしか起こらない場合である。より複雑なネットワークをこの手法で扱うことは，現状ではできない。

4.2.2　1 次元格子とサイクル

1 次元格子は，図 4.5（A）に表される無限グラフであり，$\mathbf{Z}^1$ とも書かれる。$k = 2$, $L \propto N$, $C = 0$ である。$L \propto N$ は，図 4.5（A）を長さ N で切った鎖

4.2 空間に埋め込まれた格子

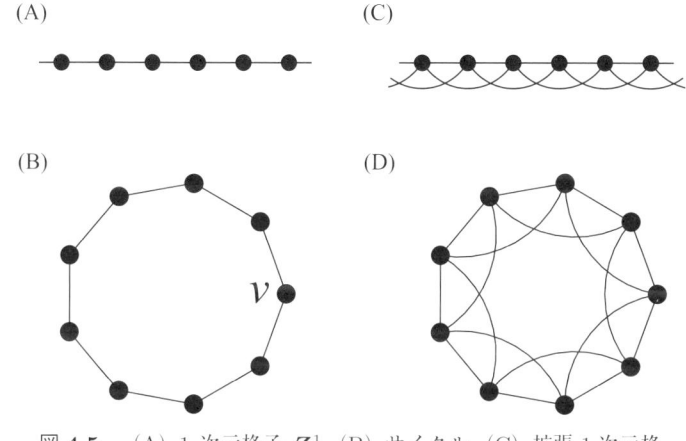

図 4.5 （A）1 次元格子 Z^1，（B）サイクル，（C）拡張 1 次元格子，（D）拡張サイクル

に対して計算すれば求まるが，前節の正方格子のときと同様に，周期的境界条件を課す方が計算しやすい。

1 次元格子に周期的境界条件を課すと図 4.5（B）のようになる。図 4.5（B）のネットワークを**サイクル**と呼ぶ。頂点 N 個からなるサイクルを C_N と書くことがある。サイクルの次数とクラスター係数は，1 次元格子のときと同じく $k = 2, C = 0$（$N \geq 4$ のとき）となる。

サイクルの L を求める。対称性より，図 4.5（B）の頂点 v から各頂点への距離の平均さえ分かればよい。v の隣には 2 個の頂点がある。距離 2 にも 3 にも 2 個ずつの頂点がある。一番遠くは v の反対側である。N が偶数ならば，一番遠い距離は $N/2$ であり，そこに 1 個の頂点がある。このとき，

$$L = \frac{1}{N-1}\left(\sum_{\ell=1}^{N/2-1} 2\ell + 1 \times \frac{N}{2}\right) = \frac{N^2}{4(N-1)}. \tag{4.4}$$

N が奇数ならば，一番遠い距離は $(N-1)/2$ であり，そこに 2 個の頂点がある。このとき，

$$L = \frac{1}{N-1}\sum_{\ell=1}^{(N-1)/2} 2\ell = \frac{N+1}{4}. \tag{4.5}$$

よって，N の偶奇に関わらず

$$L \approx \frac{N}{4}. \tag{4.6}$$

式（4.6）は，$L \propto \log N$ よりも非常に大きい。サイクル上で反対側に到達するには円環上を徐々に進むしかないことに対応する。正方格子の $L \propto \sqrt{N}$ と比べても大きい。したがって，サイクルとその元である1次元格子は，スモールワールドでない。

主に1次元格子のクラスター性を高めるために，片側につき2つ隣までの頂点と直接結ぶことがしばしば行われる（図 4.5（C））。すると，$k = 4$ となる。一般に，k を偶数として $k/2$ 個隣までと結んでもよい。すると，次数が丁度 k となる。このようなネットワークを，本書では拡張1次元格子と呼ぶ。

拡張1次元格子の L を求めるには，サイクルを同様にして拡張すると便利である。$k = 4$ の拡張サイクルを図 4.5（D）に示す。図 4.5（D）では，1本の枝で輪の上を $k/2$ 個先の頂点まで飛ぶことができる。よって L は式（4.6）の約 $2/k$ 倍，すなわち

$$L \approx \frac{N}{2k} \tag{4.7}$$

となる。実質的にネットワークが縮むわけだ。しかし，この縮み方は本質的でない。$L \propto N$ ということは変わらないからである。次数 k は大きくない量なので，L を定数倍だけ小さくできても，L の N への依存性を変えるほどではない。図 4.5（D）の N が大きいものを想像すると，L が大きいことがわかるだろう。

クラスター係数は，1次元格子やサイクルと，拡張1次元格子や拡張サイクルの間で，非常に異なる。拡張1次元格子と拡張サイクルについては，全ての頂点のクラスター係数が同じであり，ネットワーク全体としても

$$C = \frac{3(k/2) - 3}{4(k/2) - 2} \tag{4.8}$$

となる。$k/2$ は，片側ごとにいくつ先の頂点とまで隣接するかという数なので，このように書いた。例えば，$k/2 = 2$ の場合は $C = (3 \times 2 - 3)/(4 \times 2 - 2) = 1/2$ で，図 4.5（C），（D）から定義通り計算した値 $C = 3/(4 \times 3/2) = 1/2$ に一

致する．$k/2 = 1$ のとき，すなわち，元の 1 次元格子やサイクルのときには，式 (4.8) は確かに $C = 0$ を与える．$k/2 \geq 2$ のときには $C > 0$ となる．

4.2.3 一般の次元の格子

3 次元以上の格子の性質やその解析は，1, 2 次元の場合と同様である．例えば，3 次元の格子は，上下左右に奥行きの次元を追加して碁盤目状に頂点を結んだネットワークである．一般の $D > 3$ 次元格子の構成も同様であり，D 次元の超立方格子と呼び $\mathbf{Z}^D$ と書く．D 次元格子に周期的境界条件をつけたものは，トーラスと呼ばれる．これらのネットワークでは，各頂点の次数は $k = 2D$ であり，

$$L \propto N^{1/D} \tag{4.9}$$

となる．D が大きいほど L が小さいが，大きい N に対しては $L \propto \log N$ よりは大きい．よって，D 次元格子やトーラスはスモールワールドでない．また，$C = 0$ であるが，$D \geq 2$ ならば四角形は多く見つかる．正方格子や 1 次元格子に対して行ったような拡張を施すと，これらのネットワークの C を高めることもできる．ただし，複雑ネットワークの研究において，$D \geq 3$ のネットワークはあまり用いられない．

$D \geq 1$ 次元格子の特徴をまとめると，L が大きく，次数が全ての頂点について同じである．格子は，この 2 つの意味で，実世界の複雑ネットワークのモデルとして適切でない．

4.3 木

図 4.6 のようなネットワークを木と呼ぶ．

───── 木の作り方 ─────

(1) 次数 k を先に決める．全ての頂点が次数 k をもつことになる．
(2) 根と呼ばれる 1 つの頂点 v_0 を置く（図 4.6）．
(3) k 個の新しい頂点を置き，それぞれを v_0 とつなぐ（図 4.6 の v_1,

(4) ステップ 3 で追加した k 個の頂点のそれぞれ（v_1, v_2, v_3）を，新しい頂点 $k-1$ 個（図 4.6 の v_4, v_5, ..., v_9）とつなぐ。すると，ステップ 3 で追加した k 個の頂点の次数は，k になる。

(5) ステップ 4 で追加した新しい頂点 $k(k-1)$ 個（図 4.6 では $k(k-1) = 3 \times 2 = 6$ 個）のそれぞれを，新しい頂点 $k-1$ 個とつなぐ。

(6) ステップ 5 を繰り返す。

有限の木を作るときには，例えば，ステップ 3～6 を合わせて ℓ 回行ったところで止める。こうすると，v_0 から距離 ℓ にある点だけについては次数が 1 であることに注意する。

このときの頂点数 N を数える。v_0 から距離 1 には k 個の頂点がある（図 4.6 では v_1, v_2, v_3）。距離 2 には，$k(k-1)$ 個の頂点がある（図 4.6 の $v_4, \ldots, v_9$）。距離 3 には $k(k-1)^2$ 個の頂点がある（図 4.6 では $k(k-1)^2 = 3 \times 2^2 = 12$）。距離 ℓ 以内にある，v_0 自身も含めた頂点数は

$$\begin{aligned}
N &= 1 + k + k(k-1) + k(k-1)^2 + \cdots + k(k-1)^{\ell-1} \\
&= 1 + k \frac{1-(k-1)^\ell}{1-(k-1)} \\
&\propto (k-1)^\ell.
\end{aligned} \quad (4.10)$$

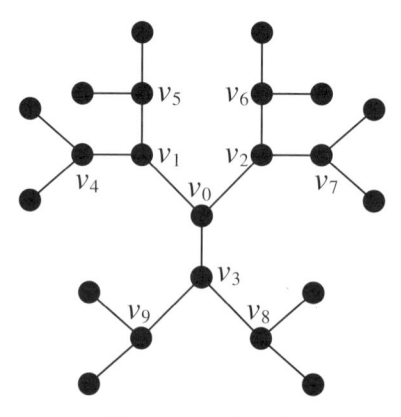

図 4.6 $k=3$ の木

繰り返し数 ℓ を無限にした木は，実物としては作れないが，数学的な構成物としてはできる．その場合，どの頂点の次数も k であり，かつ，どの頂点を根だと思い直してもよい．つまり，v_1 を v_0 だと思い直すことにしても，ネットワークは変化しない．無限木は，このような均一性のために数学的に扱いやすい．この事情は格子（4.2 節）と同じである．

無限に広がる木の次数分布は $p(k) = 1$，$p(k') = 0$ $(k' \neq k)$ である．完全グラフ，格子，サイクルなどと同様に規則的にすぎる．なお，分野によっては，各頂点の次数が異なっていても木と呼ぶ場合がある．区別をするために，次数が同じ木をケイリー・ツリー，または，ベーテ格子と呼ぶこともある．また，各頂点の次数は同じで根だけは次数を $k-1$ にしたネットワークを木と呼ぶこともある．本書では，次数が頂点ごとに異なってもよい場合は 7.2 節で紹介し，全ての頂点の次数が同じもののみを木と呼ぶ．

次に，木は三角形を含まないので $C = 0$ である．クラスター性が高い，という現実の要請に沿わない．木には四角形や五角形等もなく，どのように測ったとしてもクラスター性は低い．一方，ある点 v_i から別のある点 v_j に行く道（後戻りはせず，同じところを 2 回以上通らない）は 1 つしかない．v_i が v_j に影響を及ぼすためには，必ずこの道を使う．そのために，様々な解析が容易になる．

最後に，木の L を評価する．式（4.10）より

$$\ell \propto \frac{\log N}{\log(k-1)}. \tag{4.11}$$

ℓ と L は，N が大きいと定数倍くらいしか違わないことが知られている．N への依存性という粗い意味では，$\ell \propto \log N$ から

$$L \propto \log N \tag{4.12}$$

を結論してよい．

$k = 2$ のときは式（4.11）の分母が 0 となるので，式（4.11）を使えない．$k = 2$ のときのネットワークは，木というよりも 1 次元格子（図 4.5 (A)）である．このとき，式（4.6）より $L \propto N$ であり，L は大きい．まとめると，$k \geq 3$ であれば L は小さい．

4.4 ランダム・グラフ

今まで紹介したネットワークでは，全ての頂点が同じ次数をもち，構造に対称性があった．本節では，そうではないランダム・グラフというモデルを紹介する．エルデシュとレニーによって1959年に導入されたモデルである（[25]に詳しい）．いくつかの定義があるが，複雑ネットワークの研究で最もよく用いられる定義を述べる．

─── ランダム・グラフの作り方 ───

(1) 頂点数 N と $0 < p < 1$ を固定する．
(2) 各頂点対の間に確率 p で枝を置く．枝を置く置かないの選択は，$N(N-1)/2$ 通りの頂点対のそれぞれについて，独立である．

すると，ランダム・グラフの例が1つできる．今までのモデルと対照的に，N と p を指定しても，一般的には毎回異なるネットワークが生成される．

全ての頂点を区別すると，生成されうるネットワークは $2^{N(N-1)/2}$ 種類ある．各頂点対について，枝が有るか無いかの2択だからである．枝を M ($0 \leq M \leq N(N-1)/2$) 本もつ特定のネットワークは，確率 $p^M (1-p)^{N(N-1)/2-M}$ で作られる．図4.7（A）と図4.7（B）は，$N=5, M=6$ の例である．p が小さくても，たまたま全ての頂点対が枝となって完全グラフができるかもしれない（図4.7（C））．これは，$M = N(N-1)/2$ に相当し，確率 $p^{N(N-1)/2}$ で起こる．逆に，確率 $(1-p)^{N(N-1)/2}$ で $M=0$，すなわち，全く枝のないネットワークになる（図4.7（D））．図4.7（C）や図4.7（D）のネットワークはランダム（≈ 乱雑）に見えないが，むしろ例外的である．枝数 M の期待値は $pN(N-1)/2$ である．よって，N が大きくて，p が 0 や 1 に極端に近くなければ，図4.7（A）や図4.7（B）のようなネットワークで枝は合計 $pN(N-1)/2$ 本くらいのものが，生成される典型的なネットワークである．

ランダム・グラフの性質をいくつか述べる．

N を止めて p を上げると，図4.8の（A）から（D）のように，徐々に枝

4.4 ランダム・グラフ

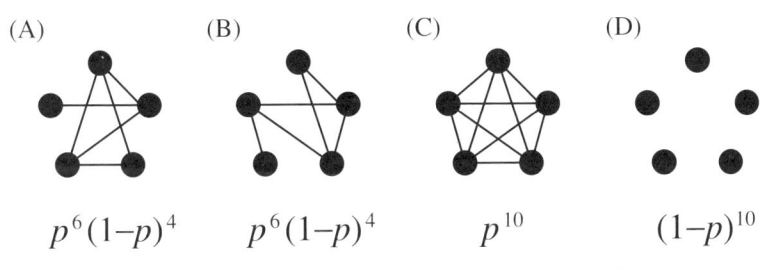

(A)	(B)	(C)	(D)
$p^6(1-p)^4$	$p^6(1-p)^4$	p^{10}	$(1-p)^{10}$

図 4.7 $N=5$ のランダム・グラフの例．下の数字は，各ネットワークが生成される確率

が密になる．それに連れて，ネットワークの様子も変わる．図 4.8（A）では，大多数の点が孤立している．孤立していない点も，いくつかの小さな塊に分かれている．図 4.8（A）は連結（全体が 1 つにつながっていること．p.6）からほど遠い．図 4.8（B）では，孤立点がいくつかあるものの，それ以外の点は連結している．図 4.8（C），4.8（D）では，全体が連結である．数学的には，$p < 1/N$ のときは，最も頂点数が多い連結成分の大きさが高々 $O(\log N)$ であり，$p = 1/N$ で $O(N^{2/3})$ となる．$p > 1/N$ では $O(N)$ となり，ネットワーク全体のかなりの割合を占める連結成分が現れる．図 4.8（B），(C)，(D) の状況と同一視してよい．

N が十分大きいとき，ネットワークの定性的な変化が起こる p の値は，連結成分の大きさの例に限らずかなりわかっている．このような定性的な変化を**相転移**と言い，先の例では $p = 1/N$ を相転移点という．もう 1 つの例として，ネットワーク全体が連結となるのは $p \geq \log N/N$ のときであることが知られている．$p = \log N/N$ が連結性についての相転移点である．また，p を 0 から上げていくと，最初のサイクルは $p = 1/N$ で現れることが知られている．最大連結成分が大きくなる相転移点とたまたま一致している．さらに，頂点数 N' の木（ただし，次数は頂点ごとに異なる）が初めて現れるのは $p \propto N^{-N'/(N'-1)}$，大きさ N' の完全グラフが初めて現れるのは $p \propto N^{-2/(N'-1)}$ などである．p を大きくするほど，ランダム・グラフは多様な部分グラフをもつ．

相転移は，ランダム・グラフの構造の変化を表すだけでなく，広い概念である．例えば，感染症が全体に広まるか広まらないかの定性的な変化は，モデルの感染力を変数とする相転移である（第 8 章）．相転移の話はここまでにしよ

図 **4.8** $N = 25$ のランダム・グラフ。(A) $p = 0.04$, (B) $p = 0.1$, (C) $p = 0.3$, (D) $p = 0.8$

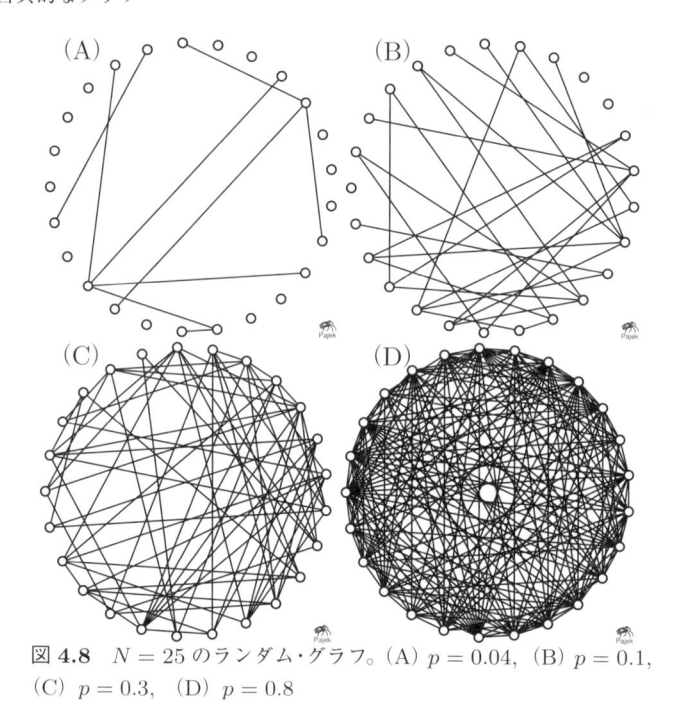

う。

　ランダム・グラフの次数分布は明確に求まる。1 つの頂点は，残り $N - 1$ 個の頂点のそれぞれと確率 p で隣接する。よって，次数分布は二項分布

$$p(k) = \frac{(N-1)!}{k!(N-1-k)!} p^k (1-p)^{N-1-k} \approx \frac{e^{-\langle k \rangle} \langle k \rangle^k}{k!} \quad (4.13)$$

となる。式 (4.13) で，二項分布をポアソン分布（表 2.1）で近似した。この近似は $N \to \infty$, $p \to 0$, かつ $(N - 1)p$ が正の値に収束するときに許される。平均次数は

$$\langle k \rangle = (N - 1)p \quad (4.14)$$

で与えられる。実際，式 (4.13) の次数分布に対して，$\langle k \rangle = \sum_{k=1}^{\infty} kp(k) = (N - 1)p$ となることを確認できる。

　式 (4.13) は 2 つのことを示唆する。第一に，ランダム・グラフの次数は，全

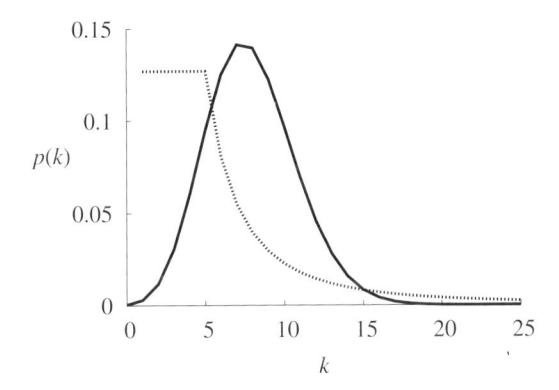

図 4.9 ポアソン分布（実線）と $\gamma = 2.5$ のべき分布（点線）。べき分布は小さい k では当てはまらないことが多いので，$k \leq 5$ までは $p(k)$ を一定値とした

ての頂点が同一の次数であった正方格子や木などと比べると散らばっている。しかし，スケールフリー・ネットワークを意味するべき則ほどには散らばっていない。図 4.9 にポアソン分布（実線）と，平均が同じになるように揃えたべき分布 $p(k) \propto k^{-2.5}$（点線）を比較する。k が大きくなると，ポアソン分布の $p(k)$ は，べき分布の $p(k)$ よりも非常に小さい。よって，ポアソン分布では，ハブが事実上見られない。もっとも，ポアソン分布の次数分布をもつネットワークも，現実にはそれなりに多くあることを注意しておく。

第二に，ランダム・グラフを現実のネットワークのモデルと思うならば，N が大きいほど p を小さくしなければいけない。現実的な $\langle k \rangle$ は，N が大きくなっても発散しないか，発散するとしてもゆっくりだからである。よって，式 (4.14) より，$p \propto 1/N$ などとする必要がある。

平均距離については，難しい計算の結果[25]として

$$L \approx \frac{\log N}{\log \langle k \rangle}. \tag{4.15}$$

ただし，連結でないネットワークに対しては $L = \infty$ となるので，式 (4.15) は $p \geq \log N / N$ でのみ有効である。

クラスター係数も計算できる。図 4.10 の v の次数は 4 である。v のクラス

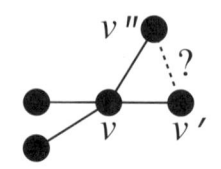

図 4.10 ランダム・グラフのクラスター係数の求め方

ター係数を知るためには，$4 \times 3/2 = 6$ 組の頂点対のそれぞれが直接つながっているかどうかを調べればよい。その 6 組のうちの 1 組である v' と v'' について考える。v' と v'' が隣接していて v とあわせて三角形となる確率は p である。v' と v'' が隣接する確率は，周りの状況に関わらず p だからである。どのように v' と v'' を選んでも同じことなので，v を含む三角形の個数の期待値は $6p$。よって，v のクラスター係数の期待値は $6p/6 = p$ となる。どの v についても同じことなので，ネットワーク全体のクラスター係数は

$$C = p = \frac{\langle k \rangle}{N-1} \approx \frac{\langle k \rangle}{N}. \tag{4.16}$$

次数分布のところで述べたように，N が変化しても $\langle k \rangle$ はあまり変化させない。よって，式 (4.16) より $\lim_{N \to \infty} C = 0$。ランダム・グラフのクラスター性は小さく，現実の大半の場合と合致しない。三角形はあるが，N を大きくするとその割合が小さくなるのである。

同様な計算によると，ランダム・グラフでは，四角形も五角形もその割合が N の増加とともに小さくなる。これに関連して，長さ ℓ のサイクルの平均個数も求まる。サイクル候補となる ℓ 点を順序つきで選ぶ方法は $(N!/(N-\ell)!)/(2\ell)$ 通りある。$N!/(N-\ell)!$ で順番つきで ℓ 個の頂点を選び，重複回数 2ℓ で割るからである。例えば，$\ell = 4$ で v_1, v_2, v_3, v_4 がこの順でサイクルを成すとする。単なる順序つきの選び方では，同じサイクルを表す

$$v_1 \to v_2 \to v_3 \to v_4 \to v_1, \quad v_1 \to v_4 \to v_3 \to v_2 \to v_1,$$
$$v_2 \to v_3 \to v_4 \to v_1 \to v_2, \quad v_2 \to v_1 \to v_4 \to v_3 \to v_2,$$
$$v_3 \to v_4 \to v_1 \to v_2 \to v_3, \quad v_3 \to v_2 \to v_1 \to v_4 \to v_3,$$
$$v_4 \to v_1 \to v_2 \to v_3 \to v_4, \quad v_4 \to v_3 \to v_2 \to v_1 \to v_4$$

の8つを重複して数えてしまう。よって $2\ell = 8$ で割るのである。サイクルが実現されるためには，サイクルを成す ℓ 本の枝がランダム・グラフで存在しなければならない。その確率は p^ℓ なので，サイクルの平均個数は $p^\ell \times (N!/(N-\ell)!)/(2\ell)$.

最後に，ランダム・グラフの隣接行列の固有値について述べる。ネットワークの隣接行列の固有値分布は，様々な応用で現れる。本書の主な対象である無向ネットワークの隣接行列は対称行列なので，線形代数によると固有値は実数である。N が大きいとき，ランダム・グラフの固有値の分布は，ウィグナーの半円則と呼ばれる以下の分布になる:

$$\frac{\lambda}{\sqrt{N}} \to \frac{1}{2\pi\sigma^2}\sqrt{4\sigma^2 - \lambda^2} \quad (|\lambda| < 2\sigma). \tag{4.17}$$

σ は隣接行列の値の標準偏差であり，ランダム・グラフならば，確率 p で隣接行列の値が 1，確率 $1-p$ で 0 なので，$\sigma = \sqrt{Np(1-p)}$.

ランダム・グラフについてまとめる。p が適度に小さいと，L は小さく，C は小さく，次数は適度に小さくあまり散らばってはいない。なお，次数相関はない。したがって，大雑把に言うとランダム・グラフは木に近く，C と次数分布の意味で，現実のネットワークのモデルとして十分でない。それでも，複雑ネットワーク研究以前は，ランダム・グラフは現実世界の表現としてよく用いられた。現実のネットワークの構造が不明だったからであろう。また，数学の世界では，ランダム・グラフは大きな研究対象であり続けている。ランダム・グラフ以外のことを証明するための道具としても，ランダム・グラフは重宝されている。

また，全くランダムに枝があったりなかったりすることは，ネットワーク構造を無視することに近い。よって，完全グラフに当てはまる平均場近似が，ランダム・グラフにも大体当てはまることが多い。そこで，平均場近似の当てはまり度合いを確かめるために，また，複雑なネットワークと対照実験を行うために，ランダム・グラフはよく使われる。

第 4 章　古典的なグラフ

表 4.1　ネットワークの比較

ネットワーク	次数	L	C
現実のネットワーク	べき則など	小 $(= O(\log N))$	大 $(= O(1))$
完全グラフ	$k = N - 1$	小 $(= 1)$	大 $(= 1)$
格子, サイクル	均一	大 $(= O(N^{1/D}))$	大 $(= O(1))$
木	均一	小 $(= O(\log N))$	小 $(= 0)$
ランダム・グラフ	ポアソン分布	小 $(= O(\log N))$	小 $(= O(1/N))$

4.5　複雑ネットワークに向けて

本章で紹介したネットワークの特徴を表 4.1 にまとめる。$\langle k \rangle$ が大きすぎないことを前提とすると，小さい L と 大きい C の2つを要求するだけで，どのモデルも失格となる。また，どのモデルの次数分布も，べき則とならない。

そこで，現実のデータとより合致するモデルが模索され，その最初の答は，2つの異なる方針のもとで導かれた。それらを，第5章と第6章で，それぞれ紹介する。第5章では，小さい L と大きい C，すなわち，スモールワールド性をもつモデルを説明する。次数分布のべき則まではとりあえず要求しない，という態度と言える。第6章では，次数分布のべき則，すなわち，スケールフリー性をもつモデルを紹介する。このモデルやいくつかの類似モデルでは，L と C がともに小さい。C が大きくないことにはとりあえず目をつぶる，という態度と言える。この2つの論文 [68, 219] は，複雑ネットワーク研究の古典の双璧である。現在では，小さい L，大きい C，べき則の次数分布の3つを併せもち，さらに他の特性ももつネットワークのモデルが多数ある。それらのいくつかについて，第6章，第7章で紹介する。

第5章 スモールワールド・ネットワーク

5.1 Watts–Strogatz（WS）モデル

1998年に，ワッツ（Watts）とその指導教員のストロガッツ（Strogatz）が，本格的な複雑ネットワーク研究の幕開けとなる論文を発表した［219］．彼らは，平均次数を大きくしすぎずに，小さい L と大きい C を同時に達成するネットワーク，すなわち，スモールワールド・ネットワークのモデルを提案した．このモデルを，2人の名前の頭文字をとって WS モデルと呼ぶ．

WS モデルには鍵となる変数 p があり，p の値を変えることによって，拡張1次元格子（L も C も大きい），スモールワールド・ネットワーク（L は小さく C は大きい），ランダム・グラフ（L も C も小さい）を生成できる．

WS モデルの作り方

(1) 頂点数 N と平均次数 $\langle k \rangle$ を定める．$\langle k \rangle$ は偶数とする．

(2) 拡張サイクル（図 4.5（D））を作る．すなわち，頂点 N 個を輪状に置き，各頂点を輪の右隣 $\langle k \rangle /2$ 個までと左隣 $\langle k \rangle /2$ 個までの頂点と隣接させる．各頂点の次数は $\langle k \rangle$ となる．

(3) 枝は合計 $\langle k \rangle N/2$ 本ある．そのうち，割合 p $(0 \leq p \leq 1)$ だけの枝，つまり $p\langle k \rangle N/2$ 本を選ぶ（図 5.1（A）の太線）．各枝は等確率で選ばれるとする．

(4) 選んだ枝のそれぞれについて，片方の端点とはつないだままにして，もう片方の端点から切り離す．どちらの端点を切り離すかは半々の確率で決める（図 5.1（B））．

第 5 章 スモールワールド・ネットワーク

> (5) 宙に浮いた各枝の新しい端点をネットワーク全体の中から等確率で 1 つ選び，枝を作る（図 5.1（C））．この操作をつなぎかえ，新しい枝を近道またはショートカットと呼ぶ．新しい端点を選ぶときには，
>
> (i) ループ（図 1.3（A））と多重辺（図 1.3（B））を避け，
> (ii) 元の拡張サイクルの枝を復元してしまうような頂点を避ける（図 5.2）．
>
> (i), (ii) の約束事は本質的ではない．特に，(ii) は課さないこともある．

いくつかのつなぎかえ確率 p の値について，生成されるネットワークの例を図 5.3 に示す．$p = 0$（図 5.3（A））では，元の拡張サイクルなので，L も C も大きい（4.2.2 節）．$p = 1$ では全ての枝をつなぎ直す．元の拡張サイクルを

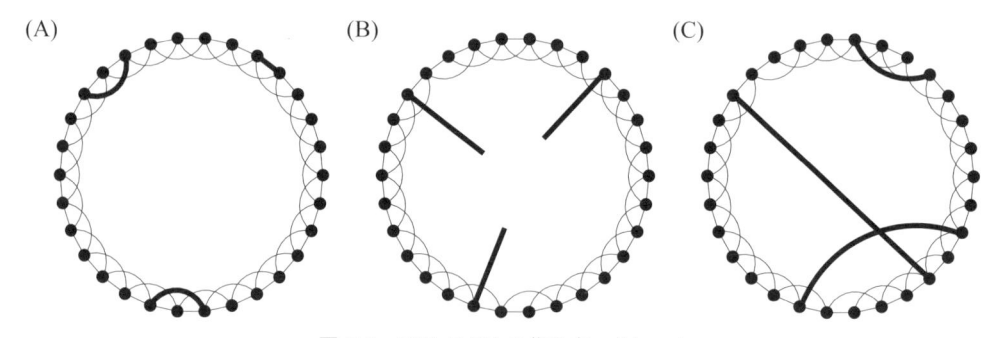

図 **5.1** WS モデルの作り方。$\langle k \rangle = 4$

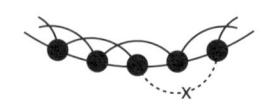

図 **5.2** 許可されない枝のつなぎかえ方

5.1　Watts–Strogatz（WS）モデル

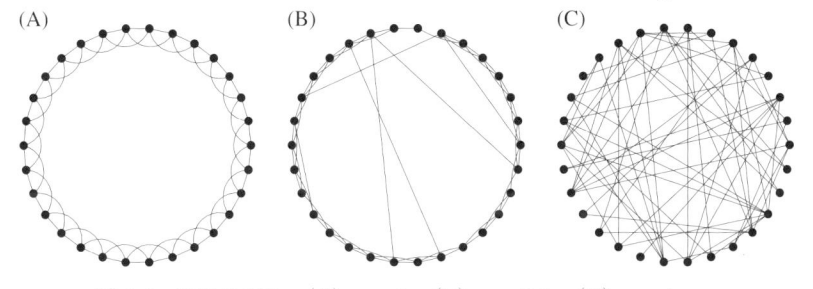

図 **5.3**　WS モデル。(A) $p = 0$，(B) $p = 0.1$，(C) $p = 1$．

成す枝は残らないので，図 5.3（C）では輪の上に頂点を配置してあるが，この配置にもはや意味がない．よって，平均次数が $\langle k \rangle$ のランダム・グラフとほとんど同じで，L も C も小さい（4.4 節）．中間の p の値では，図 5.3（B）のようになる．

$N = 1000$，$\langle k \rangle = 6$ のときの L と C の p への依存性を図 5.4 に示す．1 つの p の値につき，1000 回の連結なネットワークを発生させて，L と C を求め，その平均値を示した．L と C は p に依存するので $L(p)$, $C(p)$ と書こう．見やすいように，横軸の p は対数目盛りで表示してある．p を 0 から大きくしていくと，まず先に $L(p)$ が小さくなり，もう少し p が大きくなってから $C(p)$ が急激に小さくなる．その間の $p \in [0.01, 0.1]$ くらいの範囲では，小さい $L(p)$ と大きい $C(p)$ が同時に達成され，スモールワールド性が満たされている．よって，WS モデルは，一定の p の範囲でスモールワールド・ネットワークを生成できる．局所的な枝（＝拡張サイクルの枝）と大域的な枝（＝近道）が適度に混ざった状態がスモールワールドである．5.2 節で見るように，$L(p)$ が小さくなり始める p の具体的な値は N によるので，スモールワールドとなる p の範囲も N に依存する．

近道が $L(p)$ を縮める．ただ，p が大きくて近道だらけだと，$p = 0$ の拡張サイクルのときに存在した三角形がたくさん壊れてしまう．小さい正の p では，$L(p)$ は小さいものの三角形は少しだけしか壊れず，大きい $C(p)$ が保たれる．

WS モデルの次数は，$p = 0$ では全ての頂点について同じであり，$p = 1$ ではネットワークがほぼランダム・グラフなのでポアソン分布に従う（4.4 節）．p が大きいほど，つなぎかえられる枝が多いので，次数のばらつきも大きくな

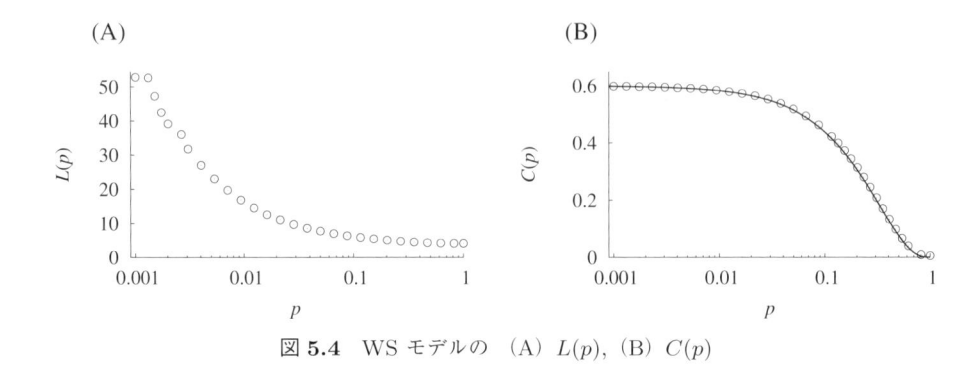

第 5 章 スモールワールド・ネットワーク

図 **5.4** WS モデルの （A）$L(p)$，（B）$C(p)$

る。次数のばらつきの最も大きいところが $p = 1$ のポアソン分布である。しかし，ポアソン分布といえども，次数のばらつきはべき則ほどには大きくない（4.4 節）。よって，WS モデルからは，p の値に関わらずべき則の次数分布は出ない。

とはいえ，WS モデルは，スモールワールド性を示す標準モデルとして広く用いられている。拡張サイクルとランダム・グラフという両極端の中間としてスモールワールド・ネットワークが得られる，構成がわかりやすい，などが理由であろう。

WS モデルに関するいくつかの注意を述べる。

- 拡張サイクルに近道を入れたが，2 次元である正方格子や三角格子に周期的境界条件を課したネットワーク（4.2.1 節）や多次元のトーラス（4.2.3 節）に近道を入れても，同じようにスモールワールド・ネットワークができる。
- 図 5.3 からもわかるように，L と C 以外の特性に着目すれば，WS モデルは，現実的というわけでもない。理論的な標準モデルととらえておくのが妥当である。
- サイクルに近道を少し入れると L が小さくなることは，実は WS モデル以前から知られていた[67, 83]。社会学でも，L の小ささについてはミルグラムの実験以来，様々なモデルが提案されている。WS モデルは，C が大きいまま L を小さくできる点で新しかった。

5.2 WS モデルの解析

本節では，WS モデルの $C(p)$ と $L(p)$ を導出する。結果は図 5.4 に集約されている。

$p = 0$ のときの WS モデルは，各頂点が輪の上で両側 $\langle k \rangle /2$ 個先までの頂点とつながった拡張サイクルである。$\langle k \rangle$ は偶数である。式 (4.8) (p.72) より

$$C(0) = \frac{3\langle k \rangle - 6}{4\langle k \rangle - 4}. \tag{5.1}$$

また，式 (4.7) より

$$L(0) \approx \frac{N}{2\langle k \rangle}. \tag{5.2}$$

$p = 1$ のときの WS モデルは，ランダム・グラフとほぼ同じである。よって，式 (4.16) (p.80) より

$$C(1) \approx \frac{\langle k \rangle}{N}. \tag{5.3}$$

式 (4.15) より

$$L(1) \propto \log N. \tag{5.4}$$

一般の p について，$C(p)$ は比較的簡単に求まる [73]。$p = 0$ で存在したあるクラスターがつなぎかえの後に生き残るためには，三角形を構成する 3 本の枝がどれもつなぎかえられなければよい。よって，1 つの三角形は確率 $(1-p)^3$ で生き残る。式 (5.1) とあわせて

$$C(p) = \frac{3\langle k \rangle - 6}{4\langle k \rangle - 4}(1-p)^3. \tag{5.5}$$

単純な方法であるが，式 (5.5) は数値計算で WS モデルを作って求めた $C(p)$ とよく一致する（図 5.4 (B) の実線）。$(1-p)^3$ は，p がそれなりに大きくないと（例えば $p \approx 0.1$）1 よりかなり小さくはならない。よって，p が小さければ $C(p)$ は十分に大きい。

$L(p)$ を求めることは，より困難である。また，元の WS モデルでは，厳密

に言うと $L(p)$ は未定義である。というのも，$p(>0)$ がとても小さくても，ある頂点 v の $\langle k \rangle$ 本の枝がたまたま全て除去されるかもしれない。すると，v は孤立し，v から他の頂点への距離が定義できず，$L(p)$ も定義できない。

また，$L(p)$ を求めたり何か他の性質を調べたりするときに，元の WS モデルを用いるとしばしば都合が悪い。つなぎかえを行った後に，非連結なネットワークにはならなかったとしよう。それでも，拡張サイクルのいくつかの道を近道にふりかえる分，元の拡張サイクルの規則的な構造は壊れてしまう。ある頂点は輪に沿って右隣の 2 つの頂点と隣接するのに，ある別の頂点は右隣の 1 つの頂点とだけ隣接する，といったでこぼこが生じる。図 5.1（A）の太線の根元付近が図 5.1（C）でどのようになったかを観察しよう。

これらの問題を回避するために，本節（と 8.4 節）では，つなぎかえをせずに，新しい近道を追加する変形 WS モデルを使う。p が小さいときの変形 WS モデルの例を図 5.5（A）に示す。変形 WS モデルでは，$p > 0$ のときに，枝をつなぎかえずに $p\langle k \rangle N/2$ 本の近道を加える。$p = 0$ で拡張サイクルであることは元の WS モデルと同じである。変形 WS モデルでは，p はつなぎかえる枝の割合ではなく加える枝の割合なので，p が大きくなると枝が増える。枝の総数は元の拡張サイクルの $1+p$ 倍になる。よって，変形 WS モデルにおいては p は 1 を超えてもよいが，p が大きすぎるとモデルの意味づけが難しい。

p が大きすぎないとしても，枝が増えるのだから $p > 0$ で $L(p)$ が減るのは当り前と思えなくもない。元の WS モデルでは，枝は増やさずにスモールワールドを達成できたことが隠れた重要な点だったのである。ただ，p が十分小さいときは，追加される枝数は全体の枝数に比べてわずかなので，変形 WS モデルと元の WS モデルは似ている。そのような小さい p でも $L(p)$ はすでに小さい，と言いたい。すると，$L(p)$ が小さくなったのは，枝を増やしたからというよりも枝の配置をうまくした（具体的には，近道を作った）からであると主張できる。実は，そのようになっている。本節の残りでは，これを説明する [72, 168]。

🔍 **p.91 まで** 空間について連続近似を行う。頂点は輪の上に等間隔で並んでいる。この状況を，頂点が輪の上に連続的に分布していると見なすことにする。この近似によって，空間微分が使え，計算が易しくなる。図 5.5（A）の変形 WS モデルの連続近似は図 5.5（B）のようになる。

5.2 WS モデルの解析

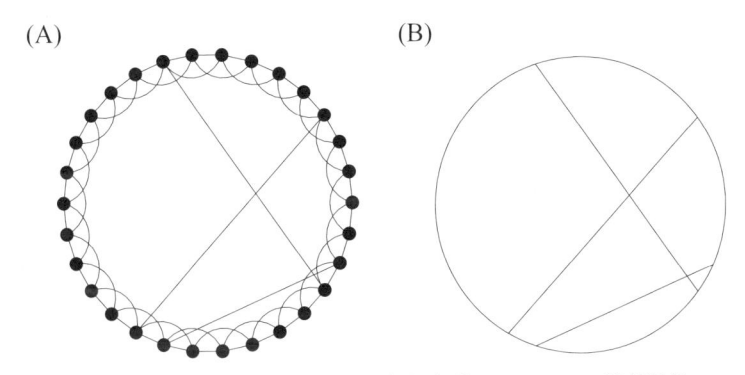

図 5.5 (A) 変形 WS モデル。(B) 変形 WS モデルの連続近似

p を固定して，図 5.5 (B) のように単純化されたネットワーク上で，ある任意の点 v から他の点までの平均距離を考える。v は特別な点ではないので，v から他の点への平均距離を $L(p)$ と見なす。

図 5.6 (A) のように，v から注入され，単位時間に輪の上を枝 1 本分の長さだけ進むインクを考える。すでにインクに浸ったところは，そのまま跡が残るとする。点 v' にインクが到達する時刻 t が v と v' の距離である。インクは近道も渡ることができ，時間 1 で枝 1 本分だけ進むので，近道を渡るのにかかる時間も，近道の見かけの長さに関わらず 1 であるとする。インクは次のように広がる。

(1) t の小さいうちは，インクは v から両側に進み，インクの通った領域は 1 つの区間をなす（図 5.6 (A)）。
(2) 区間が近道にぶつかると，インクは輪の上を今まで通り進み続けるとともに，時間 1 をかけて近道を渡る。近道の行き先の点には新しい区間が作られ，この点からもインクが左右に進み始める（図 5.6 (B)）。
(3) 2 つの区間が輪の上を進んできて出会うと，合体して 1 つの区間になる（図 5.6 (C)）。
(4) ステップ 2 とステップ 3 が起こりながら，いずれ，ネットワーク全体にインクが到達する。

時刻 t でインクが届いていない頂点の数を $N_r(t)$，区間の数を $B(t)$ とする。

第 5 章 スモールワールド・ネットワーク

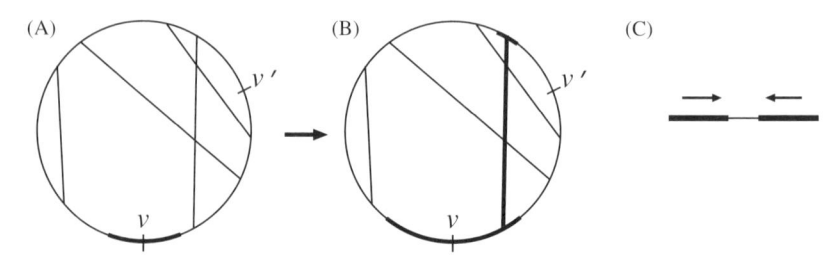

図 5.6 変形 WS モデル上のインクの広がり方

$N_{\mathrm{r}}(t)$ は t について単調減少である。近道のことをいったん忘れると，各区間について，単位時間で，片方の端につき $\langle k \rangle /2$ 個の頂点に新たにインクが到達する。各点は，輪の上で片側につき $\langle k \rangle /2$ 個の頂点と隣接しているからである。よって，$N_{\mathrm{r}}(t)$ が減る速度は，区間の数の 2 倍 $\times \langle k \rangle /2$ であり

$$\frac{dN_{\mathrm{r}}(t)}{dt} = -2B(t)\frac{\langle k \rangle}{2} = -\langle k \rangle B(t). \tag{5.6}$$

近道のことを思い出そう。ステップ 2 によって，インクは近道を渡ることがある。近道の行き先にまだインクが着いていなければ，区間がひとつ増える。ネットワーク全体では近道が $N \langle k \rangle p/2$ 本ある。近道の端点は，その 2 倍の $N \langle k \rangle p$ 個ある。端点の密度は $N \langle k \rangle p/N = \langle k \rangle p$ となる。各区間は，片側ごとに単位時間で $\langle k \rangle /2$ 長くなる。よって，単位時間に 1 つの区間が近道に出会う確率は $\langle k \rangle p \times \langle k \rangle = \langle k \rangle^2 p$。この出会いが起こると，インクは近道を渡る。渡った先の頂点にまだインクが到達していない確率は $N_{\mathrm{r}}(t)/N$。$B(r)$ 個の区間のそれぞれについて同じことが起こっているので，ステップ 2 によって増える区間数は，単位時間で $\langle k \rangle^2 p \times (N_{\mathrm{r}}(t)/N) \times B(t)$ である。

ステップ 3 が起こって 2 つの区間が出会うと，区間は 1 個減る。この出来事の頻度を知るために，図 5.6（C）で 2 つの区間にはさまれた領域（ギャップと呼ぶ）について考える。各ギャップは，両側から押されて縮み，いずれ消滅する。全てのギャップをあわせると，頂点数としては $N_{\mathrm{r}}(t)$ になる。これらの点は，$B(t)$ 個のギャップのどれかの中にある。ギャップと区間は交互に並んでいるので，ギャップ数と区間数は等しいことに注意する。ギャップは輪の上に等確率で散らばっていると仮定すると，ギャップの大きさ x の分布 $P(x)$ は整数 0 と $N_{\mathrm{r}}(t)$ の間に等確率でばらまいた $B(t) - 1$ 個のしきり（区間に対応する）

のうち，最も小さいしきりの位置に等しいとわかる．よって

$$P(x) = -\frac{d}{dx}(\text{しきりの最も小さいものの位置が} \geq x \text{ となる確率})$$
$$= -\frac{d}{dx}\left(1 - \frac{x}{N_\mathrm{r}(t)}\right)^{B(t)-1}$$
$$= \frac{B(t)-1}{N_\mathrm{r}(t)}\left(1 - \frac{x}{N_\mathrm{r}(t)}\right)^{B(t)-2}. \qquad (5.7)$$

式 (5.6) より，1つのギャップが縮む速さは $\langle k \rangle$ なので，時間 Δt の間に，幅が $\langle k \rangle \Delta t$ より小さいギャップは消滅する．1つのギャップの幅が $\langle k \rangle \Delta t$ より小さい確率は

$$\int_0^{\langle k \rangle \Delta t} P(x)dx = 1 - \left(1 - \frac{\langle k \rangle \Delta t}{N_\mathrm{r}(t)}\right)^{B(t)-1} \approx \frac{\langle k \rangle \Delta t}{N_\mathrm{r}(t)}(B(t)-1). \quad (5.8)$$

区間数の変化についてまとめると

$$\frac{dB(t)}{dt} = \frac{\langle k \rangle^2 N_\mathrm{r}(t)B(t)p}{N} - \frac{\langle k \rangle B(t)(B(t)-1)}{N_\mathrm{r}(t)}. \qquad (5.9)$$

あとは，式 (5.6), (5.9) を連立して解けばよい．その先は技巧的なので説明を省く（物理学 [168] や数学 [72] の導出を参照）．　　　🔍　終

結果は，

$$L(p) = \frac{2N}{\langle k \rangle} f\left(\frac{N\langle k \rangle p}{2}\right). \qquad (5.10)$$

ただし，

$$f(x) = \frac{1}{2\sqrt{x^2+2x}}\tanh^{-1}\left(\sqrt{\frac{x}{x+2}}\right). \qquad (5.11)$$

$\tanh^{-1}(x)$ は $\tanh(x)$ の逆関数を表す．$f(x)$ は物理学でいうスケーリング関数である．$L(p)$ は本質的に $N\langle k \rangle p/2$ のみに依存する．式 (5.10), (5.11) より

$$L(p) \approx \begin{cases} \dfrac{N}{2\langle k \rangle}, & (N\langle k \rangle p/2 \ll 1), \\ \dfrac{\log(N\langle k \rangle p)}{\langle k \rangle^2 p}, & (N\langle k \rangle p/2 \gg 1). \end{cases} \qquad (5.12)$$

第 5 章　スモールワールド・ネットワーク

$N\langle k\rangle p/2 \ll 1$ のときの $L(p)$ は，拡張サイクルの L（式 (4.7)（p.72））と一致する。$p=0$ の WS モデルは拡張サイクルなので，自然な結果である。$N\langle k\rangle p/2 \gg 1$ のときの $L(p)$ は小さい。すなわち，$L \propto \log N$ である。これは，ランダム・グラフの結果と符合する。$N\langle k\rangle p/2$ は近道の本数なので，近道の本数が増えてきてネットワーク全体で 1 本のオーダーになると，格子的世界から（L が小さいという意味での）小さな世界への転換が起こる。

5.3　地理的なモデル

WS モデルにおける近道の存在確率は，距離 $\langle k\rangle /2$ 以内の相手へは近道が作られないこと除いては，2 点間の輪の上での距離によらない。しかし，小さい世界とはいえども，現実では地理的に近い 2 人は遠い 2 人よりも隣接しやすい。サイクルや正方格子のように地理的にすぐ近くの人と隣接するだけならば L が大きくなってしまうが，だからといって，誰とでも同様につながりやすいわけではない。

そこで，このような地理的な要因を取り入れたスモールワールド・ネットワークのモデル [81] が，それなりによく用いられる。解析のしやすさなどが理由で，数学を中心によく用いられる（9.2.4 節でも用いる）。

───────── 地理的なモデルの作り方 ─────────

(1) D 次元超立方格子 $\mathbf{Z}^D$ を用意する。WS モデルでは N を固定したが，このモデルでは $N = \infty$ である。

(2) 任意の 2 つの頂点 $x, y \in \mathbf{Z}^D$ が隣接する確率を

$$p_{xy} = 1 - \exp\left(-|x-y|^{-\alpha}\right), \quad (\alpha > 0) \tag{5.13}$$

とする。$\mathbf{Z}^D$ 上で最近接の頂点対は必ず隣接する設定と，必ずしも隣接しない設定がある。前者の場合は，四角形が多いという意味で実質的なクラスター性が高い（$D=2$ の例を図 5.7 に示す）。

5.3 地理的なモデル

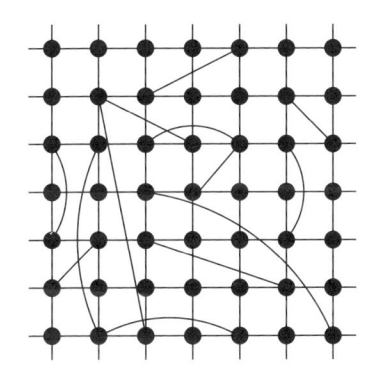

図 5.7 地理的なモデル。$D = 2$

このネットワークの L について考える。まず，式 (5.13) は，漸近的には

$$p_{xy} = |x - y|^{-\alpha} \quad (|x - y| \to \infty) \tag{5.14}$$

となる。式 (5.13)，あるいは，より分かりやすい式 (5.14) によると，α が小さいほど，遠くの 2 頂点が隣接しやすいので L が小さい。一般の D について，$x \in \mathbf{Z}^D$ と $y \in \mathbf{Z}^D$ の距離は，確率 1 で

$$d(x, y) = (\log |x - y|)^{\frac{\log 2}{\log(2D/\alpha)}} \quad \alpha \in (D, 2D) \tag{5.15}$$

となることが知られている。α について $d(x, y)$ は単調増加である。特に

$$\lim_{\alpha \downarrow D} \frac{\log 2}{\log(2D/\alpha)} = 1, \quad \lim_{\alpha \uparrow 2D} \frac{\log 2}{\log(2D/\alpha)} = \infty. \tag{5.16}$$

ここで，$\downarrow$ は上から近づく，$\uparrow$ は下から近づく，の意味である。また，

$$d(x, y) = O\left(\log |x - y|\right) \quad (\alpha = D) \tag{5.17}$$

となる [100]。これらは 2 点間距離についての結果だが，ネットワーク全体の距離に対しても同じような結果であると思ってよい。よって，$\alpha = D$ では L は小さく ($= O(\log N)$)，$D < \alpha < 2D$ のときもそれに準じる。また，$\alpha < D$ において

$$\sup_{x, y \in \mathbf{Z}^D} d(x, y) = \frac{D}{D - \alpha} \text{ 以上の最小の整数} \tag{5.18}$$

が知られている [77]。この範囲の α では，ネットワークを大きくしても距離は大きくならず，L が非常に小さい。最後に，$\alpha \geq 2D$ については，部分的にしか解明されていない部分もあるが L は大きい [135]。$\alpha = D$ と $\alpha = 2D$ で相転移が起こっている。

第6章　成長するスケールフリー・ネットワークのモデル

WSモデルは，べき則の次数分布をもたない。1999年以降，様々なスケールフリー・ネットワークの数理モデルが提案された。それらの多くは，ネットワークが成長するという仮定に基づく。成長するとは，時間とともに頂点と枝が増えることである。インターネット，航空網などは実際に成長している。本章では，成長するスケールフリー・ネットワークのモデルをいくつか紹介する。成長しないモデルは第7章で紹介する。

6.1　Barabási–Albert（BA）モデル

1999年に，バラバシ（Barabási）と彼の学生のアルバート（Albert）が，それなりに現実らしい作り方でスケールフリー性が実現されるネットワークのモデル（BAモデルと呼ぶ）を提案した [68]。BAモデルの2つの鍵は，ネットワークの成長と，優先的選択である。頂点は，次々とネットワークに加わる（成長）。新しく加わった頂点は元からいる頂点のどれかと結びつくが，等確率で相手の頂点を選ぶと，実はスケールフリーにならない。BAモデルでは，その時点で次数の高い頂点に結びつきやすい，とする（優先的選択）。次数が高くなった頂点は，その後も新しい枝を獲得しやすくなり，ハブになりやすい。逆に，次数獲得競争に一度破れると，その後は，新しい枝を獲得して他の頂点を追い抜いてハブになるのは難しい。この仕組みは，ネットワークの次数以外にもあてはまる。富めるものほど富むダイナミクスがべき則を導くことは，ジブラ則，マチュー効果，cumulative advantage などとも呼ばれる。

べき則は，大衆的には80対20の法則やロングテールの法則の名前でも知られる。競合する2社が新製品を発表するときに，性能や値段は同等でも，た

またシェアが55% 対 45% になると，人々が多数派に追従して，シェアは80% 対 20% あるいは 100% 対 0% に近づきやすい。80 対 20 の法則は，20 % の人間が 80 % の富を支配する，80 % の仕事時間が 20 % の利益しかもたらさない仕事に使われる，などの文脈でも使われ，べき則の応用としてとらえられる。

スケールフリー・ネットワークの話に戻ろう。

BA モデルの作り方

(1) m_0 個の頂点を置く。これらは連結なネットワークを成すとする。図 6.1 の例では完全グラフから出発する $(t=0)$。初期条件を明確に書いていない文献が多いが，各頂点の次数が 1 以上でありさえすれば，連結でなくてもよい。

(2) $m(\leq m_0)$ 本の枝をもつ頂点を 1 つずつネットワークに追加する。今，頂点が N' 個あり，既存の頂点 v_i $(1 \leq i \leq N')$ の次数を k_i とする。新しい枝のそれぞれが v_i に結びつく確率を

$$\Pi(k_i) = \frac{k_i}{\sum_{j=1}^{N'} k_j}, \quad (1 \leq i \leq N') \tag{6.1}$$

とする。式 (6.1) の分母は規格化定数である。分子からわかるように，元からある頂点は，次数に比例して新しい枝を受けとりやすい（優先的選択）。新しい頂点から同じ v_i へ複数の枝が来ないようにするが，本質的な縛りではない。また，$m \geq 2$ のとき，新しい枝を 1 本入れた時点で式 (6.1) に使われる k_i を更新するかしないかを決める必要がある。ただ，どちらに決めてもよい。

(3) 頂点数が N になるまで，ステップ 2 によって頂点を追加する。$m_0 = 3, m = 3$ のときの最初の数ステップは図 6.1 のようになる。太線の枝は，新しく加わった枝である。生成されるネットワークの例を図 6.2 に示す。

BA モデルの主な性質と注意を述べる。

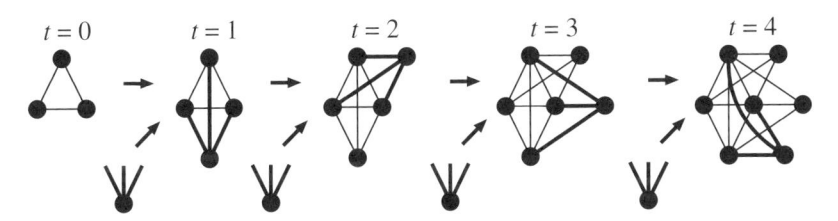

6.1 Barabási–Albert（BA）モデル

図 **6.1** BA モデルの最初の数ステップ

図 **6.2** BA モデル。$N = 80, m_0 = 2, m = 2$

- べき則 $p(k) \propto k^{-3}$ が出る。図 2.3（p.19）に示したべき則は，実は，BA モデルの次数分布である。最初のうちは次数に差がなく，たまたまある頂点は新しい枝を受けとり，他の頂点は受けとらない。少し次数に差がつくと，その不平等さが拡大しやすい。ただし，$p(k) \propto k^{-3}$ となる理由は直観ではわかりにくいので，6.2 節で解析する。
- べき則 $p(k) \propto k^{-\gamma}$ の γ は，実データでは 3 から遠い場合も多い。BA モデルの一部を変更すると $\gamma \neq 3$ のスケールフリー・ネットワークを生成できる。そのようなモデルを 6.3 節, 6.6 節, 6.7 節で説明する。

第 6 章　成長するスケールフリー・ネットワークのモデル

- 証明を可能にするためにループと多重辺を許可すると，

$$L \propto \begin{cases} \log N, & (m = 1), \\ \log N / \log \log N, & (m \geq 2), \end{cases} \quad (6.2)$$

となる [84]。$m \geq 2$ のときはスモールワールドの基準 $L \propto \log N$ よりもさらに小さく，ウルトラ・スモールワールドとも言われる。

- クラスター性について，最初は数値計算で $C \propto N^{-3/4}$ が予想された [39]。その後，解析的に

$$C = \frac{m-1}{8} \frac{(\log N)^2}{N} \quad (6.3)$$

が示された [74, 137]。式 (2.33)（p.25）の方のクラスター性の定義を使っても式 (6.3) となることが数学的に知られている（[57] の p.21）。BA モデルのクラスター係数は，ランダム・グラフの $C \propto N^{-1}$ よりは遅く減る。しかし，$\lim_{N \to \infty} C = 0$ なので，BA モデルはクラスター性を欠く。BA モデルの拡張版のいくつか（6.5 節, 6.7 節）は，大きい C を達成する。

- BA モデルと WS モデルは，世にあるネットワークの異なる側面に焦点をあてたモデルである。両者は目的が違い，優劣は比較できない。

- 構成法がわかりやすい，それなりに現実らしい，解析がしやすい，などの理由で，BA モデルはスケールフリー・ネットワークの標準モデルの 1 つに位置づけられる。WS モデルに関してよりも，BA モデルに関しての方が論文数は多いようである。それは，WS モデルの方が解析しにくいこと，1 次元の WS モデルはさほど現実らしくはないことが理由であろう。

- BA モデルの枠組みでは，ネットワークの成長と優先的選択の両方があるときにべき則が現れる。両方とも必要なことは 6.2 節で説明する。ただし，BA モデルと無関係な様々な枠組からもスケールフリー・ネットワークは生成される。例えば，成長しないスケールフリー・ネットワークのモデルを第 7 章で紹介する。対象によっては，成長しない方が現実らしいこともある。

- 実は，BA モデルと等価なモデルを，論文の引用ネットワーク（論文が頂点で，引用–被引用関係が枝）のモデルとして，1976 年にプライスが提案していた [193]。また，$m=1$ の場合については，random recursive tree（plain recursive tree と呼ぶ文献もある）という BA モデルと同値なモデルが以前からあり [151, 214]，$p(k) \propto k^{-3}$ や $L \propto \log N$ が知られていた [78, 192, 215]。これらのことは，BA モデルの論文 [68] 以前は，広く知られていなかったようである。

6.2 BA モデルの次数分布の導出

🔍 **p.103 まで**　BA モデルの次数分布 $p(k) \propto k^{-3}$ の導出を 2 通り紹介する。複雑ネットワークの解析でよく使われる手法の紹介も兼ねる。

6.2.1 連続近似による方法

まず，バラバシらによる連続近似を用いた解析 [68, 69] を紹介する。次数 k と頂点を加える時刻 t は整数であるが，これらを連続変数と見なしてしまう。5.2 節で WS モデルの L を導くときに用いた連続近似と似ている。そこでは，輪の上に頂点が連続的に並んでいると仮定した。この方法を連続体理論 [1]，連理論 [13] と呼ぶこともあるが，本書では単に連続近似と呼ぶ。

もう 1 つの大きな近似として，確率性を捨てることにする。図 6.1 のネットワークは，$t=0$ では三角形であり，3 つの頂点は全く同等である。優先的選択は確率的に起こるので，この 3 頂点の次数は徐々に異なってくるだろう。ある点はハブになり，ある点は次数がほとんど育たないかもしれない。本節の解析では，このような個別性を無視して，この 3 頂点は全く同じ次数の増え方をすると仮定する。より具体的に，次数は，頂点がネットワークに加入する時刻だけで決まるとする。本当は，古株ほどハブになる傾向はあるが必ずそうなるわけではない。

さて，BA モデルでは，単位時間に 1 個ずつ頂点が加わる。$t=0$ では m_0 個の頂点がある。簡単のため $m=m_0$ と置き，$t=0$ では完全グラフだとすると，枝は全部で $m(m-1)/2$ 本ある。頂点数が N である時刻，すなわち，$t=N-$

m について考える。1 個の頂点を加えると枝が m 本増えるので,時刻 $t-1$ では $m(m-1)/2 + m(t-1)$ 本の枝がある。枝 1 本が追加されるごとにネットワーク全体の頂点次数の和の値は 2 だけ増える(握手の補題。式 (2.1) (p.8))。時刻 $t-1 = N-1-m$ では丁度 $N-1$ 個の頂点があることに注意して

$$\sum_{j=1}^{N-1} k_j = 2 \times (時刻 N-1-m での枝の総数)$$
$$= 2\left\{\frac{m(m-1)}{2} + m(N-1-m)\right\}. \tag{6.4}$$

N が大きければ

$$\sum_{j=1}^{N-1} k_j \approx 2mt. \tag{6.5}$$

次に,頂点 v_i の次数 k_i の増え方を考える。v_i は単位時間ごとに枝を受けるチャンスが m 回ある。新しい頂点から 2 本以上同時に枝を受けとらないという制限は無視しよう。N が大きければ,ハブといえども枝を受けとる確率(式 (6.1))は小さいので,この近似が許される。式 (6.1),(6.5) を用いつつ t と k_i を連続変数と見なすと

$$\frac{dk_i}{dt} \approx m\Pi(k_i) = \frac{k_i}{2t}. \tag{6.6}$$

式 (6.6) を解くと

$$k_i(t) = m\left(\frac{t}{t_i}\right)^{\frac{1}{2}}. \tag{6.7}$$

ただし,式 (6.7) を導くために初期条件

$$k_i(t_i) = m \tag{6.8}$$

を用いた。式 (6.8) は,時刻 t_i で,m 本の枝をもった頂点 v_i がネットワークに加わった,と解読する。式 (6.7) によると,次数 k_i は,v_i が先にネットワークに加わる(t_i が小さい)ほど大きい。次数分布は,次数が k 以下の頂点の割合を知れば導出できる。この量は

$$P[k_i(t) < k] = P\left[t_i > \frac{m^2 t}{k^2}\right] = \frac{1}{m+t}\left(t - \frac{m^2 t}{k^2}\right) \tag{6.9}$$

となる。$P[A]$ は事象 A の確率を表す。式 (6.9) の 1 つ目の等号は式 (6.7) から出る。2 つ目の等号の理由を述べる。時刻 0 で m 個の頂点があり，以後時刻 t まで 1 つずつ頂点が加わったので，時刻 t では $m+t$ 個の頂点がある。これらの頂点のうち $t_i > m^2 t/k^2$ を満たすものは，時刻 $(m^2 t/k^2)+1$, $(m^2 t/k^2)+2, \dots, t$ に加わった頂点で，合計 $t-(m^2 t/k^2)$ 個ある。ここで，$m^2 t/k^2$ が整数かどうかは，最終的な結果に影響しないので無視した。よって式 (6.9) が出る。式 (6.9) を k で微分すると

$$p(k) = \frac{\partial P[k_i(t) < k]}{\partial k} = \frac{2m^2 t}{k^3 (m+t)} \propto k^{-3}. \tag{6.10}$$

やや粗い議論であるが，BA モデルの次数分布が導かれた。

この方法を使って，優先的選択がない場合はべき則が出ないことを示すこともできる。優先的選択のない場合は，新しい枝が頂点 v_i に結びつく確率は一様分布にしたがい，ハブほど新しい枝を受けとりやすいわけではない。$t=0$ で m 個の点があるので，$t=N-m$ で N 個の点がある。このことに注意すると，式 (6.1) は

$$\Pi(k_i) = \frac{1}{N-1} = \frac{1}{m+t-1} \tag{6.11}$$

に変わり，式 (6.6) は

$$\frac{dk_i}{dt} = m\Pi(k_i) = \frac{m}{m+t-1} \tag{6.12}$$

に変わる。式 (6.8) の初期条件のもとで式 (6.12) を解くと

$$k_i(t) = m\left(\log \frac{m+t-1}{m+t_i-1} + 1\right). \tag{6.13}$$

式 (6.9) に対応する式は

$$\begin{aligned} P[k_i(t) < k] &= P\left[t_i > (m+t-1)\,e^{1-\frac{k}{m}} - m + 1\right] \\ &= \frac{1}{m+t}\left[t - \left((m+t-1)\,e^{1-\frac{k}{m}} - m + 1\right)\right]. \end{aligned} \tag{6.14}$$

式 (6.14) を k で微分すると

$$p(k) \approx \frac{e}{m} e^{-\frac{k}{m}}. \tag{6.15}$$

よって，次数分布は指数的な分布であり，裾が短い。スケールフリーではない。

頂点数が増えていかない（＝成長しない）優先的選択型モデルが生成するネットワークも，スケールフリーでない。N を固定して枝を増やすと，いずれ枝が飽和して完全グラフ（4.1 節）になるからである。

6.2.2 マスター方程式による方法

BA モデルの次数分布 $p(k) \propto k^{-3}$ は，マスター方程式からも導かれる。マスター方程式による方法は 6.2.1 節の連続近似よりも精密である。この方法では k と t を離散値としたまま解析を進める。また，k は頂点の加入時刻 t_i で完全に決まると仮定しない。同じような t_i をもつ 2 頂点の次数が時間が経つと大きく離れるかもしれないことを考慮する。

時刻 t_i でネットワークに入った頂点 v_i が時刻 t で次数 k をもつ確率を $p(k, t_i, t)$ とすると，

$$p(k, t_i, t+1) = \frac{k-1}{2t} p(k-1, t_i, t) + \left(1 - \frac{k}{2t}\right) p(k, t_i, t). \quad (6.16)$$

式 (6.5)，(6.6) より，次数が k である頂点の次数は確率 $m\Pi(k) \approx k/2t$ で 1 だけ増え，確率 $1 - k/2t$ で変化しないからである。式 (6.16) をマスター方程式と呼ぶ。ネットワークが十分に大きいときの次数分布は

$$p(k) = \lim_{t \to \infty} \frac{\sum_{t_i} p(k, t_i, t)}{t} \quad (6.17)$$

から得られる。頂点の加入時刻 t_i に関わらず次数が k である頂点の割合を知りたいので，式 (6.17) で t_i について和をとった。頂点数は $t + m \approx t$ なので，t で割って，$\{p(k)\}$ が確率分布になるように規格化している。

$t_i = t+1$ で入った頂点は，時刻 t ではまだ存在しなかったので $p(k, t+1, t) = 0$. これに注意して式 (6.16) の和を $t_i = 1$ から $t_i = t+1$ までとると，

$$\sum_{t_i=1}^{t+1} p(k, t_i, t+1) = \frac{k-1}{2t} \sum_{t_i=1}^{t} p(k-1, t_i, t) + \left(1 - \frac{k}{2t}\right) \sum_{t_i=1}^{t} p(k, t_i, t). \quad (6.18)$$

t が十分に大きいとして，式 (6.17) を有限で切ったもの，すなわち $p(k) \approx$

$\sum_{t_i=1}^{t} p(k, t_i, t)/t$ などを式 (6.18) に代入すると

$$(t+1)p(k) = \frac{k-1}{2t}tp(k-1) + \left(1 - \frac{k}{2t}\right)tp(k). \tag{6.19}$$

これより

$$p(k) = \frac{k-1}{k+2}p(k-1) \quad (k \geq m+1). \tag{6.20}$$

式 (6.20) を解いて

$$p(k) = \frac{(\text{定数})}{k(k+1)(k+2)} \propto k^{-3}. \tag{6.21}$$

🔍 終

6.3 優先的選択ルールの拡張

BA モデルの拡張版のいくつかを，順次紹介する。簡単な拡張の 1 つは，優先的選択の拡張である。BA モデルの頂点は，自分の次数に比例する確率で新しい枝を受けとる。この仮定を変えると，$p(k) \propto k^{-3}$ 以外の次数分布が生成される。

Dorogovtsev–Mendes–Samukhin [102] にしたがって，式 (6.1) (p.96) を

$$\Pi(k_i) = \frac{k_i + k_0}{\sum_{j=1}^{N}(k_j + k_0)} \quad (1 \leq i \leq N) \tag{6.22}$$

に変更してみる。新しい頂点は，m 本の枝とともにネットワークに加入する。よって，最初からネットワークにある少数の頂点を気にしなければ，最低次数は m である。そこで，$-m < k_0 < \infty$ とする。もし $k_0 \leq -m$ を許すと，式 (6.22) より，新しい頂点について $\Pi(k_i) \leq 0$ となる。つまり，新しい頂点は永久に枝を受けとれない。それを避けるために $k_0 > -m$ なのである。

🔍 **p.104 まで** このモデルの次数分布を連続近似で求める [74]。毎時刻で頂点が 1 つと枝が m 本加わることは BA モデルと同じなので，式 (6.5) はそのまま成り立つ。これと $t \approx N$ を用い，式 (6.6) の $\Pi(k_i)$ を式 (6.22) で置

きかえると

$$\frac{dk_i}{dt} \approx m\Pi(k_i) = \frac{m(k_i + k_0)}{\sum_{j=1}^{N}(k_j + k_0)} = \frac{m(k_i + k_0)}{(2m + k_0)t}. \tag{6.23}$$

式 (6.23) を解いて

$$k_i(t) = (m + k_0)\left(\frac{t}{t_i}\right)^{\frac{m}{2m+k_0}} - k_0. \tag{6.24}$$

式 (6.24) は，古い (= t が小さい) 頂点ほど次数が大きいことを表し，式 (6.7) に対応する。式 (6.24) は，式 (6.8) の初期条件を満たす。以後の式展開も BA モデルの解析のときと同じである。式 (6.9) の考え方を式 (6.24) に適用して

$$P[k_i(t) < k] = P\left[t_i > \left(\frac{m + k_0}{k + k_0}\right)^{2+\frac{k_0}{m}} t\right] = \frac{1}{m+t}\left[t - \left(\frac{m + k_0}{k + k_0}\right)^{2+\frac{k_0}{m}} t\right]. \tag{6.25}$$

最後に，式 (6.10) の導出と同様にして

$$p(k) = \frac{\partial P[k_i(t) < k]}{\partial k} = \frac{(m + k_0)^{2+\frac{k_0}{m}}\left(2 + \frac{k_0}{m}\right)t}{(k + k_0)^{3+\frac{k_0}{m}}(m + t)} \propto k^{-3-\frac{k_0}{m}}. \tag{6.26}$$

終

よって，次数分布は，k が大きいところで $p(k) \propto k^{-\gamma}$，$\gamma = 3 + k_0/m$ となる [74, 102]。$k_0 = 0$ の Dorogovtsev–Mendes–Samukhin モデルは BA モデルと一致し，このとき，実際に $\gamma = 3 + k_0/m = 3$ となる。k_0 を変化させることにより，$2 < \gamma < \infty$ の様々なべき指数をもつスケールフリー・ネットワークを生成できる。

式 (6.22) によると，k_0 が大きいほど優先的選択の効果が小さい。k_0 は次数の大小に関わらず頂点が獲得する「ゲタ」だからである。そして，k_0 が大きいと $\gamma = 3 + k_0/m$ が大きい。γ が大きいと不平等性が小さいので（図 2.2 (p.11)），k_0 が大きくて優先的選択が弱いほど，スケールフリーらしくない。これは自然である。この枠組みでは優先的選択が次数の差を広げる鍵であることを，再確認できた。

最低次数 m は，頂点が加入するときに最初からもっている枝の数であると述べた。このようなゲタを，優先的選択で参照される頂点の優先度 $\Pi(k_i)$ から

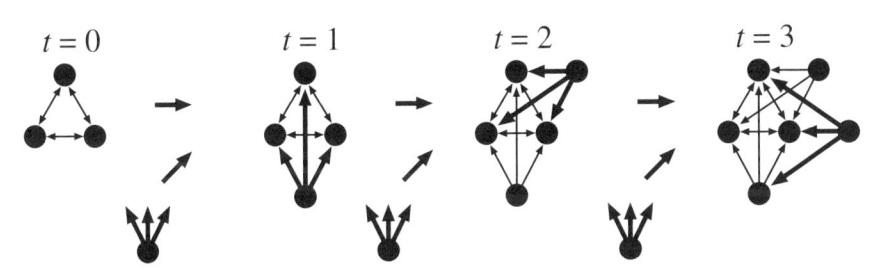

図 6.3 枝に方向がある BA モデル。$m = 3$

除外する方が自然であるという考え方もある。各頂点が少なくとも m 本の枝をもつことは当然だからである。m 本に加えて何本の枝をもつか，によって頂点の優先度を測ることが $k_0 \to -m$ に対応する。このとき，$\gamma \to 2$ となり，γ の下限である。

$k_0 \to -m$ も自然な設定であることは，図 6.3 のように，BA モデルに枝の向きを導入するとわかりやすい。BA モデルが WWW （3.2 節）のモデルであるとすると，新しく作られたウェブページ v_new は，優先的選択にしたがって，既存のページ v_old にリンクする。このとき，v_old から v_new へのリンクはないことが多い。よって，WWW のモデルとしては，BA モデルの枝に向きを仮定すると自然である（9.2.2 節でも，枝に向きのある WWW のモデルを紹介する）。このとき，既存のページ v_i の優先度は，受けとる枝の本数（$= k_i - m$. 入次数と呼ぶ）で測るのが自然であろう。出す枝の数（$= m$. 出次数）は，さして重要でない。これは $k_0 \to -m$ の場合に対応するので，枝に方向がある BA モデルでは $\gamma = 2$ となる。

Dorogovtsev–Mendes–Samukhin モデルを用いると，k_0 を変化させることによって，平均次数 $\langle k \rangle \approx 2m$ を一定に保ったまま，べき指数 γ が異なる様々なスケールフリー・ネットワークを生成できる。最低次数は $k_\text{min} = m$ である。$N = \infty$ の場合は式 (2.11) (p.14) で $\langle k \rangle$ が決まるはずなので，一見，$\langle k \rangle$ が一定のまま γ を動かすことは不可能に思われるかもしれない。しかし，k が小さいところでは厳密なべき則 $p(k) \propto k^{-\gamma}$ とならないので，うまく調整ができていて，$\langle k \rangle$ と k_min を変えずに γ を変えることができる。頂点非活性化モデル（6.7 節）もこの性質をもつ。他の多くのスケールフリー・ネットワークのモデルでは，γ を変えると $\langle k \rangle$ も動いてしまう。すると，ある変化（例えば，感

染症の伝わりやすさの変化）が γ の違いのせいなのか，$\langle k \rangle$ の違いのせいなのか，を把握しにくいことがある．Dorogovtsev–Mendes–Samukhin モデルは，$\langle k \rangle$ を保ちながら γ の違いの影響を調べることができる，簡便なネットワークモデルの1つである．

次に，優先度が次数の一次関数ではない場合を考える．簡単のために $m = 1$ とし，優先度が

$$\Pi(k_i) = \frac{(k_i)^\alpha}{\sum_{j=1}^{N}(k_j)^\alpha} \quad (1 \leq i \leq N) \tag{6.27}$$

で与えられるとする．このとき，$\alpha > 1$ ならば1つの頂点のみが巨大な次数をもつ一人勝ちネットワークとなり，$\alpha = 1$ ならば BA モデルなので $p(k) \propto k^{-3}$ となり，$\alpha < 1$ ならばべき分布よりも裾の短い stretched 指数分布になる [139, 140]．

6.4 頂点コピーモデル

現実らしさという意味で，BA モデルには，C が小さいことはさておいても難点がある．新しく加入する頂点が，既存の全頂点の次数を知らなければいけないことである．さもないと，優先的選択で使われる $\Pi(k_i) = k_i / \sum_{j=1}^{N} k_j$ $(1 \leq i \leq N)$ を計算できない．しかし，例えば，新規のウェブページは WWW 全体を把握しているわけではない．それにも関わらず，近似的な優先的選択は実際の WWW で観測されるし，WWW の次数分布はべき則になる．WWW 以外のスケールフリー・ネットワークについても同様のことが言える．

$\Pi(k_i)$ を使わずに優先的選択を実現するモデルの1つが頂点コピーモデルであり，いくつかの変形版がある [131, 141, 143, 210, 218]．頂点コピーモデルの基本的な考え方を述べる．本節では，枝に方向があるとする（図 6.4）．各時刻 t で新しく加わる頂点 v_t は，例によって m 本の枝をもって入ってくる．v_t はまず，ランダムに1つの頂点 v'_t を選ぶ．ただし，v_t が v'_t に枝をはるわけではない．v_t は，v'_t の指す m 個の頂点に自分も m 本の枝で結びつくとする．v'_t の枝をコピーするのである．次に，m 本の枝のそれぞれについて，確率 α で，v'_t の枝をコピーすることを撤回して，枝の行き先の頂点をネットワーク全

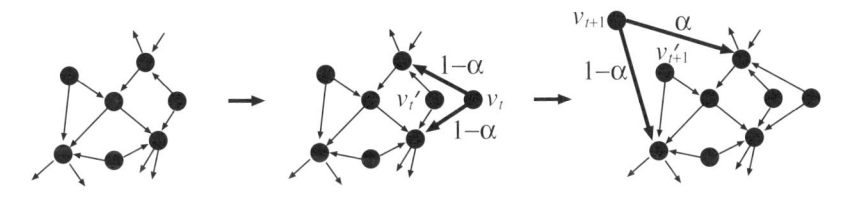

図 6.4 頂点コピーモデル。$m = 2$

体の中から等確率で 1 つ選ぶ。確率 $1 - \alpha$ で，v'_t の枝をコピーすることを確定する。

このモデルは，WWW やタンパク質の相互作用ネットワークにヒントを得ている。WWW では，既存のウェブページ v'_t をテンプレートとして新しいウェブページ v_t を作ることがよくある。もちろん，v_t は v'_t と全く同一のコピーではないだろうが，まずは v'_t の枝をごっそり受け継ぎ，それからある程度ページを書きかえて v_t ができる。書きかえ作業を，確率 α で枝を他の頂点へはりかえることとしてモデル化している。

タンパク質の相互作用ネットワークにも似た仕組みがある。細胞が分裂すると，遺伝子が複製され，2 つの新しい細胞が同じ遺伝子をもつ。それぞれの細胞の遺伝子が発現した結果できるタンパク質 v'_t と v_t は同一である。他のどのタンパク質と結合するか，についても v'_t と v_t は同一なので，v'_t は v_t の枝を受け継いでいると言える。その後，v_t と v'_t は，突然変異を通じて進化し，お互いに異なっていく。すると，v_t の枝の行き先は v'_t の枝の行き先と徐々に異なっていく。とりあえず複製を作って，それから多様性を増していく。それと同時に，適者生存の選択圧がかかる。これは，遺伝子が進化する主な仕組みである。

頂点コピーモデルの次数分布は，連続近似で求まる。 p.108 まで 頂点 v_i から出る枝が m 本であることはわかっているので，入る枝の本数 k_i^{in} に着目する。1 つの新しい頂点 v_t が加わり，この時点で $t \approx N$ 個の頂点があるとする。v_t が出す新しい枝の 1 本について考える。v_t が，頂点コピーを用いずにネットワーク全体から等確率で枝の行き先を選ぶとする。このとき，受け手の立場から見ると，既存の頂点 v_i は，確率 α/N で新しい枝を受けとる。次に，v_t が頂点コピーを用いるとする。このとき，v_t は，v を等確率でネット

ワーク全体から選び，v の隣接点の 1 つに枝を張る。v_i が v_t からの枝を受けとる確率は，式 (2.7)（p.10）より，

$$\frac{k_i^{\text{in}}}{\sum_{j=1}^{N} k_j^{\text{in}}} = \frac{k_i^{\text{in}}}{mt}. \tag{6.28}$$

式 (6.28) の分母は，1 個の頂点が加わるたびに枝を受けとる頂点が m 個あることから導かれる。式 (6.28) は次数の大きい頂点が枝を受けとりやすいことを意味するので，頂点コピーは一種の優先的選択である。

連続近似を用いて，次数の発展は

$$\frac{dk_i^{\text{in}}}{dt} = m \left[\frac{\alpha}{t} + (1-\alpha) \frac{k_i^{\text{in}}}{mt} \right] \tag{6.29}$$

で表される。v_i の加入時刻を t_i と書く。初期条件 $k_i^{\text{in}} = 0$ $(t = t_i)$ のもとで式 (6.29) を解くと

$$k_i^{\text{in}}(t) = \frac{m\alpha}{1-\alpha} \left[\left(\frac{t}{t_i} \right)^{1-\alpha} - 1 \right]. \tag{6.30}$$

式 (6.30) より，古い頂点ほど次数が大きい。入次数が k 未満である確率は，式 (6.30) を用いて

$$\begin{aligned}
P\left[k_i^{\text{in}}(t) < k\right] &= P\left[t_i > \left(1 + \frac{k(1-\alpha)}{m\alpha}\right)^{-\frac{1}{1-\alpha}} t\right] \\
&= \frac{1}{m+t} \left\{ t - \left(1 + \frac{k(1-\alpha)}{m\alpha}\right)^{-\frac{1}{1-\alpha}} t \right\}.
\end{aligned} \tag{6.31}$$

よって

$$p(k) = \frac{\partial P\left[k_i^{\text{in}}(t) < k\right]}{\partial k} = \frac{t}{m\alpha(m+t)} \left(1 + \frac{k(1-\alpha)}{m\alpha}\right)^{-\frac{2-\alpha}{1-\alpha}} \propto k^{-\frac{2-\alpha}{1-\alpha}}. \tag{6.32}$$

結局，べき指数 $\gamma = (2-\alpha)/(1-\alpha)$ のスケールフリー・ネットワークとなることがわかった。

α が大きいと，頂点コピーを用いることが少ない。つまり，実質的な優先的選択をあまり使わない。α が大きいほど $\gamma = (2-\alpha)/(1-\alpha)$ は大きく，次数

の散らばりが小さいので，理にかなっている。α は確率なので $0 \leq \alpha \leq 1$ である。$\alpha \to 1$ の極限では $\gamma \to \infty$ となり，ネットワークはスケールフリーでなくなる。逆に，$\alpha \to 0$ の極限では，新しい点は常にある点の枝集合を丸ごとコピーする。このとき，$\gamma \to 2$ となる。頂点コピーは優先的選択とほぼ同じである。それなのに，BA モデルのように $\gamma = 3$ とならずに $\gamma = 2$ となることは，頂点コピーモデルが入次数だけで優先的選択を決めていることを反映している。6.3 節で，$k_0 = -m$ の Dorogovtsev–Mendes–Samukhin モデルが入次数に基づく優先的選択であると述べた。このとき，$\gamma = 2$ となるのだった。これが頂点コピーモデルの状況に対応する。

まとめると，α の値に応じて，頂点コピーモデルは $2 \leq \gamma < \infty$ のスケールフリー・ネットワーク（と $\gamma \to \infty$ に対応する，ポアソン分布の次数分布をもつネットワーク）を生成することができる。

6.5 Holme–Kim モデル

BA モデルのクラスター係数は小さい。この点を克服するための BA モデルの拡張はいくつかある。ここでは，Holme と Kim によるそのようなモデル [120] を紹介する。

各時刻で 1 つの頂点を追加するときに，BA モデルでは m 本の枝の行き先を優先的選択によって選んだ。Holme–Kim モデルでは，この操作を次のように変更する（図 6.5）。

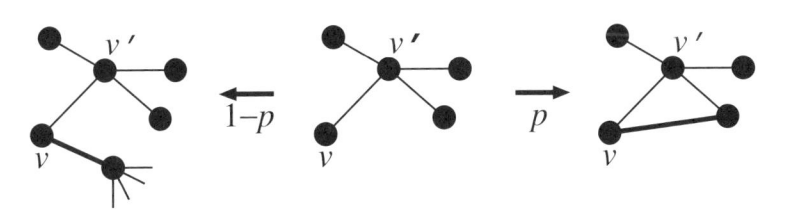

図 **6.5** Holme–Kim モデル

第6章 成長するスケールフリー・ネットワークのモデル

Holme–Kim モデルにおける頂点の追加

(1) 新しい頂点 v を加える。
(2) まず，1本の新しい枝の行き先 v' を，優先的選択で決める。
(3) 2本目の枝の行き先を選ぶ。確率 p で，v' の v 以外の隣接点から1つを等確率で選ぶ。確率 $1-p$ で，通常の優先的選択にしたがって1つの頂点を選ぶ。
(4) 残り $m-2$ 本の枝の行き先を，ステップ3と同様にして決める。多重辺は許可しない。

ステップ3において，確率 p で v が v' のある隣接点とつながることは頂点コピーモデル（6.4節）の作り方に似ている。自分（v）の知人（v'）の知人（v' の隣接点）とつながるのは，自然な振舞いであると思われる。また，優先的選択をいつも使うわけではないので，新しい頂点がつながり先を選ぶときにネットワーク全体についての情報（$=\Pi(k_i), 1 \leq i \leq N$）を使う頻度は，BAモデルと比べると少ない。

このモデルでは，v が v' の隣接点とつながることを通じて三角形が作られる。三角形が作られる平均回数は，新しい頂点1個につき $(m-1)p$ 回である。よって，$(m-1)p$ が大きいほどクラスター性が大きい。数値計算によると，$C \approx 0.5$ まで大きくできる。また，数値計算によると，L も小さい。さらに，次数分布は BA モデルと同じ $p(k) \propto k^{-3}$ となる。枝の先にはハブが存在しやすいので，隣接点の隣接点とつながることは，実質的な優先的選択になっているからである。このことは，頂点コピーモデルの状況と共通する。Holme–Kim モデルは，スモールワールドかつスケールフリーであるネットワークの例である。

6.6 適応度モデル

BA モデルでは，ハブは，先にネットワークに入った頂点でありやすい。このことは，式 (6.7)（p.100）にも表されている。しかし，現実では新参の頂点

6.6 適応度モデル

が下剋上を起こしてハブになることもあるだろう．本節では，BA モデルのそのような拡張として，バラバシとその学生のビアンコーニが提案した適応度モデルを紹介する [79, 80]．

このモデルでは，ネットワークに加わる各頂点は，適応度という実数をもつ．適応度が大きいほど枝を受けとりやすいとする．適応度は，頂点の価値や強さであると解釈する．次数分布について，先に結果を要約する．適応度の高い新しい頂点が，自分より適応度の小さい既存のハブを追い越して新しくハブになることが起こる．次数分布は，適応度の分布に依存し，γ が 3 以外のべき分布になることもあるし，べき分布にならないこともある．極端な場合には，たった数個の頂点が，ネットワークのほとんどの枝を集める一人勝ち現象も見られる．また，このモデルは，ボーズ統計という量子統計との間に対応関係がある．

モデルを定式化する．点 v_i の適応度が η_i であるとする．η_i は，各 i について独立に，与えられた確率密度 $\rho(\eta)$ に比例した確率で選ばれる．BA モデルの優先的選択のルール（式 (6.1)（p.96））を拡張して，適応度の高い頂点が新しい枝を受けとりやすくする．すなわち，v_i が選ばれる確率を

$$\Pi(v_i) = \frac{\eta_i k_i}{\sum_j \eta_j k_j} \tag{6.33}$$

とする．成長ルールは BA モデルと同じである．i によらず $\eta_i = 1$ ならば，適応度を無視することになり，式 (6.33) は式 (6.1) に一致する．

🔍 **p.113 まで** 6.2.1 節に習って，次数分布を計算する．まず，式 (6.6) に対応して

$$\frac{dk_i}{dt} = m\Pi(v_l) = \frac{m\eta_i k_i}{\sum_j \eta_j k_j}. \tag{6.34}$$

BA モデルの解析では，v_i の次数は，ネットワークへの加入時刻 t_i のみに依存するとした．適応度モデルでは，次数は t_i だけでなく適応度 η_i にも依存するであろう．そこで，次数は，BA モデルのときの式 (6.7) のように増加し，しかし，べき指数は η_i に依存すると仮定する．初期条件は式 (6.8) で与えら

第6章 成長するスケールフリー・ネットワークのモデル

れるので,

$$k_i(t, t_i) = m \left(\frac{t}{t_i}\right)^{\beta(\eta_i)}. \tag{6.35}$$

$\beta(\eta)$ を知りたい。BA モデルのときは,式 (6.7) を式 (6.6) に代入すればよかった。適応度モデルでは,式 (6.34) の右辺の分母は,BA モデルのときのように単純に $2mt$ ではない。η_j と k_j の間に相関があるからである。そこで,式 (6.35) を用いて

$$\sum_j \eta_j k_j \approx \int \eta \rho(\eta) d\eta \int_1^t k_i(t, t_i) dt_i$$
$$= \int \eta \rho(\eta) m \frac{t - t^{\beta(\eta)}}{1 - \beta(\eta)} d\eta \tag{6.36}$$

と評価する。2 つの積分によって,適応度と頂点のネットワークへの加入時刻 t_i について平均をとっている。単位時間で $k_i(t)$ は高々 1 しか増えず,実際には,$k_i(t)$ は t に比例するほど速くは増えないと後でわかる。これより $\beta(\eta) < 1$ とする。$t \to \infty$ として式 (6.36) の $t^{\beta(\eta)}$ を無視すると

$$\sum_j \eta_j k_j \approx cmt. \tag{6.37}$$

ただし

$$c \equiv \int \frac{\eta}{1 - \beta(\eta)} \rho(\eta) d\eta. \tag{6.38}$$

式 (6.37) を式 (6.34) の右辺の分母に代入すると

$$\frac{dk_i}{dt} = \frac{\eta_i k_i}{ct}. \tag{6.39}$$

式 (6.39) の解が式 (6.35) なので

$$\beta(\eta) = \frac{\eta}{c} \tag{6.40}$$

が満たされている必要がある。β が η について単調増加であることは,適応度の大きい頂点ほど次数が大きくなりやすいことに対応する。あとは,式 (6.38) と式 (6.40) を c と $\beta(\eta)$ の連立方程式として解けばよい。

β と c が求まれば,次数分布を得るまでもう少しである。式 (6.9) と同様に

考える．固定した η に対して，時刻 t では $t+m$ 個の頂点があるが，そのうち次数が k 未満となる頂点の割合は

$$P[k_i(t) < k] = P\left[t_i > t\left(\frac{m}{k}\right)^{\frac{c}{\eta}}\right] \approx \frac{t}{m+t}\left(1 - \left(\frac{m}{k}\right)^{\frac{c}{\eta}}\right). \quad (6.41)$$

よって

$$\begin{aligned} p(k) &= \int \frac{\partial P[k_i(t) < k]}{\partial k} \rho(\eta) d\eta \\ &\approx \int \left(\frac{m}{k}\right)^{\frac{c}{\eta}} \frac{ct}{\eta k(m+t)} \rho(\eta) d\eta. \end{aligned} \quad (6.42)$$

🔍 終

例を 2 つ挙げる．まず，

$$\rho(\eta) = \delta(\eta - 1) \quad (6.43)$$

の場合は，全ての頂点の適応度が 1 なので元の BA モデルである．式 (6.43) を式 (6.38) に代入すると $c = 1/(1-\beta(1))$．また，式 (6.40) より $\beta(1) = 1/c$．この 2 つを連立して解くと $c=2$．これと式 (6.43) を式 (6.42) に代入すると，$p(k) \propto k^{-3}$ が再現される．

次の例として，$\rho(\eta)$ を $[0,1]$ 上の一様分布とする．式 (6.38) と式 (6.40) より

$$e^{-\frac{2}{c}} = 1 - \frac{1}{c}. \quad (6.44)$$

式 (6.44) を数値計算で解くと $c \approx 1.255$．これを式 (6.42) に代入すると，$p(k) \propto k^{-\gamma}$，$\gamma = c+1 \approx 2.255$．$\gamma \neq 3$ となった．

注意として，どの適応度分布 $\rho(\eta)$ からも次数分布のべき則が出るわけではない．べき則が出る $\rho(\eta)$ の種類はそれなりに限定される [79]．

実は，適応度モデルを量子統計物理の分野で現れるボーズ気体のモデルに対応づけることができる．すると，量子統計物理の理論を援用して，適応度モデルをより深く理解することができる．ボーズ気体というモデルは，温度が低いときにボーズ・アインシュタイン凝縮という現象を示す．これに対応するネットワークの現象は頂点の一人勝ち現象である．以下，適応度モデルとボーズ気

第 6 章 成長するスケールフリー・ネットワークのモデル

体の対応づけを行う。量子統計力学の初歩的知識があると理解しやすい。

🔍 p.117 まで まず，逆温度 $\beta > 0$ を固定する。式（6.35）の $\beta(\eta_i)$ と記法が紛らわしいが，逆温度は慣習で β と書く。混同の心配はないのでこのまま進む。次に，各頂点を，（各ボーズ粒子にではなく）各エネルギー準位 ϵ_i に対応づける。その対応は

$$\beta \epsilon_i = -\log \eta_i \quad (\beta > 0) \tag{6.45}$$

で定義する。適応度 η_i の大きい頂点ほど低いエネルギー準位となり，粒子を受けとりやすい。新しく受けとる枝を，どこかのエネルギー準位に入る粒子と見なす。新しい頂点は自分の適応度に対応した新しいエネルギー準位を作る，と解釈する（図 6.6）。式（6.45）を式（6.33）に代入して

$$\Pi(v_i) = \frac{e^{-\beta \epsilon_i} k_i}{\sum_j e^{-\beta \epsilon_j} k_j}. \tag{6.46}$$

よって，（6.34）は

$$\frac{dk_i(\epsilon_i, t, t_i)}{dt} = m \frac{e^{-\beta \epsilon_i} k_i(\epsilon_i, t, t_i)}{Z_t} \tag{6.47}$$

と書ける。規格化定数

$$Z_t = \sum_j \eta_j k_j = \sum_j e^{-\beta \epsilon_j} k_j(\epsilon_j, t, t_j) \tag{6.48}$$

は，統計物理学で言う分配関数と対応づく。式（6.45）以来，η のかわりに ϵ を適応度の変数として用いているので，式（6.35）を

$$k_i(\epsilon_i, t, t_i) = m \left(\frac{t}{t_i} \right)^{f(\epsilon_i)} \tag{6.49}$$

と書き直す。値としては $f(\epsilon_i) = \beta(\eta_i)$ である。式（6.49）を式（6.47）に代入すると

$$f(\epsilon_i) = \frac{mt e^{-\beta \epsilon_i}}{Z_t}. \tag{6.50}$$

ここで，意図的に，化学ポテンシャル μ を

$$e^{-\beta \mu} = \lim_{t \to \infty} \frac{Z_t}{mt} = c \tag{6.51}$$

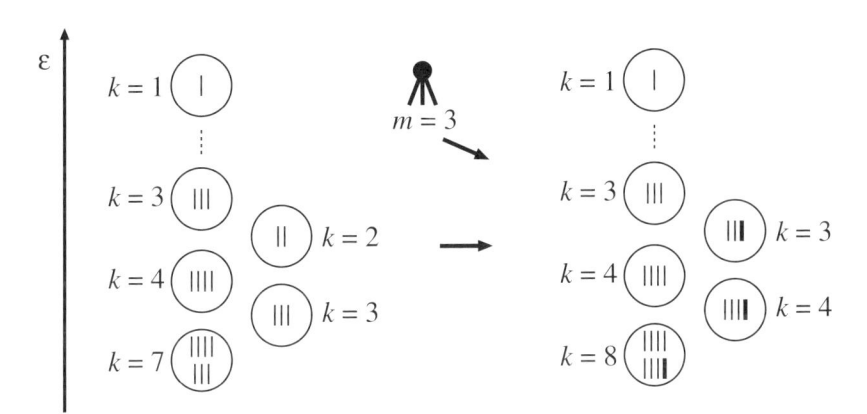

図 **6.6** 適応度モデルとボーズ統計の対応。○は頂点。細線は既存の枝。太線は新しい枝

となるように定義する。変数 c の代わりに変数 μ を使う，ということである。式（6.51）の最後の等式は式（6.37）による。式（6.50），（6.51）より

$$f(\epsilon) = e^{-\beta(\epsilon-\mu)}. \tag{6.52}$$

ϵ と η が変数変換の関係にあることから，エネルギー準位の分布 $g(\epsilon)$ は，$g(\epsilon)d\epsilon = \rho(\eta)d\eta$ で定義される。これらを式（6.38）に代入して

$$\begin{aligned} 1 &= \frac{1}{c} \int \frac{\eta}{1-\beta(\eta)} \rho(\eta) d\eta \\ &= \frac{1}{c} \int \frac{\eta}{1-f(\epsilon)} g(\epsilon) d\epsilon \\ &= \frac{1}{c} \int \frac{e^{-\beta\epsilon}}{1-e^{-\beta(\epsilon-\mu)}} g(\epsilon) d\epsilon \\ &= \int \frac{1}{e^{\beta(\epsilon-\mu)}-1} g(\epsilon) d\epsilon. \end{aligned} \tag{6.53}$$

ここまでは β を ϵ に，c を μ に置きかえて今までの式を書き直したにすぎない。

式（6.53）は，ボーズ統計で化学ポテンシャルを決めるための式と同一である。そうなるように，ϵ や μ をうまく定義したのだ。一方，適応度モデルとボーズ粒子は似ていないところもある。適応度モデルでは，粒子（＝枝）はひ

とたびあるエネルギー準位に入ると固定される。一方，ボーズ粒子はエネルギー準位 ϵ_i から ϵ_j へ $e^{\beta(\epsilon_i-\epsilon_j)}$ に比例する確率で遷移していく。高いエネルギー準位から低い準位への移動が，逆向きの移動よりも大きい確率で起こる。十分な時間の後には，より低い準位により多くの粒子がいて，式 (6.53) が平衡状態での分布を与える。式 (6.53) は，退化度（重複の度合）が $g(\epsilon)$ のエネルギー準位 ϵ に，密度 $1/(e^{\beta(\epsilon-\mu)}-1)$ だけの粒子がいることを表す。もう1つの大きな違いは，エネルギー準位の数と粒子数はボーズ粒子の統計集団では少なくとも長時間的には一定だが，適応度モデルでは徐々に増えることである。ただ，ここではこれらの違いには目をつぶって，$t \to \infty$ における適応度モデルの枝の分布をボーズ統計と思うことにする。すると，新しい知見が導かれる。

式 (6.53) の右辺を $I(\beta,\mu)$ と書く。$I(\beta,\mu)$ は μ について単調減少である。$I(\beta,0) > 1$ ならば式 (6.53) の解 $\mu > 0$ が存在し，次数分布が典型的にはべき分布となる。$I(\beta,0) \leq 1$ ならば解 $\mu(>0)$ が存在せず，仮定した式 (6.49) を見直さないとならない。この場合がボーズ・アインシュタイン凝縮に相当する。$1 - I(\beta,0)$ だけの割合の粒子が最も低いエネルギー準位に落ちて退化している。粒子は枝なので，$1 - I(\beta,0)$ だけの割合の枝が，最も低いエネルギー準位（＝適応度が最大の頂点）に属する。この頂点はハブということになるが，次数 k は総頂点数 N のそれなりの割合を占めるまでに大きい ($k \propto N$)。通常のスケールフリー・ネットワークでは，k はそこまで大きくはなく，$k \propto N^{1/(\gamma-1)} \ll N$ である（式 (2.20) (p.16)）。ボーズ・アインシュタイン凝縮が起こって $k \propto N$ である状況は，ハブがネットワーク全体の大きな割合の枝をかっさらう一人勝ちに対応する。

量子統計のボーズ集団では，ボーズ・アインシュタイン凝縮はある温度以下（ある β 以上）かある粒子密度以上において起こる。ネットワークでは，粒子密度（＝枝の本数の密度）はほとんど変化しない。逆温度 β も所与として出発したので，温度変化もない。ただし，式 (6.45) において ϵ_i ($1 \leq i \leq N$) を固定して β を大きくすると，$\eta_i = e^{-\beta\epsilon_i}$ ($1 \leq i \leq N$) のお互いの比は大きくなるので，温度を下げることは，η_i のばらつきを大きくすることに対応する。すると，η_i が大きい勝ち組の点はさらに枝を集めやすくなり，η_i が小さい負け組の点は枝を集めにくくなる。このようにして，ひとり勝ちと低温度が対応

づく。

6.7 頂点非活性化モデル

大きい C を実現する BA モデルの拡張版は，Holme–Kim モデル（6.5 節）以外にもいくつかある。その 1 つである頂点非活性化モデル [136, 137, 217] を説明する。

BA モデルでは，古株の頂点がハブになりやすい。首尾よくハブになれば，優先的選択に基づいて新しい枝を受けとりさらに大きなハブになる傾向がある。しかし，現実世界では，そのような古株は，枝を受けとることを急にやめるかもしれない。インターネット上のハブコンピュータは，故障するかもしれない。人間関係ネットワーク上のハブは，友人付き合いの飽和を感じて友人を増やすことをやめるかもしれない。頂点非活性化モデルでは，ネットワークの成長と優先的選択に加えて，頂点の非活性化を考慮する。すなわち，各頂点は，加入時点では活性化状態にあり，新しい枝を受けとることができる。ところが，ある時点で非活性化されて，その後は新しい枝を永久に受けとらないことにする。

頂点非活性化モデルの作り方

(1) BA モデルのときと同じように，$m = m_0$ 個の頂点をもつ何らかの初期ネットワークを用意する。ここでは，完全グラフとする。図 6.7（時刻 $t = 0$）は $m = 3$ の例である。頂点 $v_1, v_2, \ldots, v_m$ の次数は，

$$k_1 = k_2 = \cdots = k_m = m - 1. \qquad (6.54)$$

m 個の頂点は活性化状態であるとする。図 6.7 では，活性化状態を●，非活性化状態を○で示す。

(2) 枝を m 本もった頂点 v_{m+1} をネットワークに加える。新しい枝は，元からある m 個の活性化状態の頂点，すなわち，$v_1, v_2, \ldots, v_m$

に 1 本ずつつながる（図 6.7 では $t=1$ の太線）. その結果,

$$k_1 = k_2 = \cdots = k_m = k_{m+1} = m \tag{6.55}$$

となる. v_{m+1} は活性化状態であるとする.

(3) $v_1, v_2, \ldots, v_m, v_{m+1}$ のうちの 1 つを非活性化する. v_i ($1 \leq i \leq m+1$) が非活性化される確率を

$$P(k_i) = \frac{1}{k_i + a} \bigg/ \sum_{j=1}^{m+1} \frac{1}{k_j + a} \equiv \frac{\gamma - 1}{k_i + a} \tag{6.56}$$

で定める. a は正の定数である. 加入したばかりの v_{m+1} が直ちに非活性化されることもある. γ は

$$\gamma \equiv 1 + \left(\sum_{j=1}^{m+1} \frac{1}{k_j + a} \right)^{-1} \tag{6.57}$$

で定義される. 現時点では, γ は単なる値である.

具体的には, 式 (6.55) を式 (6.56) に代入して

$$P(k_1) = P(k_2) = \cdots = P(k_m) = P(k_{m+1}) = \frac{1}{m+1}. \tag{6.58}$$

まだ次数に差がないので, 非活性化される確率にも差がない. 新しい頂点 1 個 (v_{m+1}) を活性化状態で加えて, 頂点 1 個を非活性化したので, 活性化状態の頂点は再び m 個となる. 非活性化された頂点を $v_{m'}$ とする.

(4) 枝を m 本もつ新しい頂点 v_{m+2} を活性化状態で加える. 新しい枝は, m 個の活性化状態の頂点に 1 本ずつつながる（図 6.7 では $t=2$ の太線）.

(5) v_{m+2} も含めた $m+1$ 個の頂点 $v_1, v_2, \ldots, v_{m'-1}, v_{m'+1}, \ldots, v_{m+1}, v_{m+2}$ のうちの 1 点を非活性化する. それぞれの頂点を非活性化する確率は, $1/(k_i + a)$ に比例するとする. すなわち, 式 (6.56) で $m+1$ を $m+2$ に変えて m' を和の対象から除いた式で与える.

(6) 頂点が N 個になるまで, ステップ 4 とステップ 5 を繰り返す.

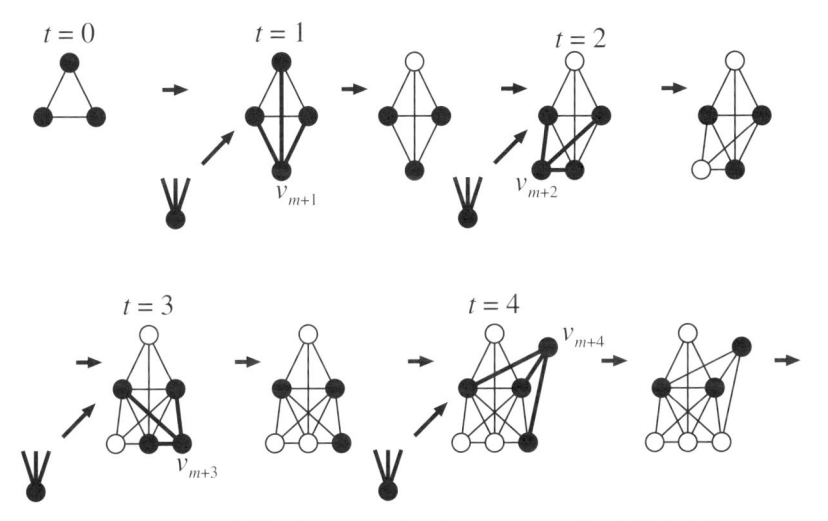

図 6.7 頂点非活性化モデルの作り方 ($m = 3$)。●は活性化状態の頂点，○は非活性化状態の頂点。太線は新しい枝

式 (6.56) より，k_i の大きい頂点ほど非活性化されにくく，活性状態であり続けやすい。非活性化の仕組みは一種の優先的選択である。

次数分布は $p(k) \propto k^{-\gamma}, \gamma = 2 + (a/m)$ となる。これを求めよう。

🔍 **p.121 まで** 時刻 t で，活性化状態の頂点が次数 k をもつ確率を $p^{(t)}(k)$ とする。各時刻 t で，次数 k の各頂点は式 (6.56) の確率（をその時点で活性化状態である $m+1$ 点についての式に書き直したもの）で非活性化される。次数 k の頂点 v が活性化状態のままである確率は $1 - P(k)$ である。活性化状態のままでいると，v は時刻 $t+1$ で必ず新しい頂点から枝を 1 本受けとり，v の次数は 1 増える。よって，式 (6.56) を用いて

$$p^{(t+1)}(k+1) = (1 - P(k))p^{(t)}(k) = \left(1 - \frac{\gamma - 1}{k + a}\right) p^{(t)}(k). \quad (6.59)$$

活性化状態の頂点は m 個に保たれているので，m が小さい場合には式 (6.59) は粗い評価ではある。ともかく，時間が十分たったとき（定常状態）に式 (6.59) から導かれる次数分布を求める。定常状態を

$$p^{(\infty)}(k) = \lim_{t \to \infty} p^{(t+1)}(k) = \lim_{t \to \infty} p^{(t)}(k) \quad (6.60)$$

と書いて，式 (6.59) で $t \to \infty$ とした式に代入すると，

$$p^{(\infty)}(k+1) - p^{(\infty)}(k) = -\frac{\gamma-1}{k+a}p^{(\infty)}(k). \tag{6.61}$$

ここで，k について連続近似を行う。式 (6.61) の左辺を微分で置き換えると

$$\frac{dp^{(\infty)}(k)}{dk} = -\frac{\gamma-1}{k+a}p^{(\infty)}(k). \tag{6.62}$$

これを解いて

$$p^{(\infty)}(k) \propto (k+a)^{-\gamma+1}. \tag{6.63}$$

式 (6.63) より，活性化状態の頂点の次数分布はべき分布である。

非活性状態の頂点は $N-m$ 個ある。ネットワークが成長して N が大きくなると，ほとんどの頂点は非活性化状態になる。そこで，非活性化状態の頂点だけの次数分布を，ネットワーク全体の次数分布と同一視してよい。t が十分に大きいとき，次数が k である活性化状態の頂点の割合は $p^{(\infty)}(k)$ である。この頂点が次の時刻で新しい枝を受けとれば，その次数は $k+1$ となる。このような頂点の，全頂点に占める割合は $p^{(\infty)}(k+1)$ である。この頂点は，新しい枝を受けとらなかったら，次の時刻には次数 k をもったまま非活性化される。それ以後，この頂点の次数は増えない。よって，各時刻で $p^{(\infty)}(k) - p^{(\infty)}(k+1)$ だけの割合の頂点が，「次数 k をもって非活性化された頂点」の仲間に加わる。よって，

$$p(k) \propto p^{(\infty)}(k) - p^{(\infty)}(k+1) \propto -\frac{dp^{(\infty)}(k)}{dk} \propto (k+a)^{-\gamma}. \tag{6.64}$$

a による少しの修正はあるもののべき分布

$$p(k) = \mathcal{N}_{\mathrm{KE}}(k+a)^{-\gamma} \tag{6.65}$$

が出てきた（$\mathcal{N}_{\mathrm{KE}}$ は規格化定数）。

どの頂点もネットワークに加入した当初から m 本の枝をもつので，最低次数は $k_{\min} = m$ である。以下，計算を簡単に行うために，加入してから受けとった枝の本数を k と読み直す。こうすると，$k_{\min} = 0$ となる。本当の次数と m だけずれるが，大局には影響しない。

6.7 頂点非活性化モデル

さて，確率密度の規格化条件

$$\int_0^\infty p(k)dk = 1 \tag{6.66}$$

から

$$\mathcal{N}_{\mathrm{KE}} = (\gamma - 1)a^{\gamma - 1}. \tag{6.67}$$

べき指数 γ は，各頂点は自分よりも新しい点から平均 m 本の枝を受けとる，というもう 1 つの規格化条件より求まる．つまり，

$$\begin{aligned}
m &= \int_0^\infty kp(k)dk = \mathcal{N}_{\mathrm{KE}} \int_0^\infty \frac{k}{(a+k)^\gamma} dk \\
&= \mathcal{N}_{\mathrm{KE}} \left[\frac{k}{(a+k)^{\gamma-1}(-\gamma+1)} \right]_0^\infty - \mathcal{N}_{\mathrm{KE}} \int_0^\infty \frac{1}{(a+k)^{\gamma-1}(-\gamma+1)} dk \\
&= -\mathcal{N}_{\mathrm{KE}} \left[\frac{1}{(a+k)^{\gamma-2}(-\gamma+1)(-\gamma+2)} \right]_0^\infty \\
&= \frac{\mathcal{N}_{\mathrm{KE}}}{a^{\gamma-2}(-\gamma+1)(-\gamma+2)}.
\end{aligned} \tag{6.68}$$

式 (6.67)，(6.68) から $\mathcal{N}_{\mathrm{KE}}$ を消去して

$$\gamma = 2 + \frac{a}{m}. \tag{6.69}$$

$a > 0$ と $m \geq 1$ を変化させることにより，BA モデルの結果であった $\gamma = 3$ 以外のべき指数も生成できる．

次に，クラスター係数 C を求めることが可能である．計算は細かいので補遺に回す[1]．結果は以下の通りである．

$\lim_{N \to \infty} C > 0$ という意味で，頂点非活性化モデルのクラスター性は高い．例えば，$a = m$ のときは $C = 5/6$ となる．また，k が大きいところで $C(k) \propto k^{-1}$ となる．この関係は，現実にある様々なネットワークでも観察される [194, 195]．

頂点非活性化モデルは，べき則の次数分布をもち，BA モデルが欠いていた高いクラスター係数ももつ．しかし，実は平均距離が $L \propto N$ となる．図 6.8 に示すネットワークからも，$L \propto N$ となることが読みとれる．ただし，第 5

---

1) 補遺（PDF 版）については「はじめに」を参照

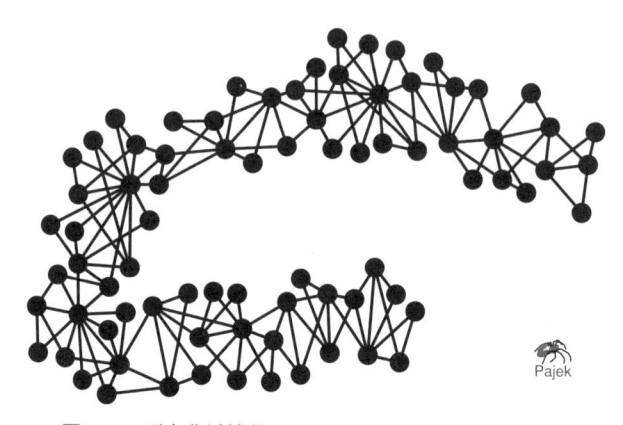

図 6.8 頂点非活性化モデル。$N = 80$, $m = 2$, $a = 2$

章の WS モデルで使われた，枝のつなぎかえに類する仕組みを導入すると，L を小さくできる．実際には，枝をつなぎかえるのではなく，ネットワークの成長の際に，各時刻で，確率 $1-p$ で頂点非活性化モデルの成長ステップを行い，確率 p で BA モデルの優先的選択による成長ステップを行う．すると，中間の p において，べき則の次数分布と大きい C がほぼ保たれたまま，L が小さくなる．BA モデルの次数分布もべき則なので，p を大きくしすぎてもべき則は損なわれない．しかし，C は小さくなってしまう．p がちょうどよい値のときに，この混合モデルは，べき則，小さい L，大きい C の 3 つを同時に満たす．

6.8 階層的モデル

スケールフリー・ネットワークの一部を切り出すと，やはりスケールフリー・ネットワークになっていたり，元のネットワークと何らかの意味で似ていたりすることがしばしばある．本節では，そのような，階層的なスケールフリー・ネットワークのモデルを 3 つ紹介する．日常用語の階層という単語からは，本節で紹介する入れ子構造よりもピラミッド型の構造が連想されるかもしれない．ピラミッド型のネットワークは，9.2.4 節で紹介する．

さて，BA モデルのバラバシらは，図 6.9 のような階層的モデルを提案した [70]．

6.8 階層的モデル

図 6.9 バラバシの階層的モデル

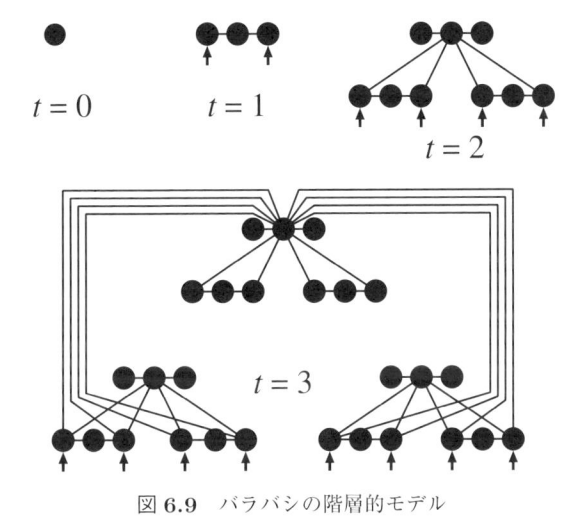

バラバシの階層的モデルの作り方

(1) 1つの頂点を置く。この頂点を根と呼ぶ（図 6.9 の時刻 $t=0$）。
(2) 根のコピーを2つ追加し（図 6.9 の $t=1$ において，矢印で指した頂点），それぞれを元の根とつなげる。
(3) 現在のネットワーク（$t=1$ では，頂点3個と枝2本から成る）のコピーを2つ追加する（$t=2$）。新しく追加したそれぞれのコピーの端にある頂点を，根と結ぶ。そのような端点は，各コピーに2つずつある（図 6.9 の $t=2$ において，矢印で指した頂点）。根の次数は4増えて $2+4=6$ になる。
(4) ステップ3でできた頂点9個からなるネットワークのコピーを2つ追加する（$t=3$）。そして，それぞれのコピーの端に位置する頂点から根に枝をはる。端とは，時刻 $t-1$ で端であった頂点のコピーとしてできた点である。根の次数は8増えて14になる。
(5) ステップ4を $t=T$ まで繰り返す。

第6章 成長するスケールフリー・ネットワークのモデル

生成されたネットワークはスケールフリー・ネットワークである。これを示すために $t = T$ のときのネットワークを考える。根の次数は簡単な計算で $2^{T+1} - 2$ とわかる。根のコピー，根のコピーのコピー，... として現れた頂点（図 6.9 で矢印のついていない●）は，ある時刻 t $(t < T)$ で，そのときは次数が $2^{t+1} - 2$ であった根がコピーされてできたか，そのようなコピーのまたコピーである。どちらの場合も，できた後は次数が増えない。新しい枝を得るのは，大元の根か端にある頂点だけだからだ。根のコピーやまたコピーたちの次数は，簡単のために次数が 2 以上の頂点のみを考えると，$2^{t+1} - 2$ で固定される。数えてみると，このような頂点は $(2/3)3^{T-t}$ 個ある $(0 \leq t \leq T - 1)$。t を1増やすと次数が2倍になるので，$(2/3)3^{T-t}$ 個の頂点が代表する k の幅も 2 倍ずつ増える。この事情は，2.1.3 節の「区間化」の方法の事情と同じである。これに注意して，$k = 2^{t+1} - 2, p(k) \propto (2/3)3^{T-t} \times 2^{-t}$. t を消去すると

$$p(k) \propto k^{-1 - \frac{\log 3}{\log 2}}. \tag{6.70}$$

したがって，次数分布はべき則 $p(k) \propto k^{-\gamma}$ で，べき指数は

$$\gamma = 1 + \frac{\log 3}{\log 2}. \tag{6.71}$$

この階層的モデルの特徴を，BA モデルと比較しながら述べる。まず，BA モデルとの類似点を挙げる。

- スケールフリー・ネットワークとなる。ただし，次数分布のべき指数 γ は，BA モデルの場合 $(\gamma = 3)$ と異なる。
- 成長モデルである。
- 明示的には書いてないが，優先的選択の仕組みが埋め込まれている。根はハブとなり，優先的に枝を受けとる。
- L が小さい。
- $C = 0$.

ここまでは，成長＋優先的選択でべき則が出てくる，と要約され，BA モデルに似ている。BA モデルとの相違点を挙げる。

- 作り方が決定的である。確率モデルではない。そのため対称性が良くて，かつ，構成が簡単なために解析をしやすい。実際に，$p(k)$ の計算は BA モデルのときより簡単にでき，しかも厳密である。一方，現実のネ

6.8 階層的モデル

ットワークがもつような乱雑さを欠く。ただし、乱雑にするためのモデルの拡張は簡単に行える。

- 階層性がある。図 6.9 の $t = 2$ と $t = 3$ を比べるとわかるように、時刻 t のネットワークは、基本的には時刻 $t-1$ のネットワーク 3 つから成る。これは単純化されすぎた階層性であるが、現実の多くの複雑ネットワークには階層性があること [194, 195] を模している。

バラバシの階層的モデルは、C が小さいという意味では現実のネットワークと合わない。次に紹介する 2 つの階層的モデルは、大きい C をもつ。

ドロゴフツェフらの階層的モデル [103] を図 6.10 に示す。

ドロゴフツェフの階層的モデルの作り方

(1) 枝で結ばれた頂点 2 つを置く（$t = 0$）。
(2) 頂点 1 個に枝 2 本がついた「迂回路」を用意し、元からある 2 点を結ぶ距離 2 の迂回路ができるようにネットワークに追加する（図 6.10, $t = 1$ の太線）。
(3) 各枝に対して、頂点 1 個と枝 2 本の同じような迂回路を追加する（$t = 2$ の太線）。$t = 1$ で枝が 3 本あったので、頂点 3 個と枝 6 本が追加された。
(4) ステップ 3 を時刻 T まで繰り返す。毎時刻で、既存の枝と同じ数だけの新しい頂点と、その 2 倍の数の新しい枝が追加される。

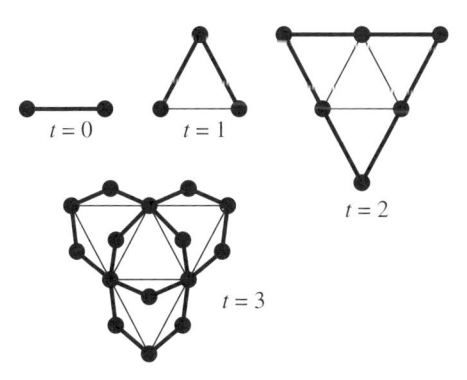

図 **6.10** ドロゴフツェフの階層的モデル

図 6.10 からわかるように，時刻 T では頂点が $3(3^{T-1}+1)/2$ 個，枝が 3^T 本ある．次数分布を求めよう．頂点の次数は，その頂点がネットワークに加わった時刻だけで決まる．早く入るほど次数が大きい．数えると，$k = 2, 2^2, 2^3, \ldots, 2^{T-2}, 2^{T-1}, 2^T$ となる頂点の数が $3^{T-1}, 3^{T-2}, 3^{T-3}, \ldots, 3^2, 3, 3$ である．バラバシの階層的モデルのときと同様に，$k = 2^t$, $p(k) \propto 3^{T-t} \times 2^{-t}$ ($1 \leq t \leq T-1$) として t を消去すると

$$p(k) \propto k^{-\gamma}, \quad \gamma = 1 + \frac{\log 3}{\log 2}. \tag{6.72}$$

このモデルもスケールフリー・ネットワークである．また，図 6.10 に三角形が多いことからも想像できるように，このモデルはクラスター性をもち，実は $\lim_{N \to \infty} C = 4/5$ である．また，$L \propto \log N$ が知られている．このモデルは，べき則の次数分布，小さい L，大きい C を同時にもつ．

ラヴァス，バラバシらによる，もう 1 つの階層的モデルを説明する（図 6.11）[194, 195]．

ラヴァスの階層的モデルの作り方

(1) N_0 点から成る完全グラフを作る（$t = 0$．図 6.11 では $N_0 = 4$）．中心の頂点 v を 1 つ決めておく（図 6.11 の大きな●）．

(2) この完全グラフのコピー $N_0 - 1$ 個を追加し，v のコピー（大きな●）以外の新しい頂点それぞれと，元の v をつなぐ．頂点数は N_0^2 となる（$t = 1$．図 6.11 では $N_0^2 = 16$）．

(3) 新しい枝を作らなかった頂点（$t = 1$ の■と，v のコピーとしてできた 3 つの大きな●）は，中心の仲間入りをすることにする．

(4) $t = 1$ でできたネットワークのコピー $N_0 - 1$ 個を追加する．中心に属する頂点（■と，v 以外の大きな●）以外の点から，大元の中心 v に枝をはる．

(5) ステップ 3 とステップ 4 を時刻 T まで繰り返す．

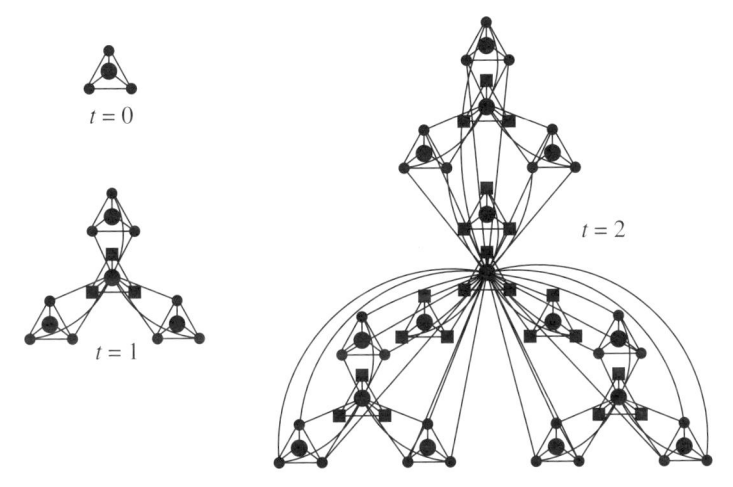

図 **6.11** ラヴァスの階層的モデル

計算は省略するが，次数分布はべき則で，

$$\gamma = 1 + \frac{\log N_0}{\log(N_0 - 1)}. \tag{6.73}$$

N_0 によって γ を調整できる。また，数値計算によると，$N_0 = 4$ のときに $C \approx 0.6$，$N_0 = 5$ のときに $C \approx 0.743$ である。また，L は小さい。

本節ではいくつかの階層的モデルを紹介した。式 (6.70)，(6.72)，(6.73) の形から，フラクタルやフラクタル次元を連想する読者がいるかもしれない。確かに，階層的モデルにはフラクタルのような入れ子構造がある。しかし，フラクタルが要請するように完全に自己相似的なわけではなく，厳密に対応してはいない[103]。本当にフラクタル性をもつモデルは，2005 年以降，提案されている [202, 211, 212]。

最後に，実データについて階層性の有無を測るには，次数ごとのクラスター係数を見るとよい。頂点ごとのクラスター係数 $C_1, C_2, \ldots, C_N$ のうち，次数が k である頂点だけについて C_i を平均したものを $C(k)$ と書く。階層性をもつネットワークのデータ（代謝ネットワーク[194]，映画俳優のネットワーク，

文法のネットワーク，WWW [195] など）では

$$C(k) \propto k^{-1} \tag{6.74}$$

となることが多い．

　階層的なネットワークでは，次数 k の大きい頂点は大小様々な部分ネットワークを統合する役割を果たす．部分ネットワークの位置づけは，コミュニティ（2.6 節）に近いが，部分ネットワーク自体も元のネットワークに似ていることが特徴である．階層的なネットワークでは，次数の小さい頂点から出る枝は部分ネットワークの中に留まる．部分ネットワークそのものは，元のネットワークと同様にクラスター性が高いので，小さい k に対する $C(k)$ は大きくなりやすい．一方，ハブは，異なる部分ネットワークを結ぶ傾向があるので，ハブの 2 つの隣接点は直接つながっていない可能性が高い．2 つの隣接点は異なる部分ネットワークに属しやすく，その場合，この 2 点は隣接しないことが多いからである．よって，ハブの $C(k)$ は小さい．以上が，式（6.74）の単調減少性の直観的な説明である．

　バラバシの階層的モデルは三角形をもたず，$C(k)$ を論じる対象でないが，残り 2 つの階層的モデルは式（6.74）を満たす．頂点非活性化モデル（6.7 節）もこの性質をもつ．一方，BA モデルはスケールフリー・ネットワークであるが，その $C(k)$ は k に依らない．したがって，スケールフリー・ネットワークならば常に階層的というわけではない．

第 7 章　成長しないスケールフリー・ネットワークのモデル

　第 6 章で紹介したスケールフリー・ネットワークは，全て BA モデルの仲間である。本質的にはネットワークの成長と優先的選択の組み合わせに基づくからである。しかし，現実世界のスケールフリー・ネットワークには，成長していないものや，優先的選択とは異なる仕組みで枝を決めているものもある。

　様々な人間関係ネットワークがその例である。ある大学内の調査によると，電子メールのやりとりで定義されるネットワークがスケールフリー・ネットワークであった [107]。このネットワークでは，頂点や枝が新しく作られるが，消えもする。BA モデルのように頂点や枝の数が目に見えて増え続けてはいないだろう。本章では，成長しないネットワークのモデルをいくつか紹介する。

　成長しないネットワークは，N は変化しないが枝は切りかわるもの（図 7.1 (A)）と，成長も枝の変化もなく一度作られた後は動かないもの（図 7.1 (B)）に大別される。どちらの型がより現実らしいとは言えないが，解析をしやすいことが主な理由で，図 7.1 (B) の型の方がよく使われる。本章でも，こちらのモデルについてのみ説明する。本章で紹介する各モデルでは，どれくらい枝を得やすいかという値が，あらかじめ各頂点に与えられている。頂点ごとにこの値がそれなりに異なれば，スケールフリー・ネットワークとなる。

　この仕組みは，適応度モデル（6.6 節）と相通じるが，適応度モデルでは，適応度を仮定しなくてもスケールフリー・ネットワークとなる。成長と変化がないモデルでは，頂点の値がばらついていなければ，次数があまり散らばっていないネットワークとなる。

第7章 成長しないスケールフリー・ネットワークのモデル

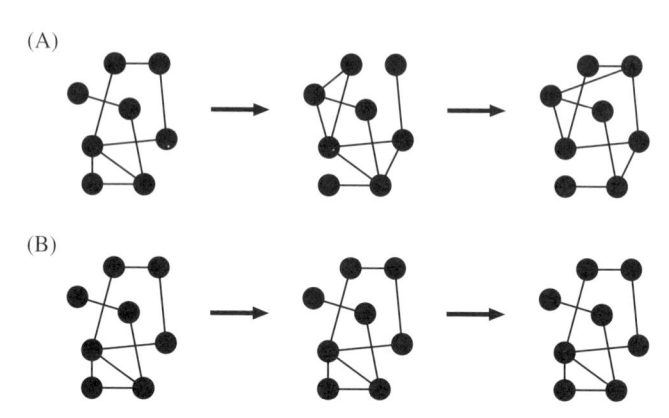

(A)

(B)

図 **7.1** （A）成長しないが変化するネットワーク。（B）成長も変化もしないネットワーク

7.1 コンフィグモデル

ランダム・グラフの拡張版であるコンフィグモデルを紹介する。ランダム・グラフの次数分布はポアソン分布だが，コンフィグモデルでは任意の次数分布を作れる，という意味での拡張である。正式名称はコンフィギュレーション・モデルであるが，本書では略してコンフィグモデルと呼ぶ。コンフィグモデルは 1970 年代から調べられている[169]。次数は散らばっているという制限のもとで，無作為に枝が置かれているネットワークである。

――――――― コンフィグモデルの作り方 ―――――――

(1) 頂点数 N をあらかじめ決める。

(2) 次数分布 $\{p(0), p(1), p(2), \ldots\}$ を決める。任意の次数分布でよいが，次数の最大値は $k_{\max} \leq N - 1$ とする。表 7.1 に例を示す。

(3) 次数が k となる確率を $p(k)$ として k を決める。これを N 回行って，N 個の次数 $k_1, k_2, \ldots, k_N$ を発生する。$k_1, k_2, \ldots, k_N$ を次数列と呼ぶ。

(4) N 個の頂点を配置し，v_i ($1 \leq i \leq N$) が k_i 個の枝の片割れをもつ

7.1 コンフィグモデル

ようにする（図 7.2）。

(5) 枝の片割れを 2 つずつつないでネットワークにする方法は，複数ありうる。図 7.3 は，図 7.2 から生成可能なネットワークの 2 つの例である。全ての可能なネットワークから 1 つを等確率で選び，出力とする。ネットワークは，連結でなくてもよい。

コンフィグモデルのアルゴリズムを 11.1 節に掲載する。このモデルの注意点や特徴を述べる。

- ステップ 3 で生成する次数列によっては，ネットワークを作れないことがある。そのような状況の 1 つは，次数の和 $\sum_{i=1}^{N} k_i$ が奇数のときである。枝の片割れは 2 つで 1 本の枝となるので，枝の片割れの数（= 次数の和）は偶数でなければならない（握手の補題。式 (2.1)（p.8））。次に，次数の和が偶数でも，ネットワークが生成できない場合がある。その例を図 7.4 に示す。手で試してみるとわかるが，本書では許可しないことになっているループや多重辺（図 1.3（p.5））なしにネットワークを作れない。

  これらの場合には，作った $k_1, \ldots, k_N$ を放棄し，ネットワークを生成

表 **7.1** コンフィグモデルの次数分布の例

k	1	2	3	4	5	6	7
$p(k)$	0.1	0.5	0.3	0	0	0.1	0

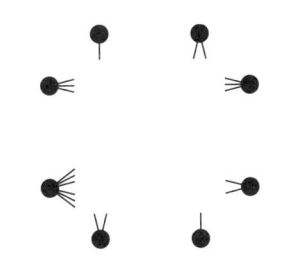

図 **7.2** 表 7.1 の次数分布から生成した $k_1, \ldots, k_N$ の例。$N = 8$

第7章 成長しないスケールフリー・ネットワークのモデル

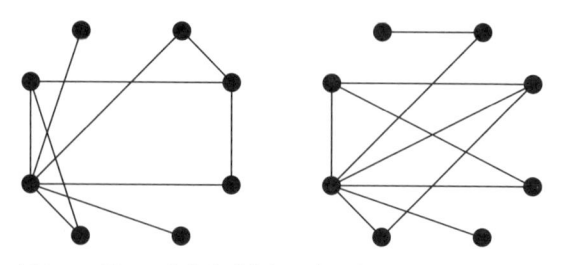

図 **7.3** 図 7.2 から生成されるネットワークの 2 つの例

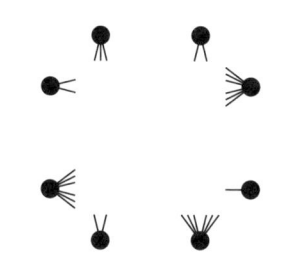

図 **7.4** 実現不可能な次数列

できるようになるまでステップ 3 で $k_1, \ldots, k_N$ を作り直す．このように実現不可能な場合を排除することによって，最初に決めた次数分布と実際に生成されるネットワークの次数分布が目に見えてずれる心配は，通常はない．

- 他の多くのモデルと同様に確率モデルである．次数分布を与えても，出てくる次数列は毎回異なる．次数列を固定したとしても，ネットワークは一般的に毎回異なる．
- 与える次数分布をべき則にすれば，スケールフリー・ネットワークを作ることができる．べき指数 γ も自由に決められる．次数分布をポアソン分布にすれば，ランダム・グラフとほとんど同じネットワークとなる．
- 次数分布が任意であるという意味で，コンフィグモデルはランダム・グラフの拡張になっている．コンフィグモデルを，一般化ランダム・グラフと呼ぶこともある．
- 次数相関はない．
- 作られるネットワークは，連結でないこともある．

7.1 コンフィグモデル

　正式名称（コンフィギュレーション・モデル）のコンフィギュレーション (configuration) は，形や輪郭といった意味である．コンピュータの設定の意味にも使われる．前もって次数分布の形を設定しておくモデル，と解釈すればよい．このことと関連して，コンフィグモデルはネットワークの生成原理を説明しない．例えば，一人ひとりが前もって表 7.1 を見て次数を決め，各自がランダムに配線することによって人間関係ネットワークが作られる，というわけではない．対照的に，BA モデルは生成原理を説明するモデルの例である．

　しかし，コンフィグモデルは頻繁に使われる．次数分布が任意であること以外には癖のないモデルなので，次数分布を考慮した「平均場近似」があてはまるからである．本当は，v_1 と v_2 がそれぞれ次数 k をもつといっても，v_1 の k 個の隣接点と v_2 の k 個の隣接点は一般に同一でないので，v_1 と v_2 の性質は異なる．ここで言う平均場近似では，この違いを無視して，次数が同じ v_1 と v_2 は同じ性質をもつと仮定する．

　例えば，ネットワーク上の感染症の解析ではそのような平均場近似が多く出てくる（第 8 章）．厳密に言えば，それらの結果は，BA モデルなどではなくコンフィグモデルに対する結果である（実用上は，BA モデル上の結果もそれなりに精度よく予測できる）．L（2.2 節），C（2.3 節），コミュニティ検出のモジュラリティ Q（2.6 節），モチーフの Z–スコア（2.7 節）に対しても，実データにおける値の大小を判定するために，実データの次数列は保ったまま無作為に枝をつなぎかえたネットワークにおける値との比較を行った．このつなぎかえたネットワークは，実はコンフィグモデルである．さらに，ある枝の先に次数 k の頂点がある確率（式 (2.7)（p.10））もこのような近似の結果である．第 6 章で紹介した成長モデルの次数分布の解析もこの近似に基づく．これらの成長モデルはコンフィグモデルと異なる．しかし，次数が同じ頂点は同じ性質をもつと近似してしまっても，結果的に大きな弊害がなかったのである．

　次数分布だけを考慮した平均場近似は，本当は，コンフィグモデルと木型のネットワーク（7.2 節）でのみ正当化される．ただし，木型のネットワークは数値計算がしにくく，コンフィグモデルよりもさらに特殊な形をしている．よって，次数が散らばっている状況のもとで，計算したある平均場近似の正当性を確かめたり，何らかの数値計算を試したりする目的で，コンフィグモデルはよく用いられる．

コンフィグモデルの L と C は知られている。まず，$N \to \infty$ で $\langle k^2 \rangle$ が存在するときは

$$L = 1 + \frac{\log \frac{N}{\langle k \rangle}}{\log \frac{\langle k^2 \rangle - \langle k \rangle}{\langle k \rangle}} \tag{7.1}$$

となる [45, 169]。また，次数分布を $p(k) \propto k^{-\gamma}$ とすると

$$L \propto \begin{cases} \log \log N, & (2 < \gamma < 3), \\ \log N / \log \log N, & (\gamma = 3), \\ \log N, & (\gamma > 3), \end{cases} \tag{7.2}$$

となる [98]。$\gamma > 3$ のときに限って，$N \to \infty$ で $\langle k^2 \rangle$ が存在して（2.1.2 節），式（7.1）が有効である。$\gamma > 3$ では式（7.1）は式（7.2）を含意する。式（7.2）は，$\gamma = 3$ の場合は BA モデルの $m \geq 2$ のときの結果（式（6.2）(p.98)）と同じである。$\gamma \leq 3$ では，L が非常に小さく，ウルトラ・スモールワールドである。

C を計算するために，ある頂点 v の 2 つの隣接点 v', v'' を考える（図 7.5）。ランダム・グラフの場合と同様に，v' と v'' の間に枝がある確率が C そのものである。さて，v' の次数が k' である確率は，式（2.7）(p.10) より $k'p(k')/\langle k \rangle$. 同様に，$v''$ の次数が k'' である確率は $k''p(k'')/\langle k \rangle$. 次に，$v'$ は v とつながるために枝を 1 本消費しているので，残り $k' - 1$ 本の枝のどれかが v'' につながっているかどうかを調べればよい。v' の立場からみると，自分から出る枝のそれぞれが行き先を選ぶ。v'' は，やはり v とつながるために枝を 1 本使っているので，$k'' - 1$ 本の枝の片割れが使用可能である。一方，ネットワーク全体には $\langle k \rangle N$ 本の枝の片割れがある。よって，v' から出る枝 1 本が v'' に向かう確率は $(k'' - 1)/(\langle k \rangle N)$. よって，$v'$ と v'' が隣接する確率は約 $(k' - 1) \times (k'' - 1)/(\langle k \rangle N)$. これを k' と k'' に渡って平均すると [41]

$$\begin{aligned} C &= \sum_{k'=1}^{\infty} \sum_{k''=1}^{\infty} \frac{k'p(k')}{\langle k \rangle} \frac{k''p(k'')}{\langle k \rangle} \frac{(k'-1)(k''-1)}{\langle k \rangle N} \\ &= \frac{(\langle k^2 \rangle - \langle k \rangle)^2}{\langle k \rangle^3 N}. \end{aligned} \tag{7.3}$$

7.1 コンフィグモデル

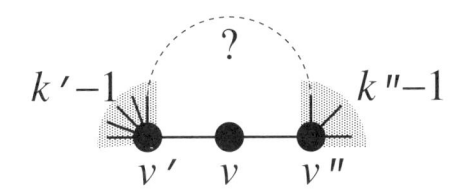

図 7.5 コンフィグモデルのクラスター係数の計算

通常のランダム・グラフならば，次数分布はポアソン分布であり，表 2.1 より $\langle k^2 \rangle = \langle k \rangle^2 + \langle k \rangle$．このとき，式 (7.3) より $C = \langle k \rangle / N$ となり，式 (4.16) (p.80) に一致する。べき則の場合には $\langle k^2 \rangle$ は $\langle k \rangle^2$ よりもかなり大きくなりうる。しかも，式 (7.3) の分子の $(\langle k^2 \rangle - \langle k \rangle)^2$ でその効果は 2 乗される。よって，γ が小さいスケールフリー・ネットワークをコンフィグモデルで作ると，C は大きくなる。しかし，それは γ がかなり小さいときの話であり，通常は C が小さいと思ってよい。

コンフィグモデルの大切な例が 2 つある。1 つ目は，先に述べたランダム・グラフである。2 つ目は，各点の次数が必ず k_0 であるネットワークである（図 7.6）。次数分布は

$$p(k) = \begin{cases} 1, & (k = k_0), \\ 0, & (k \neq k_0), \end{cases} \tag{7.4}$$

とすればよい。この場合のコンフィグモデルを，レギュラー・ランダム・グラフと呼ぶ。レギュラーは規則的という意味であり，次数がどの点でも同じ値であることを指す。

レギュラー・ランダム・グラフは，比較用のネットワークとしてよく用いられる。例えば，スケールフリー・ネットワークの上で情報伝播が速くなる，という解析結果を得たとしよう。「速い」というのはスケールフリーでないネットワークとの比較においてであろう。比較用に正方格子を用いることもあるが，すると，スケールフリー・ネットワークで情報伝播が速くなるのが，次数が散らばっているからなのか，それとも L が小さいからなのか，同定しにくい。比較用にランダム・グラフを用いることはよくある。ただ，ランダム・グラフの

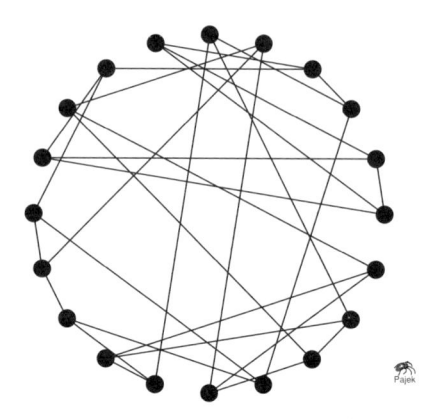

図 **7.6** レギュラー・ランダム・グラフ。$N = 25, \langle k \rangle = k = 3$

次数分布はポアソン分布であり，ある程度は散らばっている．よって，次数分布が散ることの影響を調べるには，レギュラー・ランダム・グラフと比較するとより良い．また，次数 k_0 が小さすぎないレギュラー・ランダム・グラフには，次数の散らばりがない最も単純な平均場近似がよくあてはまる．あてはまり度合いは，完全グラフには原理的に及ばないものの実用的には遜色なく，ランダム・グラフを凌ぐことが普通である．

7.2　一般の次数分布をもつ木

木（4.3 節）では，全ての頂点が同じ次数をもつ．ここでは，次数分布を任意に決められるように拡張された木を紹介する．拡張された木は，複雑ネットワークの理論を進める上で便利である．三角形や四角形などのサイクルがないからである．サイクルがあると，ある点からある点に行く道が 2 つ以上ある．すると，何事も複雑になりがちである．サイクルがないと，色々な解析を行いやすい．次数分布は考慮した平均場近似も，本当は，コンフィグモデルと一般の次数分布をもつ木でのみ正当化される．一方，サイクルがない，すなわち $C = 0$ であるという意味でこのモデルが現実らしさを欠くことは，次数が一様な木と同じである．

7.2 一般の次数分布をもつ木

───── 一般の次数分布をもつ木の作り方 ─────

(1) 次数分布 $\{p(0), p(1), p(2), \ldots\}$ を前もって決める。孤立点はないとする ($p(0) = 0$)。よって，$\sum_{k=1}^{\infty} p(k) = 1$ を満たすように次数分布を選ぶ。この時点では頂点数 N を固定しないので，和の上限が ∞ になっている。

(2) 頂点 v_1 を置く。v_1 の次数が k_1 となる確率が $p(k_1)$ であるように，次数 k_1 を決める。

(3) v_1 に k_1 本の枝をつなぎ，それぞれの枝の先に新しい頂点を置く。図 7.7 の例では，$k_1 = 3$ となり，頂点 v_2, v_3, v_4 が作られた。

(4) 新しい頂点のそれぞれについて独立に，同じ次数分布にしたがって次数を決める。

(5) それぞれの新しい頂点の先に，(決められた次数 -1) 本の枝を置く。すると，新しい頂点のそれぞれについて，正しい次数になる。新しい枝の先には 1 つずつ新しい頂点を置く。図 7.7 では，$k_2 = 4$，$k_3 = 8$，$k_4 = 2$ となったので，v_2 に 3 本，v_3 に 7 本，v_4 に 1 本の新しい枝をつないだ。

(6) 新しくできた頂点（図 7.7 の v_5, v_6 など）のそれぞれについて同様に次数を決め，新しい頂点や枝を置く。このステップを，例えば目的の頂点数 N に達するまで繰り返す。

新しい枝は，既存の頂点にはつながらないことにする。すると，実現されるネットワークはサイクルをもたず，v_1 から無限に広がる木型のネットワークとなる。次数相関はない。ただし，モデルを少し拡張して次数相関を導入することは容易である。

$p(k) = 1$，$p(k') = 0$ $(k' \neq k)$ とすると，次数が一様な木（4.3 節）となる。よって，このモデルは次数が一様な木を特別な場合として含む。

作り方から判断すると，このネットワークは頂点数が徐々に増える成長モデルのように見える。しかし，それは生成方法を説明する便宜上と理解されたい。次数分布をあらかじめ決め，それに沿うように少ない仮定でネットワーク

第 7 章　成長しないスケールフリー・ネットワークのモデル

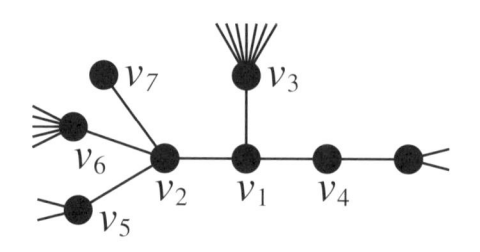

図 7.7　一般の次数分布をもつ木

を作る，という意味で，このモデルはコンフィグモデルに似ている。このことを反映して，このモデルの作り方は，コンフィグモデルの場合と同様に，機械的である。実際のネットワークがこのような方法で成長するとは考えにくい。また，次数が一様な木は成長モデルと見なされない。そこで，一般の次数分布をもつ木も成長モデルではない，と考えることにする。

このネットワークはいくつかの名前で呼ばれる。まず，一般化ランダム・グラフと呼ばれることがある。しかし，ランダム・グラフの一般化にはなっていないので，紛らわしい。ランダム・グラフを，次数分布が自由であるように一般化したものはコンフィグモデルであり，一般化ランダム・グラフというとコンフィグモデルを指すことも多い。また，次数分布がべき則の場合は，スケールフリー・ツリー（スケールフリー木）と呼ばれることがある。$p(k) \propto k^{-3}$ のスケールフリー木の例を図 7.8 に示す。

数学の世界では，提案した 2 人の名前をとってゴルトン・ワトソン木と呼ばれることが多い。いわゆるゴルトン・ワトソン過程から自然に作られるからである。ゴルトン・ワトソン過程は，次で定義される。

(1) 1 個体が何個体かの子を産んで，死ぬ。
(2) 産まれた子たちは次世代の親となり，やはりそれぞれ何個体かの子を産んで死ぬ。
(3) 次の世代が子を産み，同様の過程を繰り返す。

図 7.7 に対応づけて考えると，v_1 が第 1 世代，第 2 世代は v_2, v_3, v_4，第 3 世代は $v_5, v_6, \ldots$ となる。各頂点が $k-1$ 個体の子を産む確率を $p(k)$ と解釈すれば，ゴルトン・ワトソン過程は一般の次数分布をもつ木に対応する。第 1

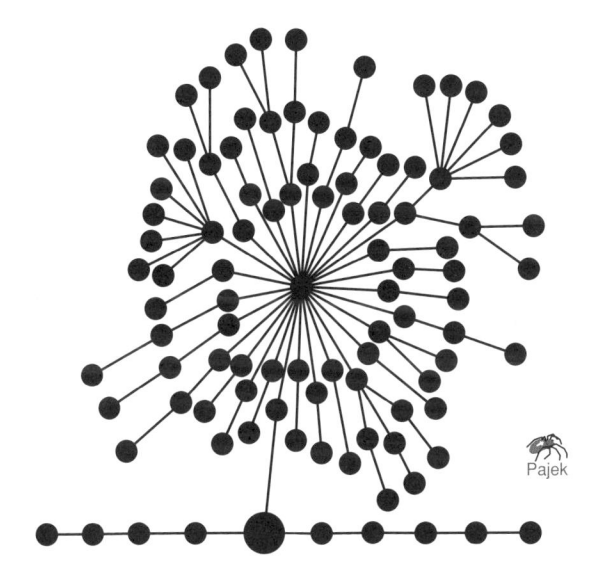

図 **7.8** スケールフリー木。$p(k) \propto k^{-3}$, $N = 100$. 大きい●が v_1

世代の v_1 だけについては，$k-1$ でなく k 個体の子を産む確率を $p(k)$ と解釈しなければならないが，小さな違いにすぎない．ゴルトン・ワトソン過程におけるまず最初の関心事は，世代を経ていくときに集団が生き残るか，死滅するか，である．1 個体の親が平均 1 より多い子を産むとき，つまり

$$\sum_{k=1}^{\infty}(k-1)p(k) > 1 \tag{7.5}$$

のときに限って集団は生き残りうる．これは直観にもあっている．人間は有性生殖によって 2 人で 1 人の子を産むので，女性 1 人あたり 2 人以上の子が産まれると人口は長期的に増加し，逆の場合は減少する．

ネットワークの話題に戻ろう．式 (7.5) は

$$\langle k \rangle = \sum_{k=1}^{\infty} kp(k) > 1 + \sum_{k=1}^{\infty} p(k) = 2 \tag{7.6}$$

と書き直せる．すなわち，平均次数 $\langle k \rangle$ が 2 より大きければ，一般の次数分布をもつ木は無限に遠くまで広がりうる．このとき，$L = O(\log N)$ である．

$\langle k \rangle < 2$ のとき，ネットワークはとても小さく，興味の対象とされないこと

が多い。$\langle k \rangle = 2$ のとき，ネットワークはフラクタル性という特別な性質をもち，**臨界木**と呼ばれる。

　一般の次数分布をもつ木が扱いやすい理由を，もう少し説明する。各頂点の次数は独立に決められている。よって，図 7.7 を例にとると，v_2 を根とし v_1 でない側に広がっていく木の部分（いわゆる部分木）は，v_3 を根とする部分木や v_4 を根とする部分木とは独立である。しかも，これらの部分木は，個々の形は異なるが，乱数を振ることも含めて統計的に考えると同じ「形」である。さらに，これらの部分木は，v_5 を根とする部分木や v_6 を根とする部分木などとも統計的に等しい。そのために，入れ子構造を生かした再帰的な方程式を立てて解析しやすい。このことは，サイクルがないことに起因するこのモデルの利点である。

7.3　Goh モデルと Chung–Lu モデル

　Goh らによる成長しないスケールフリー・ネットワークのモデルを紹介する。このモデルの原論文［116］の目的は，スケールフリー・ネットワークにおける媒介中心性の分布を調べることであった（2.5.3 節）。その研究の中で試験用のスケールフリー・ネットワークを作るために，この Goh モデルが導入された。Goh モデルは，コンフィグモデルよりも計算機で作りやすい，解析がしやすい，などの理由で媒介中心性の話と独立してよく用いられる。

Goh モデルの作り方

(1) 頂点数 N と生成したい平均次数 $\langle k \rangle$ を決める。

(2) 頂点 v_i $(1 \leq i \leq N)$ に，重み $w_i = i^{-\alpha}$ を割り当てる。$0 \leq \alpha \leq 1$ とする。w_i が大きいほど枝を得やすい。

(3) N 頂点の中から 2 つの頂点 v_{i_1}, v_{i_2} を選ぶ。頂点 v_i が選ばれる確率を

$$p_i = \frac{w_i}{\sum_{j=1}^{N} w_j} = \frac{i^{-\alpha}}{\sum_{j=1}^{N} j^{-\alpha}} \tag{7.7}$$

とする。

(4) $i_1 \neq i_2$ かつ v_{i_1} と v_{i_2} がまだ隣接していないなら，この2点をつなぐ．もしすでに隣接しているなら，まだ隣接していない2点が選ばれるまで，ステップ3を繰り返す．

(5) ステップ3とステップ4を，枝が合計 $\langle k \rangle N/2$ 本になるまで繰り返す．

握手の補題（式 (2.1)（p.8））より，終了時の平均次数は $\langle k \rangle$ となる．

$\alpha = 0$ のときは，ステップ3においてどの点も確率 $1/N$ で選ばれる．全くでたらめに枝を配置することになるので，ほぼランダム・グラフとなる．$\alpha > 0$ のときは，i の小さい頂点ほど，重み w_i が大きいので次数 k_i が大きくなりやすい．生成されたネットワークの例を図7.9に示す．確かに，i（図7.9に示されている）が小さいほど次数が大きい傾向がある．なお，孤立点が生じることは普通であり，それはランダム・グラフやコンフィグモデルにも共通することである．

$\langle k \rangle \ll N$ ならば，ステップ4で枝の候補が棄却されることは稀にしか起こらない．そこで，v_i の次数 k_i は，ステップ3で v_i が選ばれる回数に比例し，

$$k_i \propto p_i \propto i^{-\alpha}. \tag{7.8}$$

式 (7.8) によると，i 番目に次数の大きい頂点の次数が $i^{-\alpha}$ に比例する．よって順位プロットと確率分布の関係（2.1.3節）より，次数分布はべき則

$$p(k) \propto k^{-\gamma}, \quad \gamma = 1 + \frac{1}{\alpha} \tag{7.9}$$

となる．$\alpha \in (0,1)$ とすると $2 < \gamma < \infty$ を自由に作れる．$\alpha = 0$ の極限では $\gamma = \infty$ となり，次数分布はべき分布よりも裾の短い分布になる．実際に，$\alpha = 0$ ではランダム・グラフとなり，次数はポアソン分布に従う．

ランダム・グラフやコンフィグモデルと比較的似ていることと関係して，L は小さく，C は小さい．また，次数相関は負になり，その度合いは γ が小さい（α が大きい）ほど強い [90]．

Goh モデルとほぼ同じで数学的により解析しやすいモデルに，Chung–Lu

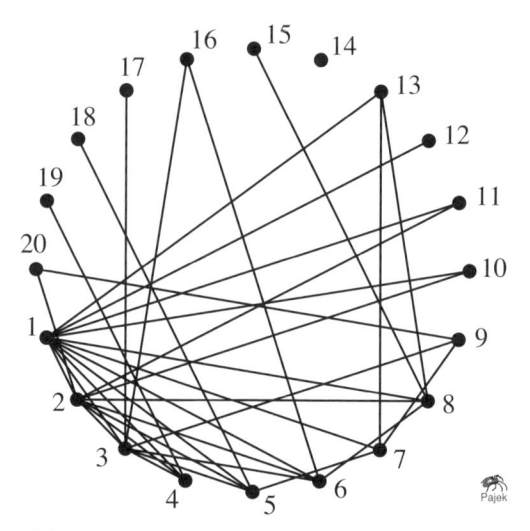

図 **7.9** Goh モデル。$N = 20$, $\alpha = 1$, $\langle k \rangle = 3.5$

モデルがある [26, 91, 92]。Chung–Lu モデルでも，各頂点は正の重み w_i をもつ。v_i と v_j を確率 $w_i w_j / \sum_{\ell=1}^{N} w_\ell$ でつなぐ。この確率は 1 以下であると仮定する。すると，v_i の次数 k_i の期待値は，

$$\sum_{j=1}^{N} \frac{w_i w_j}{\sum_{\ell=1}^{N} w_\ell} = w_i. \tag{7.10}$$

Goh モデルで次数が頂点の重みに比例する（式 (7.8)）のと同様である。Goh モデルと同様に，$w_i = Np$ ($1 \leq i \leq N$) とするとランダム・グラフとなり，$w_i \propto i^{-\alpha}$ とすると $p(k) = k^{-(1+1/\alpha)}$ となる。

数学的な解析を可能にするために，このモデルについてはループを許すことにする。すると，数学的結果 [26, 91] として

$$L \propto \begin{cases} \log \log N, & (2 < \gamma < 3), \\ \log N / \log \log N, & (\gamma = 3), \\ \log N, & (\gamma > 3). \end{cases} \tag{7.11}$$

これは，コンフィグモデルに対する結果（式 (7.2)）と同じである。

また，Chung–Lu モデルについては，隣接行列の固有値を計算することができる。$p(k) \propto k^{-\gamma}$ のときに，固有値の分布 $\rho(\lambda)$ は，値が大きいところではべ

き則

$$\rho(\lambda) \propto \lambda^{-(2\gamma-1)} \tag{7.12}$$

となる [26, 92]。Goh モデルについても，レプリカ法という計算手法により式（7.12）が成り立つことが知られている [199]。なお，他のいくつかのネットワークモデルについても，固有値分布が調べられている [104, 109, 117]。

7.4 隠れ変数モデルと閾値モデル

前節に引き続いて，頂点が重み w_i をもち，w_i の大きい頂点ほど次数 k_i が大きくなりやすいモデルを紹介する。前節のモデルとの違いは，重みと次数が比例するとは限らないことである。本節では，自分の重みと相手の重みの非線形関数として枝の有無が決まることにする。そのようなモデルの中で，まず，一般形の 1 つである隠れ変数モデル [82, 88, 209] を説明する。Goh モデルと Chung–Lu モデルも w という隠れ変数をもつが，本書では，本節で紹介するモデルのみを隠れ変数モデルと呼ぶことにする。

隠れ変数モデルの作り方

(1) 頂点数 N を固定する。
(2) 各頂点 v_i $(1 \leq i \leq N)$ は重み w_i をもつ。w_i の分布は $f(w)$ であるとする。つまり，$f(w)$ に比例する確率で重みが w となる。
(3) 各 $1 \leq i < j \leq N$ について，v_i と v_j を確率 $G(w_i, w_j)$ で結ぶ。

いくつかの注意点を挙げる。
- 枝に方向はないとするので，$G(w, w') = G(w', w)$ である。
- 重みが大きいほど次数が大きくなりやすい場合は，G は w や w' について単調増加である。
- $G(w_i, w_j) = p$ ならばランダム・グラフとなる。
- ステップ 2 は適合度モデル（6.6 節）と同じである。

N が大きいとき，重みが w である点の次数は，

$$k(w) = (N-1)\int_{-\infty}^{\infty} G(w,w')f(w')dw' \approx N\int_{-\infty}^{\infty} G(w,w')f(w')dw'. \tag{7.13}$$

例として $G(w,w') = ww'/w_{\max}^2$ の場合を考える。これは Goh モデルや Chung–Lu モデル（7.3 節）に対応する。$w_{\max}$ は w の最大値であり，確率 G が 1 を超えないようにするための配慮である。Chung–Lu モデルでも同様の配慮を行った。さて，$G(w,w') = ww'/w_{\max}^2$ を式 (7.13) に代入すると

$$k(w) \approx \frac{Nw}{w_{\max}^2}\int_{-\infty}^{\infty} w'f(w')dw' = \frac{Nw\langle w\rangle}{w_{\max}^2} \tag{7.14}$$

となるので，次数は w に比例する。w の分布がべき則 $f(w) \propto w^{-\beta}$ ならば，$p(k)dk = f(w)dw$ と式 (7.14) より

$$p(k) = \frac{f(w)}{\frac{dk}{dw}} = \frac{f(w)}{\frac{N\langle w\rangle}{w_{\max}^2}} \propto w^{-\beta} \propto k^{-\beta}. \tag{7.15}$$

よって，次数分布は，重み分布と同じ指数のべき分布になる。

隠れ変数モデルの特殊な場合として，閾値モデルがある [153]。閾値モデルでは，各 i, j $(1 \leq i < j \leq N)$ について，$w_i + w_j$ があらかじめ決めた閾値 θ 以上のときに限って v_i と v_j を枝で結ぶ。図 7.10 に例を挙げる。隠れ変数モデルで

$$G(w_i, w_j) = \begin{cases} 1, & (w_i + w_j \geq \theta), \\ 0, & (w_i + w_j < \theta), \end{cases} \tag{7.16}$$

とする場合に相当する。なお，閾値モデルは，グラフ理論では閾値グラフというクラスに入る。その文脈では，重みを確率で与えることはせずに，閾値グラフ一般の構造を調べることが多い。

実は，様々な重み分布 $f(w)$ に対して次数分布がべき則になる。$f(w)$ はべき則でなくてもよい。そのことを見るために，まず，一般の $f(w)$ に対する次数分布の表式を求める。 🔍 p.145 まで　重みが w より小さい確率を

$$F(w) \equiv \int_{-\infty}^{w} f(w')dw' \tag{7.17}$$

7.4 隠れ変数モデルと閾値モデル

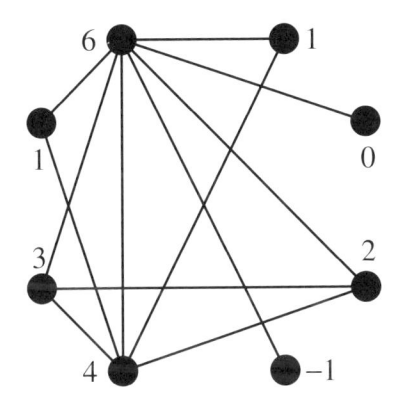

図 **7.10** 閾値モデル。$N = 8$, $\theta = 4.5$

と書く。

$$\lim_{w \to -\infty} F(w) = 0, \quad \lim_{w \to \infty} F(w) = 1 \qquad (7.18)$$

は満たされているとする。頂点数 N が十分大きければ，式 (7.14) と同様に，頂点の重み w の関数として次数 k が定まる。このことを利用して次数分布を求める。頂点 v の重みが w であるとする。他の $N-1$ 個の頂点の重みが区間 $[w', w' + dw']$ に入る確率は $(N-1)f(w')dw' \approx Nf(w')dw'$ である。v は $w + w' \geq \theta$ となるような重み w' をもつ頂点とだけ隣接するので，v の次数 k は

$$\begin{aligned}k &\approx N \int_{\theta - w}^{\infty} f(w')dw' \\ &= N\left(1 - F(\theta - w)\right). \end{aligned} \qquad (7.19)$$

式 (7.19) を変形して w を k で表したものを用いて w を消すと

$$\begin{aligned} p(k) &= f(w)\frac{dw}{dk} \\ &= \frac{f\left(\theta - F^{-1}\left(1 - \frac{k}{N}\right)\right)}{Nf\left(F^{-1}\left(1 - \frac{k}{N}\right)\right)}. \end{aligned} \qquad (7.20)$$

重み分布 $f(w)$ を指定すると，式 (7.17)，(7.20) より $p(k)$ が求まる。 🔍 終

例として，重み分布が指数分布

$$f(w) = \lambda e^{-\lambda w} \quad (w \geq 0) \tag{7.21}$$

であるとする。$w \geq 0$ なので，$\theta \leq 0$ ならばどの i, j についても $w_i + w_j \geq 0 \geq \theta$ となり，完全グラフになってしまう。そこで，$\theta > 0$ を仮定する。このとき，式 (7.20)，(7.21) から

$$p(k) = \frac{Ne^{-\lambda\theta}}{k^2} \quad (k \geq Ne^{-\lambda\theta}). \tag{7.22}$$

べき分布よりも散らばりが小さい指数分布から，べき分布 $p(k) \propto k^{-2}$ が出た。元の重みはさほど散らばっていなくても，閾値モデルでネットワークを作ると次数は散らばりやすいのである。

次に，重み分布がべき則

$$f(w) = \frac{a}{w_{\min}} \left(\frac{w_{\min}}{w}\right)^{a+1} \quad (w \geq w_{\min}) \tag{7.23}$$

であるとする。$a > 0, w_{\min} > 0$ は定数である。重みの下限が $w_{\min}$ なので，完全グラフとなってしまわないために，$\theta > 2w_{\min}$ が必要である。このとき，

$$F(w) = 1 - \left(\frac{w_{\min}}{w}\right)^a, \quad (w \geq w_{\min}), \tag{7.24}$$

$$F^{-1}(x) = \frac{w_{\min}}{(1-x)^{1/a}}. \tag{7.25}$$

重みが大きすぎない ($w \leq \theta - w_{\min}$) 頂点については，式 (7.20)，(7.24)，(7.25) より

$$p(k) = \frac{N^{1/a}}{\left(\frac{\theta}{w_{\min}}k^{1/a} - N^{1/a}\right)^{a+1}} \propto k^{-\frac{a+1}{a}}. \tag{7.26}$$

よって，次数分布は，k の大きいところで $\gamma = (a+1)/a > 1$ のべき分布となる。

w が k を決めることを用いると，この頂点のクラスター係数 $C(k)$ が比較的簡単に求まる。計算は細かいので，補遺に回す[1]。結果の要点を記す。閾値モデルは，$\lim_{N\to\infty} C > 0$ という意味で大きい C をもつ。また，$f(w)$ が指

---

[1] 補遺（PDF 版）については「はじめに」を参照

7.4 隠れ変数モデルと閾値モデル

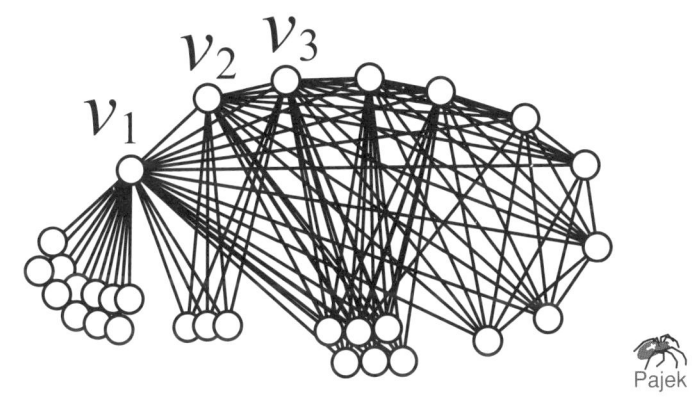

図 **7.11** 閾値モデル。$N = 30, \theta = 3.5$，重み分布は $\lambda = 1$ の指数分布

数分布（式 (7.21)）のときは $C(k) \propto k^{-2}$，$f(w)$ がべき則（式 (7.23)）のときは $C(k) \propto k^{-1}$ となる。

また，グラフが連結である限り N によらず $L \leq 2$ である。どの2頂点 v_i, v_j も，重みが最も大きい頂点 $v_{\max}$ を通して結ばれているからである。例えば v_i と $v_{\max}$ が隣接してないとすると $w_i + w_{\max} < \theta$ である。すると，任意の頂点の重み w について $w_i + w \leq w_i + w_{\max} < \theta$ なので，v_i はどの頂点とも隣接していない。v_i は孤立点であり，ネットワークにいないのと同じである。そのような孤立点を除外すれば，$L \leq 2$ である。

θ を適当に調整すると，べき則の次数分布，小さい L，大きい C の3つの性質を保ったまま，平均次数 $\langle k \rangle$ を小さく保つことができる。よって，閾値モデルは，スモールワールドかつスケールフリーであるネットワークを生成できる。なお，次数相関は負であり，次数 k の点の隣接点の平均次数（式 (2.35)(p.27)）は $\langle k_{nn}(k) \rangle \propto k^{-1}$ を満たす。

閾値モデルは，特殊な構造をしている。それは，重みが $\theta/2$ 以上である頂点たちはクリーク（部分グラフとしての完全グラフ (p.66)）を成すことである。そのような2頂点の重みの和は，必ず θ 以上だからである。閾値モデルは，重みの小さい頂点たちがクリークにぶらさがる構造をしている。図 7.11 の例では，頂点が，重みが大きい順に左上から右へ，そして右下から左へと並べられている。この例では，重みが最大の頂点 v_1 は，他の全ての頂点と隣接する。2

147

番目，3番目に重みが大きい頂点 v_2, v_3 もそれに準じる。一方，重みが最小の 11 個の頂点は，v_1 とだけ隣接する。次に重みが小さい 3 個の頂点は，v_1, v_2, v_3 とだけ隣接する。なお，重みが θ 以上であることは，他の全ての頂点と隣接するための十分条件である。重みが指数分布ならば，この十分条件を満たす頂点は約 $\int_\theta^\infty Nf(w)dw = Ne^{-\lambda\theta}$ 個ある。

本章までで，様々なネットワークのモデルを紹介した。モデルのわかりやすさと性質の多様性は相反関係にある。本書で紹介できなかったモデルも数多くある。それらについては，巻末の参考文献に挙げられている総説や英語の専門書に詳しい。

第8章 ネットワーク上の感染伝播モデル

　本章以降では，ネットワーク上の様々な現象のモデルを紹介する．現象には，動いている現象も止まっている現象もある．動いている現象には感染症の伝播，噂の伝播，意見形成，生存競争，パケット輸送などがある．それらの数理モデルには，実際の現象になるべく着実なモデルから，細かい詳細を捨象してなるべく簡単にした現象論モデルまで，幅がある．実地に近い研究分野ほど前者が好まれ，物理や数学の人は後者を好む傾向がある．

　本書では，後者の立場にたって，いくつかの現象モデルを説明する．それには，現象の普遍性を重視したいというのとは別の理由がある．ここまで見てきたように，世の中のネットワークは複雑である．複雑なネットワークのモデルや実データの上に，複雑な現象モデルを載せると，状況はさらに複雑になる．まず，モデルの解析方法は数値計算のみになるだろう．しかも，数値計算結果の解釈は難しくなる．なぜなら，そのようなモデルには変数が多くある．それらの変数を変えるときに結果がどのように変わるか，を予測するのは難しい．自分が数値計算で得た結果が，すごく特殊な状況においてのみ成立するのか，詳細に依存しすぎずに成立して信頼性があるのか，見極めにくい．また，モデルが複雑になると，「こうやったら，こうなりました，しかし理由はわかりません」という理解になりがちである．さらには，データ（例えば，感染症の伝播事例の詳細）が与えられても，モデルの変数の値をデータから推定することが不可能になる．

　これらの状況は，複雑ネットワーク研究に限ったことではない．ただ，複雑ネットワーク研究では，すでにネットワークが複雑である，という事情がある．そこで，現象のモデルはなるべく単純にすることが，物事の理解につながりやすいと思われる．

　確かに，インフルエンザの世界的流行に備えるためには，インフルエンザや

第 8 章 ネットワーク上の感染伝播モデル

表 **8.1** 感染症の広がり方。細字は実例。太字は予想

感染症の種類	昔	今
ペスト	じわじわと前線が進む	**飛びながら速く広がる**
インフルエンザ	**じわじわと前線が進む**	飛びながら速く広がる

世界地理の詳細を入れたモデルが必要だろう。しかし，それらのモデルの振舞いの基礎は，単純化されたモデルによって理解できることが必要だ。単純モデルの振舞いを十分に知ってこそ，詳細モデルの振舞いを，単純モデルから予想される基本的な振舞い "+" モデルの詳細化に伴う付帯的な振舞い，というように見通しをもって理解できる。

14 世紀にペストが流行し，当時のヨーロッパの人口の 1/4 から 1/3 が死亡した。一方，近年には SARS やインフルエンザが猛威を奮っている。14 世紀と現代では，人のネットワークの構造が異なる。大きな相違点の 1 つは L の大小である。昔は，高速移動手段がなかったため，各自は地理的に近くの人としか接触できなかった。よって，L は大きかったであろう。実際，ペストがヨーロッパの南から北に達するまでに 2 年以上を要した。一方，飛行機などの存在により，現在の L は小さい。そのため，SARS やインフルエンザが急速に広まったと考えられる（表 8.1 の細字）。しかし，昔にインフルエンザが流行すればじわじわと広がっただろうし，今ペストが流行すれば急速に広まるだろう（表 8.1 の太字）。もし本当にそうならば，感染症の種類よりもネットワークの構造（ここでは L）が帰結を決める。これは極端な例だが，個々の感染症の詳細をモデリングする前に，詳細を単純化した感染症伝播のモデルを用いてネットワークの影響を調べる意義がありそうだ。

本章以降では，比較的単純なモデルを用いるという方針に基づいて，ネットワーク上の諸現象を解析する。

8.1 パーコレーション

まず，パーコレーションという静的な（＝時間の概念が入っていない）モデルを紹介する。日本語で読める書籍に [182, 183, 213] がある。パーコレーションは，英語の一般名詞としては「浸透」を意味する。数理モデルとしては，

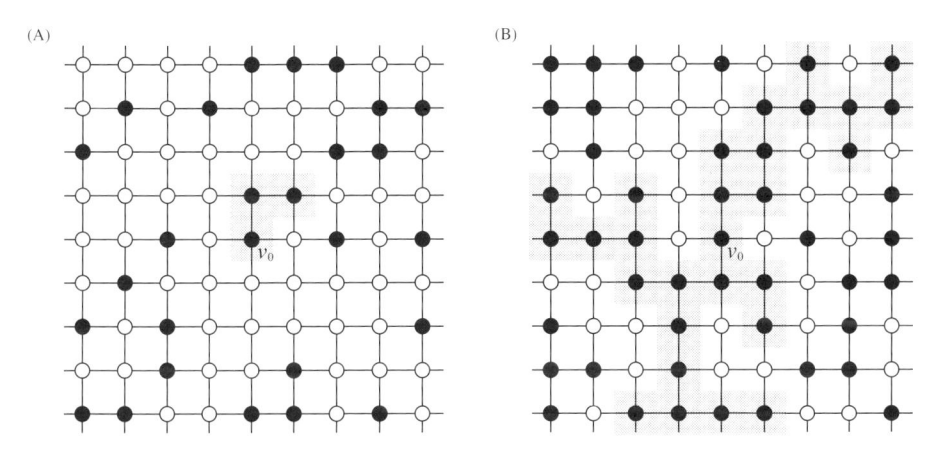

図 **8.1** 正方格子上のサイト・パーコレーション

空間構造をもち，時間をもたない確率モデルである。

正方格子上の火事の広がりの喩えでモデルを説明する。正方格子の各点に，確率 q で黒石を置き，確率 $1-q$ で白石を置く。各点の石の色は，自分以外の点の石の色とは独立に，乱数を振って決める。黒石は木がある場所，白石は木がない空き地と思うことにする。q は木の密度である。火が，木のある頂点を通って広がるとする。空き地は，可燃物が十分にないために火を通さない。枝は必ず火を通すとする。q が小さければ，黒石と白石の配置は例えば図 8.1 (A) のようになる。ある点 v_0 には便宜上木があるとし，v_0 から燃え始めるとする。木の密度が小さいので，図 8.1 (A) の灰色の範囲だけが燃える。逆に，q が大きければ，例えば図 8.1 (B) のようになり，v_0 から出発した火は，図 8.1 (B) の灰色の範囲まで広がる。正方格子は上下左右にさらに続いているので，火はさらに遠くまで広がるだろう。

このモデルを，パーコレーションと言う。パーコレーションは，森林火災だけでなく，感染症，噂の伝播，金属と絶縁体の混合物，巨大高分子のゲル化など，様々な伝播現象やつながりの様子を表す。特に，図 8.1 のモデルをサイト・パーコレーションと呼ぶ。サイト（＝場所）は，頂点を指す。頂点ごとに確率的に黒石や白石を置くことが，名前の由来である。

$q=0$ ならば，火はどこへも広がらない。$q=1$ ならば，火は正方格子全体を覆う。パーコレーションにおいて着目すべきことは，$0<q<1$ のときの浸

第8章 ネットワーク上の感染伝播モデル

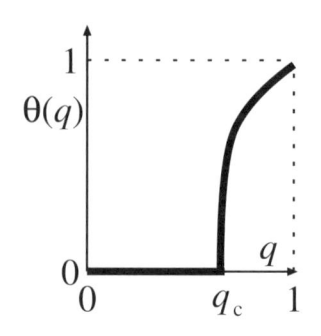

図 8.2 パーコレーションの浸透確率

透の度合いである。浸透の度合いを，原点から始まる黒石のつながり（図 8.1 の灰色の部分）の大きさ（s と書く）で測ることにする。この黒石のつながりは，パーコレーション業界ではクラスターと呼ばれるが，クラスター係数と紛らわしいので，本書では（黒石の）**連結成分**と呼ぶ。

$q=0$ ならば，原点を含む連結成分は原点のみなので $s=1$. $q=1$ ならば，原点を含む連結成分は正方格子そのものなので $s=\infty$. **浸透確率**を

$$\theta(q) = P(s=\infty) \tag{8.1}$$

で定義する。$\theta(q)$ は，火が原点から無限遠方まで広がる確率である。この確率は q によるので，式 (8.1) には引数 q を書いてある。

$$\theta(0) = 0, \qquad \theta(1) = 1 \tag{8.2}$$

である。数学的には，q に関する単調性，すなわち

$$\theta(q_1) \leq \theta(q_2) \qquad (q_1 \leq q_2) \tag{8.3}$$

や連続性以外に $\theta(q)$ について知られていることはほとんどない。しかし，数値計算や近似計算よると $\theta(q)$ の概形は図 8.2 のようであることが確実である。このような図を**相図**という。

図 8.2 は特徴的な形をしている。ある程度までは黒石の確率 q を上げても連結成分が遠くまで広がることはなく，ある q_c を境に連結成分が遠くまで広がり始める。このことを，$q=q_c$ で**相転移**が起こる，と言う。よって，q_c の値に

表 8.2　パーコレーションの q_c

ネットワーク	サイト	ボンド
1次元格子	1	1
(2次元) 正方格子	≈ 0.593	0.5
3次元超立方格子	≈ 0.312	≈ 0.249
次数が k の木	$1/(k-1)$	$1/(k-1)$

図 8.3　1次元格子上のサイト・パーコレーション

着目することは自然であろう．仮に $\theta(q)$ と q の関係が図 8.2 のようではなく，q を 0 から上げると $\theta(q)$ も徐々に上がるだけだったならば，何に着目すべきかわかりにくかっただろう．

この q_c を**臨界確率**と呼ぶ．正式に定義すると，

$$q_c = \sup\{q \in [0,1] : \theta(q) = 0\}. \tag{8.4}$$

単調性から

$$q_c = \inf\{q \in [0,1] : \theta(q) > 0\} \tag{8.5}$$

と定義しても同じことである．

q_c が小さいほど浸透が起こりやすい．なぜなら，q_c が小さいと，比較的小さい $q\,(>q_c)$ でも浸透が誘発されるからである．q_c の値はネットワークによる．いくつかの古典的なネットワークにおける q_c の値を表 8.2 に示す．1次元格子（図 4.5 (A)（p.71））では，$q < 1$ ならば，v_0 を含む黒石の連結成分は必ずどこかで白石にせき止められる（図 8.3）．よって，$q_c = 1$．正方格子や3次元格子の q_c は数値計算による近似値である．木の q_c は厳密な結果である [213]．

表 8.2 には「ボンド」という項目もある．これは，ボンド・パーコレーションの q_c である．ボンド・パーコレーションは，頂点の代わりに枝に黒や白を置くモデルである．ある q における正方格子上のボンド・パーコレーションの

第 8 章　ネットワーク上の感染伝播モデル

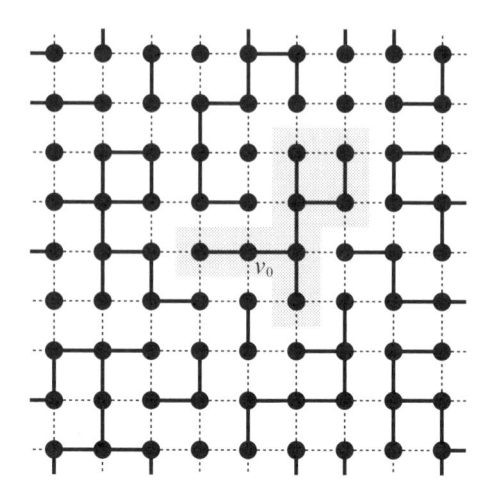

図 **8.4**　正方格子上のボンド・パーコレーション

様子を図 8.4 に示す．実線は確率 q で黒石を置いた（浸透が起こる）枝，点線は確率 $1-q$ で白石を置いた（浸透が起こらない）枝である．

頂点は必ず浸透を許すとする．すると，原点から黒石の枝で到達できる範囲として連結成分を定義でき，浸透確率と臨界確率 q_c がサイト・パーコレーションのときと同様に定義される．表 8.2 に示す正方格子上のボンド・パーコレーションの $q_c = 0.5$ は，数学的に厳密である．1 次元格子と木では，サイト・パーコレーションの結果とボンド・パーコレーションの結果が一致するが，それは当り前ではない．3 次元格子では異なるし，他のネットワークについても一致しないことが普通である．

パーコレーションの解析は，複雑ネットワーク研究以前は，表 8.2 に示すネットワークやランダム・グラフのような古典的なネットワーク上で行われていた．q_c を求めるだけでなく，相転移近傍の詳しいことなども調べられていた．森林火災や，船や飛行機などで運ばれない動植物の感染症ならば，2 次元平面上のパーコレーションは，現在でもかなりの記述力をもつ．ところが，人の現在の感染症においては，ネットワークが 2 次元平面よりも複雑である．交通機関が発達した現在においてこそ，SARS，新型インフルエンザなどの新しい感染症が次々と世界中を襲っている．このような状況もあって，複雑ネットワーク研究の早い段階で，複雑ネットワーク上のパーコレーションの研究が始まっ

た。パーコレーションを含む複雑ネットワーク上の感染症や伝播のモデルは，ネットワーク上の各種現象の中で，最も早くから研究が始まり理解と実用化が進んでいる。

以下，スケールフリー・ネットワークとスモールワールド・ネットワークの q_c について説明する。要約すると，これらのネットワーク，特にスケールフリー・ネットワークでは，q_c が小さく，浸透が起こりやすい。

複雑ネットワーク上でのパーコレーションを理解するための鍵は2つあった。1つ目は厳密性を多少犠牲にすることである。ネットワークが複雑なので，数学的な厳密性をあてはめすぎると，意義ある結論を導くことは簡単でない。そこで，近似を許した統計物理学的な手法や数値計算による解析が2000年頃から始まった。数学的に厳密な解析は2005年くらいから増えている。

2つ目は，浸透確率の概念の変更である。浸透確率は，連結成分が無限に遠くまで届く確率である。よって，頂点数 N が有限なネットワークでは0になってしまう。複雑ネットワークの世界では，普通は N が有限である。成長するモデルでは N が増えていくが，$N \to \infty$ とした（仮想的な）ネットワーク上でパーコレーションを考えることはあまり行われない。意味づけも解析も難しいからである。浸透確率は，正方格子などの無限グラフにおいてのみ意味を成す。そこで，複雑ネットワーク上でパーコレーションを論じるために，浸透確率ではなく，連結成分の最大ないし平均の大きさ（＝頂点数）を調べよう。解析や数値計算の都合上，v_0 を含む連結成分ではなく任意の連結成分に着目するが，結果には大差がない。連結成分の大きさが大きい（$\propto N$）ときに $q > q_c$，小さい（$\ll N$）ときに $q < q_c$，と定義する。

8.2 スケールフリー・ネットワーク上のパーコレーション

BAモデルが提案された1年後の2000年には，スケールフリー・ネットワーク上のパーコレーションについて，成果が発表され始めた[63, 89, 95, 96]。

サイト・パーコレーションについて，スケールフリー・ネットワーク上の解釈を表8.3にまとめる。解釈によって，連結成分が大きいと好ましいのか，小さいと好ましいのか，が異なる。

まず，感染症を媒介するネットワークでスケールフリーとなる代表例は2つ

第8章　ネットワーク上の感染伝播モデル

表 8.3　サイト・パーコレーションの解釈

現象	頂点	$p < p_c$	$p > p_c$
人の感染症	人	抑圧されている	蔓延
インターネットのウイルス	端末など	抑圧されている	蔓延
インターネットの稼働	端末など	分断	全体として稼働
食物網	種	分断し，不安定	連結で，安定

ある。1つ目は，性感染症（＝性病）を媒介する人間関係ネットワークである。黒石は感染，白石は健康に対応するので，連結成分は小さい方が望ましい。2つ目はインターネットであり，コンピュータ・ウイルスを媒介する。性感染症とコンピュータ・ウイルスは伝播過程の詳細において異なるが，本書では基礎が同じであると考える。

同じインターネットに対して，パーコレーションを故障耐性のモデルと思うこともできる。黒石を正常に稼働しているコンピュータ，白石を故障したコンピュータと見なすのである。この解釈では，残ったコンピュータたちが連結であれば，インターネットが全体として稼働し続けることができるので好ましい。よって，黒石の連結成分は大きい方がよい。

生態系への応用もできる。食物網は，植物や動物の種を頂点，捕食－被食関係を枝とするネットワークである。捕食－被食関係の枝には方向があるが，ここでは説明のために無視しよう。ある種の絶滅は，対応する頂点を白石にすることに対応する。その結果，食物網が2つ以上に分断するならば，生態系の種数が減り，不安定になりやすい。パーコレーションの言葉で言うと，浸透が起こらなくなる状況である。ネットワーク全体をつなぎとめる種は重要であり，キーストーン種と言われる（ただし，実際のキーストーン種は，ネットワーク上の位置だけでなく，種の生物学的な特徴などを含めた上で決まる）。

本節の結論を先に述べる。スケールフリー・ネットワークでは浸透が起こりやすい。$q_c = 0$ となることさえある。この結論は，サイト・パーコレーションとボンド・パーコレーションに共通である。感染症が蔓延しやすいという意味では残念であり，インターネットが頑健であるという意味では朗報だ。

ハブはたくさんの人とつながっているので，ハブが感染すればたくさんの人が感染する可能性が大きい。ところが，それだけではスケールフリー・ネット

8.2 スケールフリー・ネットワーク上のパーコレーション

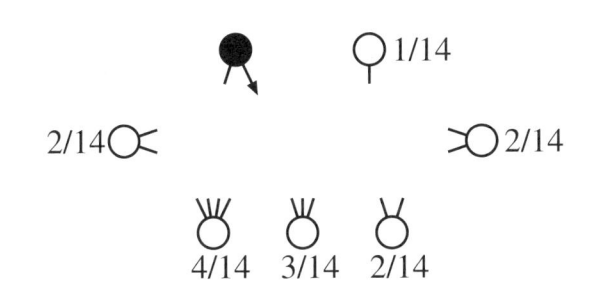

図 8.5 感染症伝播へのハブの寄与

ワークでは感染が起こりやすいと結論できない。なぜなら，スケールフリー・ネットワークには，ハブがある一方，次数が小さい頂点が多くあるからである。これだけの議論からは，感染者1人が新たに感染させうる平均人数がスケールフリー・ネットワークで大きいとは言えない。平均次数は固定した上で異なるネットワークの差異を論じるのが正しいから，スケールフリー・ネットワークとスケールフリーでないネットワークでは，感染の起こりやすさは同じということになってしまう。

鍵は，ハブが感染しやすいことにある。図8.5で，黒丸がすでに感染した頂点で，今，矢印で示した枝を通じて他の誰か1人を感染させるとする（これは，時間つきの設定なのでパーコレーションと異なるが，パーコレーションにもこの理屈があてはまる）。配線を未知とすると，図8.5で残りの6人が感染する確率は，1/6ずつではなく次数に比例した値になる。枝の隣にはハブがいやすい（式 (2.7)（p.10））ことに対応する。よって，ハブは感染しやすい。

ハブは感染しやすく，他の人を感染させやすい。ハブの次数 k の効果は2乗で働く，と言ってよい。スケールフリー・ネットワークにおいては，ハブの k^2 はとても大きな数になり，感染が起こりやすい。実際，最終的に得られる q_c の結果（式 (8.19)）には k^2 という式が含まれる。

なお，HIV/AIDS，エボラ出血熱，SARS などの感染症で，たくさんの他人を感染させたスーパースプレッダーが確認されている。ただし，必ずしもスーパースプレッダー＝ハブではない。知人は多くないが他人と接触すると感染を起こしやすい人，といった生物的な理由でスーパースプレッダーとなる可能性がある。スーパースプレッダーの起源は，完全にはわかっていない。

以下，数式に立ちいって，任意の次数分布が与えられたネットワークに対す

第8章 ネットワーク上の感染伝播モデル

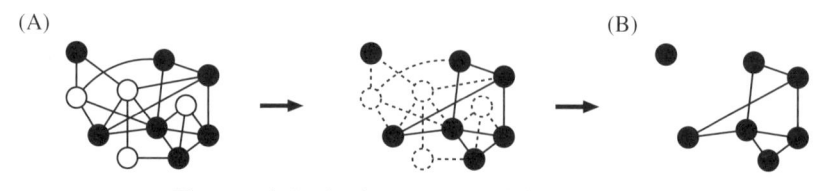

図 8.6　(A) 元のネットワーク。(B) 黒石ネット

る q_c を求める。考え方や手法の紹介を兼ねて，2つの方法によって独立に，サイト・パーコレーションの q_c を求める。答は同じになる。次に，ボンド・パーコレーションの q_c を求める。

8.2.1 サイト・パーコレーション（母関数を用いない方法）

🔍 p.161 まで　次数分布が $\{p(k)\}$ のネットワークを考える。第6章，第7章のいくつかの解析で行ったように，次数分布以外のことは無視する平均場近似を採用する。クラスターや次数相関などを無視するということである。コンフィグモデル（7.1節），または，一般の次数分布をもつ木（7.2節）を仮定する，と言ってもよい。

サイト・パーコレーションを考える。黒石の連結成分が関心事なので，黒石の頂点のみが成すネットワークに着目する。白石の頂点と白石から出る枝を除去したネットワークを黒石ネットワーク，略して黒石ネットと呼ぶ（図8.6）。

黒石ネットの頂点の次数を $\overline{k}$，次数分布を $\overline{p}(\overline{k})$ と書く。黒石ネットの連結成分が大きい状況が $q > q_c$ に対応する。この状況を数式で表したい。黒石ネットにおいて，図8.7のように2つの頂点 v_0 と v_1 がつながっているとする。定義から，v_0 と v_1 は黒石である。このことを $v_0 \leftrightarrow v_1$ と書く。$v_0 \leftrightarrow v_1$ のもとで，黒石ネットにおける v_0 の次数 $\overline{k}_0$ の平均値 $\langle \overline{k}_0 | v_0 \leftrightarrow v_1 \rangle$ を考える。平均は，v_0 と v_1 の選び方に対する平均でもあるし，コンフィグモデルでは作る度に異なるネットワークが出現するので，それらに関する平均でもある。

q がとても小さいとする。すると，黒石ネットには黒石や枝があまりなく，v_0 の次数 $\overline{k}_0$ は小さいことが多く，

$$\langle \overline{k}_0 | v_0 \leftrightarrow v_1 \rangle < 2 \tag{8.6}$$

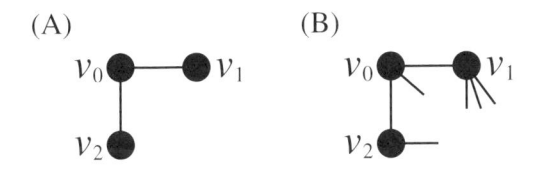

図 8.7 黒石ネットの典型的な広がり方。(A) $q < q_c$. (b) $q > q_c$

となる.式 (8.6) が満たされるくらいに q が小さいときの黒石ネットについて考える.v_0 の 1 つの隣接点は v_1 なので,v_0 の v_1 以外の隣接頂点数は平均的に 1 より小さい.それでも,図 8.7 (A) に示すように,v_0 は v_1 以外の黒石 v_2 ともたまたま隣接しているとする.次数は $\overline{k}_0 = 2$ である.式 (8.6) と比べるとわかるように,v_0 の次数は平均点より大きいという状況である.式 (8.6) は平均に関する式なので,v_0 以外の頂点についても同じことが成り立つ.よって,黒石ネットの v_2 の次数について

$$\langle \overline{k}_2 | v_2 \leftrightarrow v_0 \rangle = \langle \overline{k}_0 | v_0 \leftrightarrow v_1 \rangle < 2. \tag{8.7}$$

式 (8.7) より,v_2 の,v_0 を除いた隣接頂点数の平均は 1 より小さい.v_2 は v_0 以外の黒石と隣接していて,黒石の鎖が先に伸びるかもしれない.しかし,それは運が良い場合にすぎない.黒石の連結成分は平均的には先細りで,いずれ止まってしまい,連結成分は小さい.これは $q < q_c$ に対応する.

q が大きい黒石ネットでは,黒石の次数は大きいことが多い.q が十分大きければ

$$\langle \overline{k}_0 | v_0 \leftrightarrow v_1 \rangle > 2. \tag{8.8}$$

このとき,v_0 は v_1 以外の頂点と隣接していることが多い (図 8.7 (B)).v_0 の隣にある v_2 もまた,v_0 以外の頂点と隣接しやすい.同様に続けると,黒石の鎖が長く続く確率は大きい.しかも,図 8.7 (B) の v_0 が v_1 と v_2 以外の頂点とも隣接するような可能性も期待でき,鎖は太くなる傾向もある.この場合は,黒石ネットが大きくなりやすく,$q > q_c$ に対応する.

第 8 章　ネットワーク上の感染伝播モデル

したがって，
$$\langle \overline{k}_0|v_0 \leftrightarrow v_1 \rangle = \sum_{\overline{k}_0=0}^{\infty} \overline{k}_0 P\left(\overline{k}_0|v_0 \leftrightarrow v_1\right) = 2 \tag{8.9}$$

となる q が q_c である．P は確率を表す．

ベイズ則より
$$P\left(\overline{k}_0|v_0 \leftrightarrow v_1\right) = \frac{P\left(\overline{k}_0, v_0 \leftrightarrow v_1\right)}{P\left(v_0 \leftrightarrow v_1\right)} = \frac{\overline{p}(\overline{k}_0) P\left(v_0 \leftrightarrow v_1|\overline{k}_0\right)}{P\left(v_0 \leftrightarrow v_1\right)}. \tag{8.10}$$

ただし，$\overline{p}(\overline{k}_0)$ は，黒石ネットにおける v_0 の次数分布である．任意の頂点（ここでは v_0）が任意に選んだ頂点（ここでは v_1）とつながっている確率は $\langle \overline{k} \rangle/(N-1)$ なので，

$$P(v_0 \leftrightarrow v_1) = \frac{\langle \overline{k} \rangle}{N-1} \tag{8.11}$$

と評価できる．元のネットワークだけでなく黒石ネットもコンフィグモデルであることを仮定している．

また，v_0 の次数が $\overline{k}_0$ であるという条件下では
$$P\left(v_0 \leftrightarrow v_1|\overline{k}_0\right) = \frac{\overline{k}_0}{N-1}. \tag{8.12}$$

式 (8.9)，(8.10)，(8.11)，(8.12) より
$$\frac{\langle \overline{k}^2 \rangle}{\langle \overline{k} \rangle} = 2. \tag{8.13}$$

この等号を成立させる q が q_c である．

式 (8.13) によると，黒石ネットにおける次数の平均 $\langle \overline{k} \rangle$ と次数の 2 乗平均 $\langle \overline{k}^2 \rangle$ が求まれば q_c が求まる．$\langle \overline{k} \rangle$ と $\langle \overline{k}^2 \rangle$ は，実は，元のネットワークの次数の平均 $\langle k \rangle$ と次数の 2 乗平均 $\langle k^2 \rangle$ から求まる．このことを説明する．

ある黒石 v の，元のネットワークにおける次数が k ならば，黒石ネットにおける v の次数 $\overline{k}$ は k 以下である．図 8.8 の点線で示すように，v の隣接点に置かれた白石の数だけ v の次数が減って $\overline{k}$ になるからである．v の隣接点のうち $\overline{k}$ 個に黒石，$k - \overline{k}$ 個に白石が置かれたことになる（図 8.8 では $k=5$，

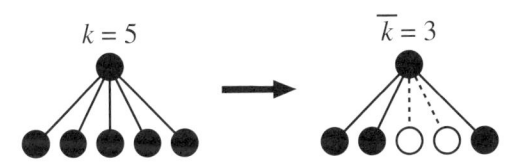

図 **8.8** 白石を置くことによる，次数の実質的な変化．左が元のネットワーク

$\overline{k} = 3$）．この事象は二項分布で起こるので，黒石ネットの次数分布は

$$\overline{p}(\overline{k}) = \sum_{k=\overline{k}}^{\infty} p(k) \frac{k!}{\overline{k}!(k-\overline{k})!} q^{\overline{k}} (1-q)^{k-\overline{k}}. \tag{8.14}$$

式 (8.14) から，黒石ネットにおける次数の平均と次数の 2 乗平均を計算すると

$$\langle \overline{k} \rangle = \langle k \rangle q, \tag{8.15}$$

$$\langle \overline{k}^2 \rangle = \langle k^2 \rangle q^2 + \langle k \rangle q(1-q). \tag{8.16}$$

式 (8.15)，(8.16) の左辺の $\langle \cdot \rangle$ は黒石ネットにおける $\overline{k}$ や $\overline{k}^2$ の平均，右辺の $\langle \cdot \rangle$ は元のネットワークにおける k や k^2 の平均である．具体的には，

$$\langle k \rangle = \sum_{k'=1}^{\infty} k' p(k'), \quad \langle k^2 \rangle = \sum_{k'=1}^{\infty} k'^2 p(k'),$$

$$\langle \overline{k} \rangle = \sum_{k'=1}^{\infty} k' \overline{p}(k'), \quad \langle \overline{k}^2 \rangle = \sum_{k'=1}^{\infty} k'^2 \overline{p}(k'). \tag{8.17}$$

混同はないと思うので，この記法のまま進む．

式 (8.15)，(8.16) を式 (8.13) に代入すると

$$\frac{\langle k^2 \rangle}{\langle k \rangle} q_\mathrm{c} + (1 - q_\mathrm{c}) = 2. \tag{8.18}$$

終

したがって

$$q_\mathrm{c} = \frac{1}{\frac{\langle k^2 \rangle}{\langle k \rangle} - 1}. \tag{8.19}$$

この答を吟味しよう．

ランダム・グラフでは，次数分布はポアソン分布

$$p(k) = \frac{e^{-\langle k \rangle} \langle k \rangle^k}{k!} \qquad (8.20)$$

である（4.4 節）．表 2.1 によると

$$\langle k^2 \rangle = \langle k \rangle^2 + \langle k \rangle . \qquad (8.21)$$

式 (8.19) に代入して

$$q_c = \frac{1}{\langle k \rangle}. \qquad (8.22)$$

これはよく知られている結果である．平均次数 $\langle k \rangle$ が大きい，すなわち，元のネットワークで枝が多いほど連結成分が大きくなりやすく，自然である．

次に，スケールフリー・ネットワーク，すなわち，

$$p(k) = \mathcal{N} k^{-\gamma} \qquad (8.23)$$

を考える．$\mathcal{N}$ は規格化定数である．式 (2.14)，(2.15) (p.14〜15) で見たように，$\langle k^2 \rangle$ は $\gamma \leq 3$ のときに発散する．すると，式 (8.19) より $q_c = 0$ となる．このときは，浸透が起こらない q の範囲が（$q = 0$ という当り前の場合を除いて）消えているので，相転移がない，と言う．このとき，黒石が少しの割合でもあると，ネットワーク全体への浸透が起こる．感染症については，少しでも病人がいると病気がネットワーク全体に広がってしまうことが示唆される．インターネットの故障耐性については，生き残っているコンピュータが少数でもあればそれらはつながっていることを期待でき，このことを指して，ネットワークの頑健性が高い，と言う．

実データの多くは，$\gamma \leq 3$ のスケールフリー・ネットワークである．よって，この q_c の結果は，大きな含意がある．

実際のネットワークでは頂点数 N が有限なので，$\langle k^2 \rangle$ は有限である．$\gamma \leq 3$ ならば，N を大きくするときに $\langle k^2 \rangle$ が徐々に発散し，q_c が徐々に 0 に近づく．N と q_c の関係を知るためには $\langle k \rangle$ や $\langle k^2 \rangle$ の N への依存性が必要であり，その答は式 (2.21)〜(2.24) (p.17) にある．これらを式 (8.19) に代入す

ると，$\gamma > 3$ のときは

$$q_c = \frac{1}{\frac{\gamma-2}{\gamma-3}k_{\min} - 1} \qquad (8.24)$$

となり，N を大きくしても q_c は 0 と 1 の間に落ち着く。$2 < \gamma < 3$ のときは，$\langle k^2 \rangle / \langle k \rangle \propto N^{(-\gamma+3)/(\gamma-1)}$ より

$$q_c \propto N^{\frac{\gamma-3}{\gamma-1}}. \qquad (8.25)$$

例えば $\gamma = 2.5$ とすると，$q_c \propto N^{-1/3}$ なので，$N \times N^{-1/3} = N^{2/3} \ll N$ 個程度の頂点に黒石を起くだけで浸透が起こる。

クラスター性や次数相関の q_c への影響は，クラスター性や次数相関の詳細による [51]。パーコレーションに限らず，クラスターや次数相関の現象への影響を知ることは，次数分布の影響を知ることよりも難しいことが多い。

8.2.2 サイト・パーコレーション（母関数を用いる方法）

🔍 **p.168 まで** 次に，母関数（生成関数とも言う）による，サイト・パーコレーションの q_c の導出を紹介する。この方法は，パーコレーションだけでなく，様々なネットワークの次数分布，情報カスケード，ランダム・ウォークなどの解析に広く用いられている（例えば [169]）。

黒石ネットの次数分布について母関数を求めたい。その前に，母関数そのものを説明するために，黒石や白石のことを忘れてコンフィグモデルを考えよう。次数分布の母関数を

$$G_0(x) = \sum_{k=0}^{\infty} p(k) x^k \qquad (8.26)$$

で定義する。x は形式的な文字で，現時点では枝 1 本に対応する。後では頂点 1 個に対応することもある。確率は足して 1 になるので，

$$G_0(1) = \sum_{k=0}^{\infty} p(k) 1^k = 1 \qquad (8.27)$$

が任意の次数分布について成り立つ。平均次数は，

$$\frac{dG_0(1)}{dx} = \sum_{k=0}^{\infty} k p(k) x^{k-1} \bigg|_{x=1} = \sum_{k=0}^{\infty} k p(k) = \langle k \rangle. \qquad (8.28)$$

第8章　ネットワーク上の感染伝播モデル

同様にして

$$\frac{d^2 G_0(1)}{dx^2} = \sum_{k=0}^{\infty} k(k-1)p(k)x^{k-2}\bigg|_{x=1} = \sum_{k=0}^{\infty} k(k-1)p(k) = \langle k^2 \rangle - \langle k \rangle. \tag{8.29}$$

よって，次数の分散は

$$\langle (k - \langle k \rangle)^2 \rangle = \langle k^2 \rangle - \langle k \rangle^2 = \frac{d^2 G_0(1)}{dx^2} + \frac{dG_0(1)}{dx} - \left(\frac{dG_0(1)}{dx}\right)^2. \tag{8.30}$$

このように，x について微分や積分を行うだけで次数の様々な統計量が求まる。式 (8.26) は無限級数だが，次数分布の種類によっては，無限和をうまく計算できてすっきりした形に書ける場合がある。そのようなときには特に，$G_0(x)$ の形式的な微分や代入などの計算で，式 (8.28)，(8.30) などの諸量が簡単に計算できる。母関数を用いる大きな利点がここにある。

例えば，ポアソン分布

$$p(k) = e^{-\lambda} \frac{\lambda^k}{k!} \quad (k = 0, 1, 2, \ldots) \tag{8.31}$$

に対しては

$$G_0(x) = \sum_{k=0}^{\infty} p(k)x^k = \sum_{k=0}^{\infty} e^{-\lambda} \frac{\lambda^k}{k!} x^k = e^{-\lambda} \sum_{k=0}^{\infty} \frac{(\lambda x)^k}{k!} = e^{-\lambda} \times e^{\lambda x}$$
$$= e^{\lambda(x-1)}. \tag{8.32}$$

これを使って

$$\langle k \rangle = \frac{d}{dx} e^{\lambda(x-1)}\bigg|_{x=1} = \lambda e^{\lambda(x-1)}\bigg|_{x=1} = \lambda \tag{8.33}$$

と簡単に計算できる。

次に，ある頂点 v の隣接点 v' の次数分布の母関数を考える。枝をたどった先にはハブがいやすく，v' の次数が k となる確率は $p(k)$ でなく $kp(k)/\langle k \rangle$ である（式 (2.7)）。よって，v' の次数分布の母関数は

$$\frac{\sum_k k p(k) x^k}{\langle k \rangle} = x \frac{G_0'(x)}{G_0'(1)}. \tag{8.34}$$

式 (8.34) の応用例として，v から v' をはさんでその先に隣接する頂点数

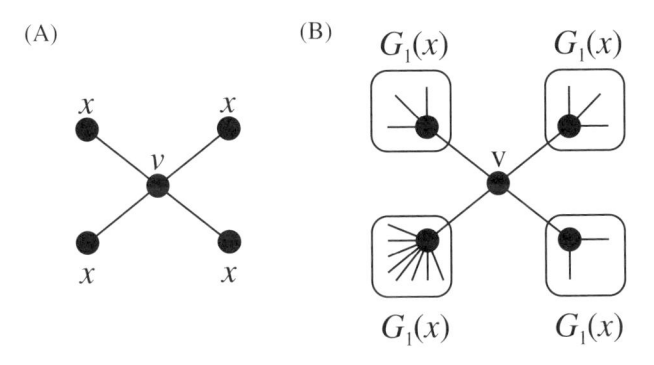

8.2 スケールフリー・ネットワーク上のパーコレーション

(A) (B)

図 8.9 v から（A）距離 1,（B）距離 2 にある頂点数の母関数の模式図

の母関数を求めよう。v' の次数の母関数は式 (8.34) で求まっている。しかし，v' の隣接点の 1 つは v だから，知りたい頂点数よりも 1 だけ多い。1 つの x は，枝 1 本，ないし，枝の先についている頂点 1 つと同一視できる。よって，式 (8.34) を x で割ることによって v の影響を除いた

$$G_1(x) \equiv \frac{G'_0(x)}{G'_0(1)} \tag{8.35}$$

が答である。

次に，自分の隣の隣にある頂点数はしばしば重要である。例えば，次数相関では，まさにそのような量（式 (2.36)（p.27））を数える（ただし，本節の母関数はコンフィグモデルに対応し，コンフィグモデルには次数相関がない）。v から距離 2 にある頂点数の母関数を求めてみる。v の隣接頂点 1 つが式 (8.26) の 1 つの x である。距離 2 の頂点数を知るには式 (8.26) の x を $G_1(x)$ で置き換えればよい（図 8.9）。よって，母関数は

$$G_0(G_1(x)) = \sum_k p(k)\left[G_1(x)\right]^k. \tag{8.36}$$

右辺は x の多項式であり，$x^{N'}$ の係数が，v から距離 2 に N' 個の頂点がある確率である。

準備はここまでにして，黒石ネットの連結成分を母関数の方法で求めよう。黒石 v が属する連結成分の頂点数分布が，母関数 $H_0(x;q)$ をもつとする。そ

れは黒石の確率に依るので，$H_0(x)$ でなく $H_0(x;q)$ と書いた．この連結成分の頂点数が大きければ $q > q_c$ である．また，ある枝の先に展開する黒石ネットの連結成分の頂点数を考え，その母関数を $H_1(x;q)$ とする．込み入っているが，式 (8.26) と式 (8.35) が異なるように，$H_0(x;q)$ と $H_1(x;q)$ は異なる．$H_0(x;q)$ だけわかれば十分だが，計算途中で $H_1(x;q)$ が必要になる．

$H_1(x;q)$ を導出する．「ある枝」の先の頂点 v に白石がある確率は $1-q$ であり，このとき，黒石ネットの大きさは 0 である．黒石がある確率は q であり，このとき，黒石ネットの大きさは 1 以上である．よって，

$$H_1(x;q) = 1 - q + qx \times (x \text{ の多項式}). \tag{8.37}$$

v より先に黒石ネットの連結成分が伸びるかどうか，は v の元のネットワークでの次数 k による．図 8.10 の例では $k-1=5$ である．先ほどの「ある枝」から展開する連結成分を考えるので，この「ある枝」（図 8.10 の太線の枝）を戻ってはいけない．残りの枝は $k-1$ 本あり，それぞれの枝の先に黒石や白石がある．それぞれの枝の先に存在する黒石ネットの連結成分の大きさの母関数は $H_1(x;q)$ である．また，「ある枝」を無視するとき，v の隣接点数の母関数は $G_1(x)$ である．したがって，$H_1(x;q)$ は

$$\begin{aligned} H_1(x;q) &= 1 - q + qx \left(\frac{1 \times p(1)}{\langle k \rangle} + \frac{2 \times p(2)}{\langle k \rangle} H_1(x;q) + \frac{3 \times p(3)}{\langle k \rangle} [H_1(x;q)]^2 + \cdots \right) \\ &= 1 - q + qx G_1(H_1(x;q)) \end{aligned} \tag{8.38}$$

という再帰的な式をみたす．

「ある枝」でなく「ある頂点」から出発する黒石ネットの連結成分を考えると，最初の点 v の次数分布だけ $\{kp(k))/\langle k \rangle\}$ でなく $\{p(k)\}$ に戻る．この点が白石である確率は $1-q$ であり，このとき，黒石の連結成分の大きさは 0 である．黒石である確率は q であり，このときは，v の隣接点を見る必要がある．その次数分布は，再び $\{kp(k)/\langle k \rangle\}$ である．これより，

$$H_0(x;q) = 1 - q + qx G_0(H_1(x;q)). \tag{8.39}$$

8.2 スケールフリー・ネットワーク上のパーコレーション

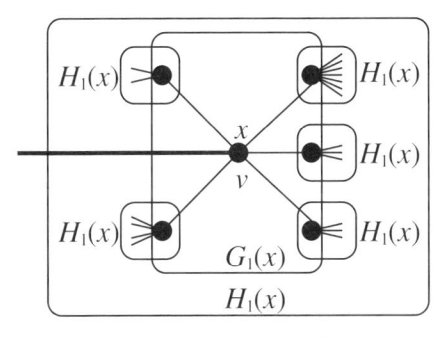

図 8.10 $H_1(x)$ の概念

v を含む連結成分の頂点数の平均を $\langle s \rangle$ と書く．式 (8.28) は，次数分布の母関数から次数平均を求める式であった．$G_0(x)$ の代わりに $H_0(x;q)$ を入れてこの式を適用すれば，連結成分の頂点数の母関数から $\langle s \rangle$ を求められる．式 (8.38)，(8.39) より

$$\langle s \rangle = H_0'(1;q) = q + qG_0'(1)H_1'(1;q) = q\left[1 + \frac{qG_0'(1)}{1 - qG_1'(1)}\right]. \quad (8.40)$$

式 (8.40) の右辺の分母が 0 になるとき，$N \to \infty$ の極限では黒石ネットが無限に大きく，N が有限のネットワークでも $\langle s \rangle = O(N)$ という意味で黒石ネットが大きい．こうなる q の下限が $q = q_\mathrm{c}$ である．よって，式 (8.40) の分母を 0 と置いて

$$q_\mathrm{c} = \frac{1}{G_1'(1)} = \frac{G_0'(1)}{G_0''(1)} = \frac{\langle k \rangle}{\langle k(k-1) \rangle} = \frac{1}{\frac{\langle k^2 \rangle}{\langle k \rangle} - 1}. \quad (8.41)$$

ただし，式 (8.41) の 2 番目の等号では式 (8.35) を用いた．式 (8.41) の結果は，式 (8.19) と同じである．

なお，式 (8.41) で仮に $q_\mathrm{c} = 1$ と置くと

$$\frac{\langle k^2 \rangle}{\langle k \rangle} = 2 \quad (8.42)$$

となり，式 (8.13) と同じ形である．式 (8.42) は，元のネットワークで連結成分が大きくなる条件である．$q = 1$ は全ての点が黒石であることを意味し，元のネットワークを考えていることになるから，辻褄があう．サイト・パーコ

レーションでは，元のネットワークのつながり具合が，式 (8.42) で表されるぎりぎりの状況よりは大きいときに，どれくらい頂点を除去してもこのぎりぎりの状況よりも連結成分が大きいか，を調べている。　　　　　　　🔍 終

8.2.3　ボンド・パーコレーション

次に，ボンド・パーコレーションを解析する。今度は枝に黒石を置く確率が q である。サイト・パーコレーションのときと同様にして，ある頂点が属する連結成分の大きさ s の母関数を計算する。

そのために，サイト・パーコレーションのときと同様に $H_0(x;q)$ と $H_1(x;q)$ を求める。ただし，ボンド・パーコレーションの場合は，ある頂点 v から始まる連結成分を考えると，v は必ず浸透を許すので，$s \geq 1$ である。これに注意すると

$$H_0(x;q) = xG_0\left(H_1(x;q)\right). \tag{8.43}$$

$H_1(x;q)$ は式 (8.38) を流用してよい。よって，

$$\langle s \rangle = H_0'(1;q) = 1 + \frac{qG_0'(1)}{1 - qG_1'(1)}. \tag{8.44}$$

サイト・パーコレーションのときと同じく，式 (8.44) の分母を 0 にする q が q_c である。式 (8.44) の分母は式 (8.40) の分母と同じなので，q_c の値は式 (8.41) で与えられる。

このように，母関数は強力な手法であり，再帰的な方程式（例えば式 (8.38)）を導き出すことが鍵である。実際は，ここでの解析はコンフィグモデルに対するものである。したがって，C が大きかったり次数相関があったりするスケールフリー・ネットワークに対しては，本節（や前節）の理論解析を正当化することはできない。ただ，理論結果は，C や次数相関が 0 でなかったりするネットワークにおける数値計算結果をだいたい説明できることも多い。次数が散らばることの影響が C や次数相関の影響よりも大きいことが多い，という経験論があるからである（証明はない）。また，母関数の手法は，次数相関があるネットワークに対してきちんと拡張したり，WS モデル (8.4 節) に適用したりもできる。

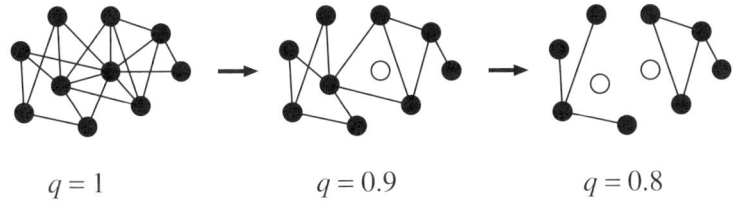

図 **8.11** 選択的な攻撃

8.3 選択的攻撃

感染症の流行を抑えるにはどうしたらよいだろうか。ワクチンを開発すればよいかもしれない。しかし，開発に時間がかかる，ワクチンが高価かもしれない，備蓄量に限界がある，病原菌がワクチンをすり抜けるように進化してしまう，などの状況がある。ワクチン開発だけでなく，公衆衛生の手法が必要である。公衆衛生の基本は，うがいや手洗いであろうが，感染症の伝播を表す数理モデルも，公衆衛生政策に寄与してきた。その1つはパーコレーションであり，8.6節で述べるSIRモデルはより長い歴史と成功例をもつ。

今まではネットワーク上にランダムに黒石や白石を配置した。しかし，ネットワーク上に選択的に石を置くことも考えられる [63, 89, 96]。全て黒石の状態から出発して，徐々に頂点を白石に変えて，ネットワークから実質的に除去するとしよう。パーコレーションで言えば，q を 1 から下げることに相当する。ただ，白石を置いて頂点を除去する順番は無作為ではなく，我々が順番を選べることにする。我々としては，ネットワークを分断し，浸透が起こらなくすることが目的である。

図 8.11 の $q = 1$ は，全ての頂点が黒石なので元のネットワークである。このネットワークの頂点数は $N = 10$ なので，ハブを1個除去すると，黒石の比率は $q = 0.9$ となる。まだ，全体はつながっている。もう1つのハブを除去すると黒石の比率は $q = 0.8$ となる。この時点で，ネットワークは2つに分断する。もし無作為に頂点を除去したら2個除去しただけ（$q = 0.8$）ではネットワークが分断しないことが多い。よって，図 8.11 に示したハブ優先の除去は，分断の効率が良い。

第 8 章　ネットワーク上の感染伝播モデル

黒石＝潜在的な病人，白石＝数の限られた予防接種を優先的に投与される人，と解釈することができる．すると，賢い順番で頂点に白石を置くことによって，なるべく少ない接種（＝白石）の数でネットワークを分断する，という応用問題になる．ネットワークを分断しておけば，仮にその上で感染症が勃発しても，大流行を阻止しやすいだろう．

同じモデルを，道徳的には正反対に解釈することもできる．テロリストがインターネットの破壊を企てるかもしれない．黒石は稼働しているコンピュータで，白石は停止したコンピュータである．テロリストは，賢い順番でコンピュータを停止させる（＝白石を置く）ことによって，インターネット全体を分断しようとするかもしれない．

本節では，選択的にハブに白石を置く（選択的な攻撃と呼ぶ）サイト・パーコレーションを紹介する．ハブがネットワーク全体をつなぎとめているので，ハブを優先的に攻撃するとネットワークを分断しやすいと期待される．

結論を先に述べる．無作為に石を配置するサイト・パーコレーションの場合は，スケールフリー・ネットワークは故障に対して頑健である（8.2 節）．つまり，q_c が小さいので，白石をかなりの割合置いても，黒石ネットは大きな連結成分である．しかし，ハブから順番に白石を置くと，スケールフリー・ネットワークは，スケールフリーでないネットワーク（例えばランダム・グラフ）と比べてむしろ脆弱である．白石を少し置いただけで，ネットワークが分断してしまう．すなわち，ハブを狙えばイチコロである．

図 8.12 の縦軸は，黒石の最大連結成分の大きさである．ランダム・グラフ（図 8.12（A））とべき指数 $\gamma = 2.5$ のスケールフリー・ネットワーク（図 8.12（B））を比べている．サイト・パーコレーション（実線）で 2 つのネットワークを比べると，スケールフリー・ネットワークではより小さい q で連結成分が大きい．$N = \infty$ の理論によると，$\gamma = 2.5$ のスケールフリー・ネットワークでは $q > q_c = 0$ で連結成分が大きい（8.2.1 節，8.2.2 節）．ここでは N が有限なので $q_c > 0$ であり（8.2.1 節），図 8.12（B）の実線によると，$q_c \approx 0.05 \sim 0.1$ である．ランダム・グラフで連結成分を大きくするためには，より大きい q が必要である．理論値は式（8.22）より $q_c = 1/\langle k \rangle = 1/6$ であり，図 8.12（A）の実線から読みとれる q_c の値とほぼ一致する．

次に，選択的な攻撃では，図 8.11 で見たように，$q = 1$ から出発して，次数

8.3 選択的攻撃

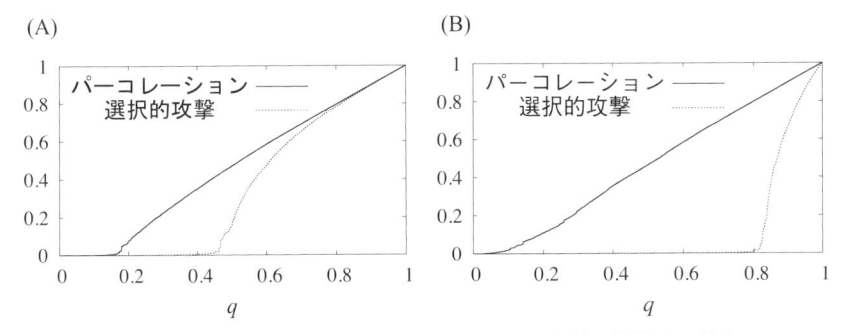

図 8.12 選択的な攻撃とパーコレーションの比較。縦軸は，最大連結成分の頂点数÷N．$N = 10000$, $\langle k \rangle \approx 6$．（A）ランダム・グラフ，（B）スケールフリー・ネットワーク。スケールフリー・ネットワークは，$m = m_0 = 3$, $k_0 = -1.5$ の Dorogovtsev–Mendes–Samukhin モデル（6.3 節）で生成

表 8.4 パーコレーションと選択的攻撃の解釈

モデル	パーコレーション	ハブから攻撃
スケールフリーでの結果	つながっていやすい	分断しやすい
感染症伝播の制圧	難	容易
インターネットへの攻撃	効果少	効果大

が高い順に頂点を除去することによって q を徐々に減らす。図 8.12 の点線がその結果である。スケールフリー・ネットワークの方が，ランダム・グラフよりも，少ない除去頂点数（＝大きい q）で崩壊することがわかる。

スケールフリー・ネットワークは偶然の故障に強いが，選択的攻撃に弱い。この結果の解釈は，応用による（表 8.4）。予防接種はハブを狙うと効果的である。一方，ハブを狙う攻撃からインターネットを守ることは難しい。

以下，解析を行う。 **p.173 まで** サイト・パーコレーションの場合と同様に，残す頂点の割合を q とする。よって，次数 k の大きい順に $N(1-q)$ 個の頂点に白石を置く。その結果，$k \geq \overline{k}_{\max}$ となる頂点すべてが白石になり，ネットワークから実質的に除去される。式（2.18）（p.16）を用いて，$\overline{k}_{\max}$ は

$$\sum_{k=\overline{k}_{\max}}^{k_{\max}} p(k) = \sum_{k=\overline{k}_{\max}}^{\infty} p(k) - \frac{1}{N} = 1 - q \tag{8.45}$$

を満たす値として決まる．頂点が十分に多ければ

$$1 - q = \sum_{k=\overline{k}_{\max}}^{\infty} p(k) - \frac{1}{N} \approx \sum_{k=\overline{k}_{\max}}^{\infty} p(k) \approx \int_{\overline{k}_{\max}}^{\infty} p(k)dk. \quad (8.46)$$

式 (8.46) に $p(k) = \mathcal{N}k^{-\gamma}$ と式 (2.10) (p.13) を代入すると

$$1 - q \approx \int_{\overline{k}_{\max}}^{\infty} \mathcal{N}k^{-\gamma}dk = \frac{-\mathcal{N}\overline{k}_{\max}^{-\gamma+1}}{-\gamma+1} = \left(\frac{k_{\min}}{\overline{k}_{\max}}\right)^{\gamma-1}. \quad (8.47)$$

ゆえに

$$\overline{k}_{\max} = k_{\min}(1-q)^{-\frac{1}{\gamma-1}}. \quad (8.48)$$

式 (2.20) (p.16) で見たように，スケールフリー・ネットワークでは，最大次数 $k_{\max}$ は，N とともに大きくなる．ランダムに頂点を除去してできた黒石ネットでも同様である．しかし，式 (8.48) によると，選択的にハブを除去したときの最大次数 $\overline{k}_{\max}$ は，白石の割合が非常に小さい ($q \approx 1$) ときを除いて，N につれて大きくはならない．少しのハブを除去するだけで，ハブはいなくなり，スケールフリーでなくなる．

次数が $k \geq \overline{k}_{\max}$ の頂点を除去すると，次数が $k < \overline{k}_{\max}$ の頂点についても次数が減る．再び，図 8.8 で考える．頂点から出る枝が選択的攻撃で失われるのは，この枝の行き先が白石の頂点，つまり，元のネットワークで $k \geq \overline{k}_{\max}$ である頂点のときである．枝の先にある頂点の次数分布は式 (2.7) (p.10) であることに注意すると，その確率は

$$\sum_{k=\overline{k}_{\max}}^{k_{\max}} \frac{kp(k)}{\langle k \rangle} \approx \sum_{k=\overline{k}_{\max}}^{\infty} \frac{kp(k)}{\langle k \rangle} \approx \frac{\int_{\overline{k}_{\max}}^{\infty} k\mathcal{N}k^{-\gamma}dk}{\int_{k_{\min}}^{\infty} k\mathcal{N}k^{-\gamma}dk}$$
$$= \left(\frac{\overline{k}_{\max}}{k_{\min}}\right)^{2-\gamma} = (1-q)^{\frac{\gamma-2}{\gamma-1}}. \quad (8.49)$$

次数が $k < \overline{k}_{\max}$ の頂点から出る枝は，確率 $q_{\mathrm{tar}} \equiv 1 - (1-q)^{(\gamma-2)/(\gamma-1)}$ で生き残るということである．

次数が $k > \overline{k}_{\max}$ の頂点は必ず白石である．これに注意して，選択的攻撃後

の黒石ネットにおける次数 $\overline{k}$ の分布は

$$\overline{p}(\overline{k}) = \sum_{k=\overline{k}}^{\overline{k}_{\max}} p(k) \frac{k!}{\overline{k}!(k-\overline{k})!} q_{\mathrm{tar}}^{\overline{k}}(1-q_{\mathrm{tar}})^{k-\overline{k}}. \tag{8.50}$$

式 (8.50) は，式 (8.14) と同様な考え方に基づく．後の議論も式 (8.14) から式 (8.19) を導く議論と同じなので，臨界確率は式 (8.19) から求まる．

ただし，q_{tar} がサイト・パーコレーションの q の役割をしているので，式 (8.19) の左辺の q_{c} には $q_{\mathrm{tar}} = 1 - (1-q_{\mathrm{c}})^{(\gamma-2)/(\gamma-1)}$ を代入する．また，右辺の $\langle k^2 \rangle / \langle k \rangle$ の値は，元のネットワークのものではなく，$k_{\max}$ を $\overline{k}_{\max}$ に変えたものを用いる．式 (8.48) も用いて

$$\begin{aligned}\langle k \rangle &= \int_{k_{\min}}^{\overline{k}_{\max}} k\mathcal{N} k^{-\gamma} dk = \frac{\mathcal{N}(\overline{k}_{\max}^{-\gamma+2} - k_{\min}^{-\gamma+2})}{-\gamma+2} \\ &= \frac{\mathcal{N} k_{\min}^{-\gamma+2}\left[(1-q_{\mathrm{c}})^{\frac{\gamma-2}{\gamma-1}} - 1\right]}{-\gamma+2},\end{aligned} \tag{8.51}$$

$$\begin{aligned}\langle k^2 \rangle &= \int_{k_{\min}}^{\overline{k}_{\max}} k^2 \mathcal{N} k^{-\gamma} dk = \frac{\mathcal{N}(\overline{k}_{\max}^{-\gamma+3} - k_{\min}^{-\gamma+3})}{-\gamma+3} \\ &= \frac{\mathcal{N} k_{\min}^{-\gamma+3}\left[(1-q_{\mathrm{c}})^{\frac{\gamma-3}{\gamma-1}} - 1\right]}{-\gamma+3}.\end{aligned} \tag{8.52}$$

式 (8.51)，(8.52) を式 (8.19) に代入すると，

$$1 - (1-q_{\mathrm{c}})^{\frac{\gamma-2}{\gamma-1}} = \frac{1}{k_{\min}\frac{-\gamma+2}{-\gamma+3} \times \frac{(1-q_{\mathrm{c}})^{\frac{\gamma-3}{\gamma-1}}-1}{(1-q_{\mathrm{c}})^{\frac{\gamma-2}{\gamma-1}}-1} - 1}. \tag{8.53}$$

式 (8.53) を整理すると

$$(1-q_{\mathrm{c}})^{\frac{\gamma-2}{\gamma-1}} = 2 + k_{\min}\frac{2-\gamma}{3-\gamma}\left[(1-q_{\mathrm{c}})^{\frac{3-\gamma}{1-\gamma}} - 1\right]. \tag{8.54}$$

最後は，式 (8.54) を数値計算することによって解 q_{c} を求める． 終

その結果，図 8.12 (B) に合致して，スケールフリー・ネットワークの q_{c} は 1 に近い．γ や N にもよるので一概に言えないが，$q_{\mathrm{c}} \geq 0.95$ になりやすい．

ハブから予防接種を施すと効果的であることがわかった．しかし，この手法を実行するには，ネットワークにいる全員の次数を調べて比べなければならな

表 8.5 q_c の比較

ネットワーク	正方格子	木 ($k=4$)
サイト・パーコレーション	0.593	1/3
ボンド・パーコレーション	0.5	1/3

い．大きなネットワークに対しては，現実的な方法ではない．この問題点に対して，隣接点を接種するという解決方法がある[99]．誰かに知人を尋ね，この知人を接種するのである．知人を尋ねるということは，ネットワークで隣接点に行くということである．すると，枝の隣にはハブがいやすい（式 (2.7)(p.10)）．その隣接点は，たまたまハブでないかもしれないし，ハブだとしても次数が最大のハブではないかもしれない．しかし，等確率で予防接種する対象を選ぶよりはハブに当たりやすい．ハブに着く可能性をさらに高めるために，2 人以上の人から知人として名前が挙がった人を接種することもできる．

隣接点を接種する方法は，実用化されている．代替策に，ある危険地域の住民全員を集団（マス）接種する方法がある．しかし，理論の結果としても，実地で働く人々の実感としても，隣接点接種は，危険地域の集団接種よりも有効であることが認識されている．

8.4 WS モデル上のパーコレーション

WS モデルのパーコレーションの解析[161, 162]を紹介する．枝をつなぎかえるのではなく近道を加える変形 WS モデル（図 5.5 (p.89)）を用いる．結論を先に述べる．サイト・パーコレーションとボンド・パーコレーションの両方において，枝をつなぎ変えるほど q_c が小さくなり，浸透が起こりやすい．直観的には L が小さくなるからだと思ってよい．古典的なネットワークでも，次数が 4 である正方格子（L が大きい）よりも次数が 4 である木（L が小さい）の方が，q_c が小さい（表 8.5）．以下，母関数を用いた解析を紹介する．

🔍 p.177 まで　まず，サイト・パーコレーションを考える．近道を加える前には，各点は，輪の上で両側それぞれ $\langle k \rangle/2$ 個先までの点と隣接しているとする．$\langle k \rangle$ は偶数とする．今までと同じように，各頂点が黒石となる確率は

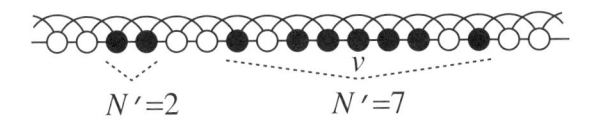

図 **8.13** 変形 WS モデル上の輪に沿った黒石ネットの連結成分。$\langle k \rangle = 4$

q である。1つの頂点が属する連結成分の大きさが N' となる確率を $P(N')$ と置く。確率分布 $\{P(N'); N' \geq 0\}$ の母関数を

$$H_0(x) = \sum_{N'=0}^{\infty} P(N') x^{N'}$$
$$= \sum_{N'=0}^{\infty} P_0(N') x^{N'} \sum_{m=0}^{\infty} P(m|N') [H_0(x)]^m \quad (8.55)$$

と書く。式 (8.55) の 2 番目の等号を説明する。$P_0(N')$ はある頂点 v が属する，輪に沿った黒石ネットの連結成分の頂点数が N' となる確率である。輪に沿った連結成分とは，近道を考慮しない上での連結成分を指す。図 8.13 の v にとっての N' は 7 である。$P(m|N')$ は条件つき確率で，大きさ N' の輪に沿った連結成分が m 本の近道をもつ確率を表す。N' が大きいほど，近道の端点が含まれやすいので，大きい m において確率 $P(m|N')$ が大きいだろう。

ネットワーク全体では，近道は $p\langle k \rangle N/2$ 本ある。各辺に端点は 2 つあるから，近道の端点は合計 $2 \times p\langle k \rangle N/2 = p\langle k \rangle N$ 個ある。長さ N の輪のうちの長さ N' の部分に，端点が m 個入るので，二項定理より

$$P(m|N') = \frac{(p\langle k \rangle N)!}{m!(p\langle k \rangle N - m)!} \left(\frac{N'}{N}\right)^m \left(1 - \frac{N'}{N}\right)^{p\langle k \rangle N - m}. \quad (8.56)$$

あとは $P_0(N')$ を求めたい。さて，v から輪に沿って右側に黒石に乗って進むことができる確率を $\overline{q}$ と置く。このことができるためには，右側にある $\langle k \rangle/2$ 個の点のどれかは黒石である必要がある。$\langle k \rangle/2$ 個のどれもが白石である確率は $(1-q)^{\langle k \rangle/2}$ である。よって，

$$\overline{q} = 1 - (1-q)^{\frac{\langle k \rangle}{2}}. \quad (8.57)$$

仮に v から右に 1 つ進めたとして，そこにある黒石 v' からさらに右に黒石が

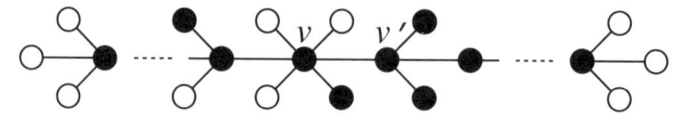

第 8 章　ネットワーク上の感染伝播モデル

図 8.14　黒石ネットの，輪に沿った連結成分。$\langle k \rangle = 6$

あって進むことができる確率も，やはり $\overline{q}$ である（図 8.14）。左に進むときも同様である。この $\overline{q}$ を用いて，

$$P_0(N') = \begin{cases} 1 - q, & (N' = 0), \\ N'q\,\overline{q}^{N'-1}(1-\overline{q})^2, & (N' \geq 1), \end{cases} \tag{8.58}$$

と書ける。$N' = 0$ は，v 自身に白石があるときに対応する。輪に沿った連結成分の頂点数が $N'(\geq 1)$ ならば，図 8.14 のように，v から（左右どちらでもよい）$N'-1$ 個の黒石の頂点の鎖をたどることができる。これは，それなりに粗い近似である。これが式 (8.58) の $\overline{q}^{N'-1}$ の部分である。輪に沿った連結成分の両端のそれぞれでは，そのさらに先の $\langle k \rangle /2$ 個の頂点は全て白石である。よって $(1-\overline{q})^2$ が出る。q は v 自身に黒石がある確率である。N' は v が輪に沿った大きさ N' の連結成分のどこにあってもよいことに対応する。

式 (8.56) と式 (8.58) を式 (8.55) に代入して

$$\begin{aligned} H_0(x) &= \sum_{N'=0}^{\infty} P_0(N')x^{N'} \left[1 + (H_0(x) - 1)\frac{N'}{N}\right]^{p\langle k \rangle N} \\ &\approx \sum_{N'=0}^{\infty} P_0(N') \left[xe^{p\langle k \rangle (H_0(x)-1)}\right]^{N'} \\ &= \overline{H}_0\left(xe^{p\langle k \rangle (H_0(x)-1)}\right). \end{aligned} \tag{8.59}$$

ただし，式 (8.59) の 1 行目から 2 行目に進むところで公式

$$\lim_{N \to \infty} \left(1 + \frac{y}{N}\right)^N = e^y \tag{8.60}$$

を用いた。また，

$$\overline{H}_0(x) \equiv \sum_{N'=0}^{\infty} P_0(N')x^{N'} = 1 - q + qx\frac{(1-\overline{q})^2}{(1-\overline{q}x)^2} \tag{8.61}$$

とした。式 (8.59) と式 (8.61) より，連結成分の大きさの平均は

$$\langle s \rangle = H_0'(1) = \frac{\overline{H}_0'(1)}{1 - p\langle k \rangle \overline{H}_0'(1)}$$
$$= \frac{q(1+\overline{q})}{1 - \overline{q} - p\langle k \rangle q(1+\overline{q})}. \tag{8.62}$$

🔍 終

パーコレーションの臨界確率 q_c は式 (8.62) の分母が 0 となるところなので，q_c に関する方程式

$$\begin{cases} p = \frac{1-\overline{q}_c}{\langle k \rangle q_c(1+\overline{q}_c)}, \\ \overline{q}_c = 1 - (1-q_c)^{\frac{\langle k \rangle}{2}}, \end{cases} \tag{8.63}$$

を解けばよい。p は WS モデルのつなぎかえ確率であり，我々が与える。式 (8.63) から $\overline{q}_c$ を消去すると q_c だけの式になる。後は，数値計算で q_c を求める。

$q < q_c$ で q が q_c に十分近いとき，式 (8.62) を $q - q_c$ について展開すると

$$\langle s \rangle \propto (q_c - q)^{-1}. \tag{8.64}$$

べき指数（この場合は -1）は連結成分の大きさ以外の様々な変数についても求まる。このようなべき指数を相転移の**臨界指数**という。サイト・パーコレーションを含む現象モデルのある集まりについて，異なる臨界指数が同じ関係式で結ばれることは，相転移の普遍性として知られている。特に紹介しなかったが，スケールフリー・ネットワーク上のパーコレーションについても臨界指数が知られている [97]。

WS モデル上のボンド・パーコレーションも母関数を用いて解析できる [161, 162]。$\langle k \rangle = 2$ と $\langle k \rangle = 4$ に限っては解を陽に書き下せる。$\langle k \rangle \geq 6$ では母関数の方程式を直接解くのは困難なので，数値計算で求解する。

WS モデルのパーコレーションの解析では，最後の部分は数値的な求解に頼った。これは，スケールフリー・ネットワークの場合に $\langle k \rangle$ と $\langle k^2 \rangle$ だけを用いて手計算で q_c が求まったことと対比を成す。パーコレーションの問題に限らず，WS モデルの方がスケールフリー・ネットワークよりも解析が難しいことが多い。パーコレーションは，WS モデルに対して手計算の解析が通用する

例である。

8.5 SIS モデル（コンタクト・プロセス）

パーコレーションは，比較的解析しやすく，理解もよく進んでいる。一方，最初に黒石や白石を割り当てた後は状態が変化しないという意味で，感染症や情報伝播のモデルとして物足りない面がある。実際の伝播現象は時間をかけて起こる。一度大きくなった流行が小さくなったり，再び大きくなったりする。伝播現象を理解する際に，そのような時間的側面が重要であることもある。本節と次節で，動的な感染症モデルを1つずつ紹介する。

8.5.1 定義と古典的な結果

SIS モデルでは，各頂点は，各時点で健康（= susceptible = S）か病気（= infected = I）のどちらかの状態をとる。S はパーコレーションの白石，I は黒石に対応する。S の点は，I の点と隣接すると，感染して I になりうる。I の点は，いつかは自然治癒して S になる。各頂点は，S から I になり，I から S に戻り，また I になりうる。これが SIS モデルの名前の起源である。感染から治っても，免疫を獲得せずに再び感染しうる状況を表し，淋病，クラミジア，マラリア，眠り病などの感染症に対応する。

SIS モデルは状態変化の確率性やネットワークの構造がないものを指し，確率やネットワークがあるものを，確率論の用語でコンタクト・プロセスと呼ぶこともある（コンタクト・プロセスについて日本語で読める書籍に [126, 138] など）。本書では SIS モデルとコンタクト・プロセスを区別しない。以下では，確率のあるモデルを扱うが，解析の際には確率を無視する近似を行う。

ネットワーク上の SIS モデル（コンタクト・プロセス）は，数学の言葉で言うと，配置空間に値をとる連続時間のマルコフ過程である。微小時間 Δt の間に，S の人は，(隣接する I の人数) $\times \lambda \Delta t$ の確率で I になる。感染症の強さを表す λ を，感染率と呼ぶ。もし各隣接点の状態（S または I）が固定されていれば，微小とは限らない時間 t の間に S の人が I に変化せずに S に留まる確率は，$e^{-t/[(隣接する I の人数) \times \lambda]}$ である。これは指数分布である。$t \to \infty$

8.5 SIS モデル（コンタクト・プロセス）

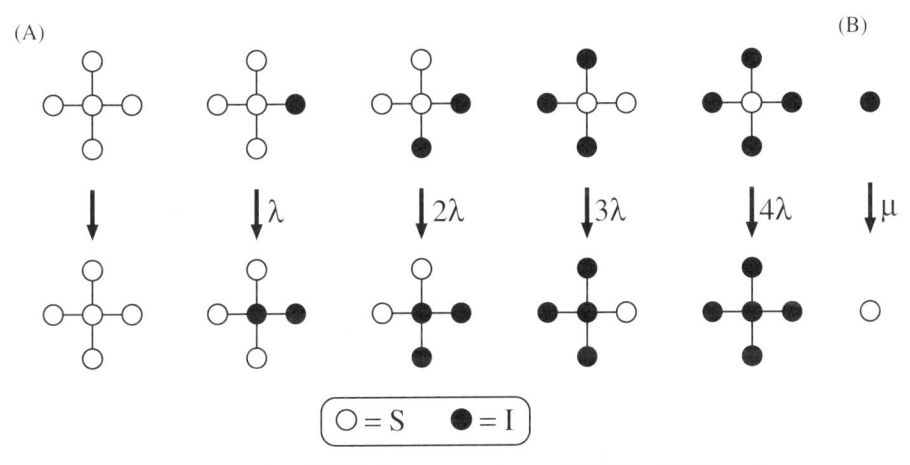

図 8.15 2次元正方格子上の SIS モデルの発展規則。(A) S → I, (B) I → S

でこの確率は0に近づくので，固定された I が隣にいれば S はいずれ I になる。また，λ や隣接する I の人数が大きいほど，この確率は小さくなり，S から I に行きやすくなる。一方，I の人は，時間 Δt の間に確率 $\mu \Delta t$ で S になる。μ は治癒率である。時間 t の間に I の人が S に変化せずに I に留まる確率は，$e^{-t/\mu}$ である。やはり $t \to \infty$ でこの確率は0に近づく。また，μ が大きいほど，この確率は小さくなり，I から S に行きやすくなる。2次元正方格子上の SIS モデルの時間発展の規則を図 8.15 に示す。図の中の数字は感染する (S → I) 速さや治癒する (I → S) 速さである。この数字に Δt をかけたものが，微小時間 Δt の間にこのような遷移が起こる確率である。

時間 Δt の間に2人以上の人が状態を変えうるが，理論的には，そのようなことが起こらないくらいに Δt を小さくとることになっている。数値実験を行う場合には，Δt の間に数人の状態が一挙に変わっても大きな影響はない。ただし，毎ステップで全員ないし大多数の頂点の状態を変えると元のモデルから逸脱しやすいので，そのような大きな Δt は避ける。

λ が大きければ病人は増えやすく，小さければ病人はいずれいなくなるだろう。実は，この2つの状況は，ある λ の値 λ_c を境に切り変わる。正方格子の場合を図 8.16 に模式的に示す。

λ_c を知るために，まず，確率性やネットワークを無視した平均場近似を行

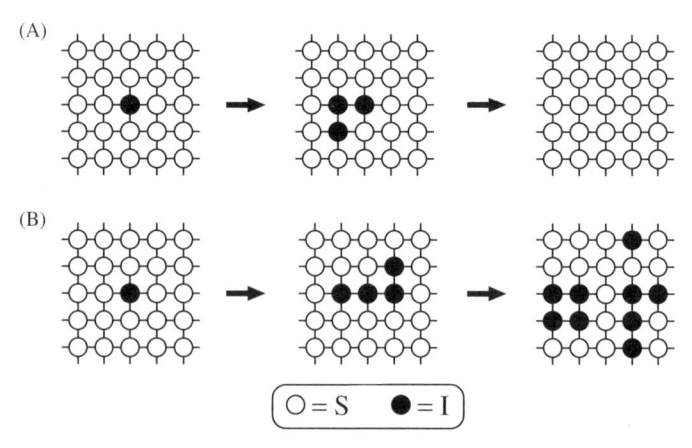

図 **8.16** 正方格子上の SIS モデル。(A) $\lambda \leq \lambda_c$. (B) $\lambda > \lambda_c$

う。完全グラフを考えることと基本的に同じである。S の人数と I の人数だけに着目すればよい。時刻 t における健康人の割合と病人の割合を $S(t), I(t)$ で表す。どの時点においても，各自は S または I なので，

$$S(t) + I(t) = 1. \tag{8.65}$$

時間 Δt の間に，各病人は $\mu \Delta t$ の確率で治癒する。病人は $NI(t)$ 人いるので，合計で約 $NI(t)\mu \Delta t$ 人が治癒する。また，健康人は $NS(t)$ 人いる。便宜上，平均次数を $\langle k \rangle = 1$ とし，各頂点は，自分自身を含む N 頂点のそれぞれと強さ $1/N$ でつながっていると考える。こう考えると，実質的な平均次数が $\langle k \rangle = N \times 1/N = 1$ となる。各健康人は，$\langle k \rangle I(t) \lambda \Delta t = I(t) \lambda \Delta t$ の確率で感染するので，合計で約 $NS(t)I(t)\lambda \Delta t$ 人が感染する。よって，病人の増減を表すダイナミクスは

$$\frac{d}{dt}NI(t) = N\lambda S(t)I(t) - N\mu I(t), \tag{8.66}$$

すなわち

$$\frac{dI(t)}{dt} = \lambda S(t)I(t) - \mu I(t). \tag{8.67}$$

健康人の増減は

$$\frac{dS(t)}{dt} = -\lambda I(t)S(t) + \mu I(t) \tag{8.68}$$

で表され，式 (8.67) と式 (8.68) を加えると

$$\frac{d}{dt}\{S(t) + I(t)\} = 0. \tag{8.69}$$

つまり，$S(t) + I(t) = S(0) + I(0) = 1$ であり，人口が増減しないことを確認できる。

次に，時間が十分たったときに病人が生き残る（風土病になってしまう状況）か，それとも病気が撲滅されて健康人だけになるか，を調べる。定常状態に落ちついたとすると，式 (8.67) より

$$\frac{dI(t)}{dt} = \lambda I(t)S(t) - \mu I(t) = 0. \tag{8.70}$$

病人が生き残っているならば $I(t) > 0$ なので，式 (8.70) を $I(t)$ で割って

$$\frac{\lambda}{\mu} = \frac{1}{S(t=\infty)}. \tag{8.71}$$

したがって，相対的な感染率 λ/μ が小さいほど，$S(t=\infty)$ が大きい，すなわち，病人が減る。これは自然である。病人がほんの少ししかいない極限では，健康人の割合は $S(t=\infty) \approx 1$ である。$S(t=\infty)$ は定義上 1 を超えないので，λ/μ が $S(t=\infty) \approx 1$ を与える値よりも小さければ，病人は生き残らない。この境目の感染率を λ_c と書くと，式 (8.71) より

$$\lambda_c = \mu. \tag{8.72}$$

λ_c を臨界値と呼ぶ。$\lambda > \lambda_c$ では病人が残り，$\lambda \le \lambda_c$ ではいずれ病人がいなくなる。$\lambda = \lambda_c$ で相転移が起こる。

$\lambda = \lambda_c$ における相転移は，完全グラフ以外のネットワークでも起こる。パーコレーションの q_c と同じように，SIS モデルの λ_c の値は，ネットワークに依存する。また，SIS モデルの相転移の様子は，パーコレーションの場合（図 8.2）と同様で，図 8.17 のようになる。

数学においては，正方格子のような無限グラフでのコンタクト・プロセスが

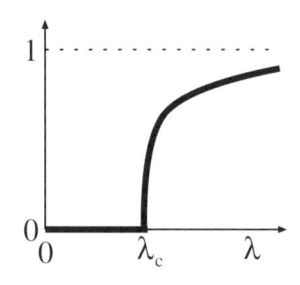

図 8.17 SIS モデルの生存確率

主な解析対象である。病人が永久に存在し続ける確率を病人の生存確率と呼ぶ。$\lambda \leq \lambda_c$ では生存確率は 0 である。$\lambda > \lambda_c$ では生存確率は正の値となり，健康な人と病人の共存状態が続きうる。生存確率は図 8.17 の縦軸のように振舞うと信じられている。数学的には，超立方格子 $\mathbf{Z}^D$ ($D \geq 1$) や木に対してすら λ_c の値は知られていない。$\mu = 1$ と規格化すると，数値計算の結果として，$\mathbf{Z}^1$ で $\lambda_c \approx 1.649$，$\mathbf{Z}^2$ で $\lambda_c \approx 0.412$，$k = 3$ の木で $\lambda_c \approx 0.542$ である [138]。

複雑ネットワークでは，N が有限の場合が主な解析対象である。すると，λ が十分に大きくて最初は勢いよく病人が増えたとしても，いずれ病人がいなくなる。なぜなら，全員が S である状態は吸収状態である。すなわち，一度そうなったら，モデルの定義より，I が再び出現することはない。そして，どのような初期条件と λ で出発しても，この吸収状態にいつかは到達する。すると，$\lambda_c = \infty$ となり，式 (8.72) は正しくない。

このような齟齬が起こるのは，式 (8.72) を導くときに確率の効果を無視したからである。また，数値計算を行うとわかるが，有限のネットワークでも，N が小さすぎず，$\lambda > \lambda_c$ で，小さすぎない病人数から始めれば，病人がいなくなるまでにかかる時間は，観測できないほど長い。よって，$\lambda > \lambda_c$ では病人が生き残るように見える。このような状態を準安定状態と言う。準安定状態に達してからさらに非常に長い時間がたってから，真の安定状態 ($I(t) = 0$) に達する。$\mathbf{Z}^D$ については，無限系と有限系をつなぐ数学的な結果がある [138, 149]。全てが病人の状態から出発すると，$\lambda < \lambda_c$ では吸収状態 ($I(t) = 0$) に達するまでにかかる時間は $O(\log N)$，$\lambda = \lambda_c$ では N の多項式時間，$\lambda > \lambda_c$ では N の指数時間となる。複雑ネットワークに対する平均場近

似や数値計算は，このような結果が一般のネットワークついても成立して，準安定状態が十分に長い，という暗黙の仮定に基づいて行われている．確率性をとりこんだ数学的な解析もあるが，難易度が高い．以下，微分方程式を用いて比較的簡単に行える，スケールフリー・ネットワーク上の SIS モデルの解析を説明する．

8.5.2 スケールフリー・ネットワーク上の SIS モデル

　平均場近似を用いて，スケールフリー・ネットワーク上の SIS モデルを解析する．λ と μ を定数倍すると S → I, I → S の速度が変わるだけなので，以下，一般性を失わずに $\mu = 1$ とする．パーコレーションの解析（8.2 節）と同様に，一般の次数分布 $\{p(k)\}$ に対して λ_c を求める[189, 190]．

　パーコレーションのときと同様に，次数が同じ頂点をひとまとめにする近似を行う．本当は次数が同じ頂点でもネットワーク上での位置に応じて異なる振舞いをする．しかし，その差異を無視して，次数分布が λ_c に及ぼす影響の解析に集中するのである．次数 k の頂点たちの中で病人が占める割合を $\rho_k(t)$ と置く．前節の記法に沿うと $I_k(t)$ と書くのが筋であるが，慣習にしたがって $\rho_k(t)$ と書く．S の割合は $1 - \rho_k(t)$ である．$\rho_k(t)$ の時間変化は

$$\frac{d\rho_k(t)}{dt} = \lambda k \left(1 - \rho_k(t)\right) \Theta(\rho(t)) - \rho_k(t) \tag{8.73}$$

で表される．ここで，Θ は，枝の先の頂点が I である確率である．Θ は $\rho(t) \equiv \{\rho_1(t), \rho_2(t), \ldots\}$ に依存し，後で求める．式 (8.73) の右辺第 2 項 $-\rho_k(t)$ は，式 (8.67) の右辺第 2 項と同様に各病人が微小時間 Δt の間に確率 Δt で治ることを表す．式 (8.73) の右辺第 1 項は感染を表す．枝が k 本あるので，次数 k の頂点から見て，感染している隣接頂点数の期待値は $k\Theta(\rho(t))$ である．$1 - \rho_k(t)$ は時刻 t で自分が S である割合である．自分がすでに I なら，新たに感染しようがない．λ は感染率であった．

　Θ を求める．ある枝をたどった先の頂点の次数が k' である確率は $p(k')$ ではなく，$k' p(k') / \langle k \rangle$ である（式 (2.7) (p.10)）．よって，

$$\Theta(\rho(t)) = \frac{\sum_{k'} k' p(k') \rho_{k'}(t)}{\langle k \rangle}. \tag{8.74}$$

次数が小さい頂点の病人は $\Theta(\rho(t))$ にあまり寄与せず，ハブの病人は $\Theta(\rho(t))$ に大きく寄与する。

前節と同様に，時間が十分たったときに病人が生き残りうるかどうかを考える。定常状態では，各 k について

$$\frac{d\rho_k(t)}{dt} = 0. \tag{8.75}$$

式（8.73）より

$$\rho_k = \frac{\lambda k \Theta(\rho)}{1 + \lambda k \Theta(\rho)}. \tag{8.76}$$

$t \to \infty$ なので時間 t を省いた。式 (8.76) を式 (8.74) に代入すると

$$\Theta = \frac{1}{\langle k \rangle} \sum_k k p(k) \frac{\lambda k \Theta}{1 + \lambda k \Theta}. \tag{8.77}$$

$\Theta(\rho)$ を Θ と略記した。

λ に関わらず，$\Theta = 0$ は式 (8.77) を満たす。枝の先に病人が絶対にいないということなので，$\Theta = 0$ は健康人 S だけからなる定常状態，すなわち $\lambda \leq \lambda_c$ に対応する。病気が蔓延して S と I が共存する状況では，$0 < \Theta < 1$ となり，$\lambda > \lambda_c$ に対応する。式 (8.77) から Θ の値を求めることは難しい。しかし，式 (8.77) を解くことなしに，欲しい条件を求めることができる。

式 (8.77) の左辺は Θ の関数として直線である（図 8.18 の実線）。よって，解 $0 < \Theta < 1$ が存在するには，右辺（図 8.18 の点線）の $\Theta = 0$ における傾きが 1 より大きい図 8.18 （A）のような状況であればよい。直線と曲線の交点が Θ を与える。細かいことだが，$\Theta = 1$ のときの右辺は 1 より小さいことにも注意する。また，$\Theta > 0$ なる解は，存在するならば安定であることが知られている。逆に，この傾きが 1 より小さい図 8.18 （B）のような状況では，$\Theta = 0$ が唯一の解である。この傾きが 1 になる所が $\lambda = \lambda_c$ に対応する。傾きが 1 になるとき，

$$\left. \frac{d}{d\Theta} \left(\frac{1}{\langle k \rangle} \sum_k k p(k) \frac{\lambda_c k \Theta}{1 + \lambda_c k \Theta} \right) \right|_{\Theta=0} = 1. \tag{8.78}$$

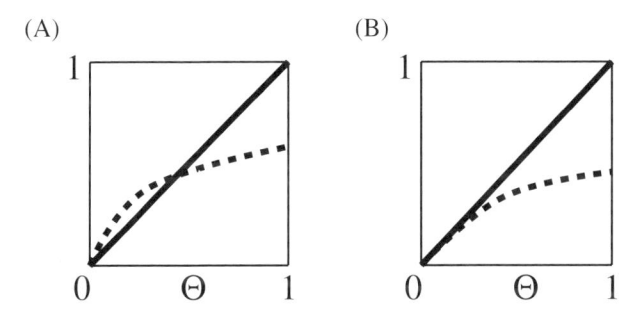

8.5 SIS モデル(コンタクト・プロセス)

図 8.18 式 (8.77) の $\Theta > 0$ である解が (A) 存在する。(B) 存在しない

式 (8.78) の微分を計算すると

$$\left(\frac{1}{\langle k \rangle}\sum_k kp(k)\frac{\lambda_c k}{(1+\lambda_c k\Theta)^2}\right)\bigg|_{\Theta=0} = \frac{1}{\langle k \rangle}\sum_k kp(k)\lambda_c k$$
$$= \frac{\langle k^2 \rangle}{\langle k \rangle}\lambda_c = 1. \quad (8.79)$$

したがって

$$\lambda_c = \frac{\langle k \rangle}{\langle k^2 \rangle}. \quad (8.80)$$

パーコレーションの場合と同様に,$\langle k^2 \rangle/\langle k \rangle$ が大きいほど感染が起こりやすい。特に,$\gamma \leq 3$ のスケールフリー・ネットワークにおいては $\lambda_c = 0$ となる (8.2.1 節)。このとき,どんなに感染率 $\lambda(>0)$ が小さくても,病気が蔓延する。

L の影響については,パーコレーションの場合と同様に,L が小さいほど感染が起こりやすいことが大体わかっている [127, 144]。また,C が大きいと,感染が減り,$\gamma = 3$ の場合にも式 (8.80) が示唆する $\lambda_c = 0$ とならずに $\lambda_c > 0$ となることがある [108]。ただし,C を変えると L や他の量も影響を受けるので,一概には言えない。L や C の λ_c などへの影響は,次数分布の影響ほどにはよくわかっていない。

8.6 SIR モデル

8.6.1 定義と古典的な結果

SIR モデルは，イギリスのカーマックとマッケンドリックが 1927 年に提案した，世界初の感染症の数理モデルである [128]．確率を考える場合の SIR モデルの規則は，以下のようになる．

(1) 初期状態として，人口全体を健康（S），病人（I），治癒して免疫獲得（R）の 3 グループに分ける．例えば，$N-1$ 人が S, 1 人が I で，R はいないとする．

(2) S の人は I から感染しうる．微小時間 Δt の間に，$\lambda \times$（隣接する I の人数）$\times \Delta t$ の確率で，S は I になる．これは，SIS モデルの S $\to$ I の規則と同じである．λ は感染率である．

(3) I の人は，時間 Δt の間に，確率 $\mu \Delta t$ で R になる．μ は治癒率である．これは SIS モデルにおける I $\to$ S の規則の遷移先を，S でなく R にしたものである．

SIR モデルに関するいくつかの注意を述べる．

- R の人は，回復して免疫がついたと解釈する．回復したので他の S を感染させることはなく，免疫がついたので他の I から再感染することもない．インフルエンザ，黒死病，SARS, HIV/AIDS, はしか，おたふく風邪，水ぼうそうなどに対応する．再感染がよく起こる感染症は，SIS モデルで記述される．

- ひとたび R になった人は，S や I の増減に関与しないので集団から除かれたも同然である．よって，R を死亡と思ってもよい．

- 最終的には S と R だけになる．最終的な R の人数が流行の大きさを表す．

- SIR モデルは，変形版も含めて，噂の伝播モデルに用いられることもある [45]．この場合，S はまだ噂を知らない状態，I は噂を知って他人に伝えている状態，R は噂を知っているが興味を失って他人に伝えるのを止めた状態を表す．

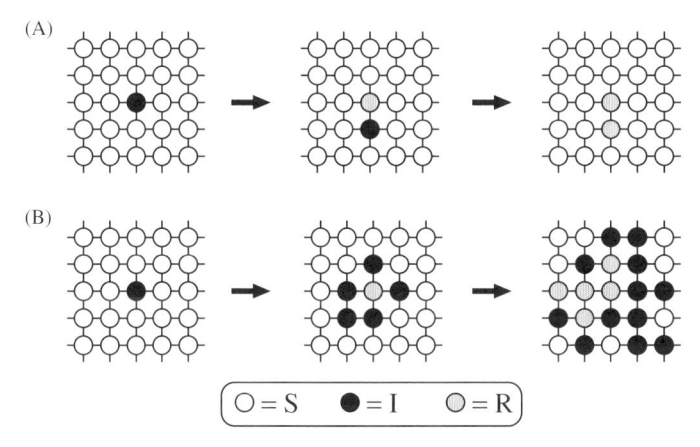

図 8.19 正方格子上の SIR モデル。(A) $\lambda \leq \lambda_c$. (B) $\lambda > \lambda_c$

SIR モデルにも臨界点 λ_c がある。$\lambda \leq \lambda_c$ では流行が起こらず（図 8.19 (A)），$\lambda > \lambda_c$ では流行が起こりやすい（図 8.19 (B)）。SIS モデルのときと同様に，完全グラフに対応する平均場近似について SIR モデルの λ_c を求める。時刻 t における S, I, R の人数の割合を $S(t)$, $I(t)$, $R(t)$ と置くと，式（8.67），（8.68）に習って

$$\frac{dS(t)}{dt} = -\lambda I(t) S(t),$$
$$\frac{dI(t)}{dt} = \lambda I(t) S(t) - \mu I(t), \qquad (8.81)$$
$$\frac{dR(t)}{dt} = \mu I(t).$$

式（8.81）の 3 式を足すと

$$\frac{d}{dt}\{S(t) + I(t) + R(t)\} = 0 \qquad (8.82)$$

となり，全体の人数は時不変であることを確認できる。

SIS モデルでは，定常状態で病人がいることを流行状態であると定義した。SIR モデルでは，いずれ I がいなくなり，S と R だけになる。そこで，病気にかかった人がいること，すなわち，$R(t = \infty) > 0$ を流行が起こった状況と見なしたいが，もう少し工夫が必要である。なぜなら，必ず誰かしら（頂点 v

とする）は最初に病人 I なので，v はいずれ R になり，$R(t=\infty) \geq 1/N > 0$ となる。v が誰も感染させなくても $R(t=\infty) > 0$ は満たされる。そこで，N が十分大きくて 1 人だけの病人から始まるときに，それなりの割合の人が最終的に感染することを，流行として定義する。すなわち，

$$\lim_{N \to \infty} R(t=\infty) > 0 \tag{8.83}$$

とする。すると，v が誰も感染させなかった場合は $\lim_{N \to \infty} R(t=\infty) = \lim_{N \to \infty} 1/N = 0$ となり，流行が起こらなかったと判定される。

この定義で流行が起こるのは，式 (8.81) で，$I(t=0)$ が正だが非常に小さいときに，I がいったん増加してから $I=0$ へ収束する場合である．このときに限って

$$S(t=\infty) < 1, \quad I(t=\infty) = 0, \quad R(t=\infty) = 1 - S(t=\infty) > 0 \tag{8.84}$$

となる。その条件は $dI(t)/dt > 0$ $(t=0)$ なので，式 (8.81) より

$$\lambda I(0)S(0) - \mu I(0) > 0. \tag{8.85}$$

$I(0)$ は小さいが正なので，式 (8.85) を $I(0)$ で割って $\lambda > \mu/S(0)$．逆に，$\lambda < \mu/S(0)$ ならば，流行が起こらず，

$$S(t=\infty) = 1, \quad I(t=\infty) = 0, \quad R(t=\infty) = 0. \tag{8.86}$$

よって，$\lambda = \mu/S(0)$ が流行が起こるかどうかの境目である。I は少数で残りは S という初期条件だったので，$S(0) \approx 1$ としてよい。よって，臨界感染率は

$$\lambda_c = \mu \tag{8.87}$$

であり，SIS モデルのときと同じ値である。

8.6.2 スケールフリー・ネットワーク上の SIR モデル

本節では，次数分布を考慮する平均場近似を用いて SIR モデルの λ_c を求める [157, 163]。結論を先に述べる。SIR モデルの λ_c は SIS モデルの λ_c とほぼ一致して $\lambda_c = \langle k \rangle / (\langle k^2 \rangle - \langle k \rangle)$ となる。解析の方針も SIS モデルのとき

と似ている．なお，SIS モデルと SIR モデルに共通のこととして，伝播初期ではハブが先に感染し，その後に次数の小さい頂点へ感染が伝わる [75, 76]．ネットワーク上の SIR モデルのアルゴリズムを 11.1 節に掲載する．

p.191 まで SIR モデルの λ_c を導出する．SIS モデルのときと同様に λ/μ が重要なので，$\mu = 1$ と置く．SIS モデルでは，式 (8.67) を拡張して式 (8.73) を得た．SIR モデルについても同様に式 (8.81) を拡張すると

$$\begin{aligned}\frac{dS_k(t)}{dt} &= -\lambda k S_k(t)\overline{\Theta}(\rho(t)), \\ \frac{d\rho_k(t)}{dt} &= \lambda k S_k(t)\overline{\Theta}(\rho(t)) - \rho_k(t), \\ \frac{dR_k(t)}{dt} &= \rho_k(t),\end{aligned} \quad (8.88)$$

となる．$S_k(t)$ は，時刻 t で，次数 k の頂点が S である確率，$\rho_k(t)$ は I である確率，$R_k(t)$ は R である確率である．$\overline{\Theta}$ は，S の頂点から枝をたどった先が I である確率で，式 (8.74) と大体同じだが，

$$\overline{\Theta}(\rho(t)) = \frac{\sum_{k'}(k'-1)p(k')\rho_{k'}(t)}{\langle k \rangle} \quad (8.89)$$

と変更しなければならない．その理由を説明するために，S である次数 k の頂点 v （図 8.20）の立場にたって考えてみる．v の隣接点を v'，v' の次数を k' とする．v' の状態が I であるとする．v' は，v 以外のある隣接点 v'' から感染したはずである．v が v' から感染するかもしれない時点では，v'' の状態は I または R である．一度 I になった頂点（ここでは v''）は，S にはならないからである．よって，v' が感染させうる相手は，v'' を除いた $k'-1$ 個の頂点である．v の立場から見ると，v' の実効的な次数は $k'-1$ である．そこで，式 (8.74) の分子の次数が k' だったのを，式 (8.89) では $k'-1$ にしたのである．

式 (8.88) の 3 式を足すと

$$S_k(t) + \rho_k(t) + R_k(t) = 1 \quad (8.90)$$

となり，各次数 k ごとに人数の和が一定であることを確認できる．

流行が起こるかどうかの判定基準は，通常の平均場近似の基準を採用する．

第 8 章 ネットワーク上の感染伝播モデル

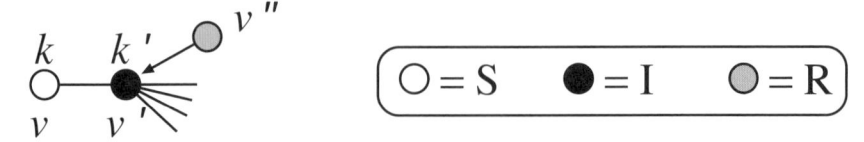

図 8.20 ネットワーク上の SIR モデルにおける，状態 S の隣接点 v' の実効的な次数。v' は矢印の枝を通じて感染したとする

$t = 0$ で少しだけ病人がいる場合，すなわち，$\rho_k(0)$ $(k = 1, 2, \ldots)$ が十分小さいが正である場合について，どの k についても $\lim_{t \to \infty} S_k(t) = 1$ となれば流行が起こらないと見なす。これは，式 (8.86) に対応する。そうでないときは流行が起こり，式 (8.84) が対応する。

SIS モデルの解析でもそうだったように，式 (8.88) を各 k について独立に解くことはできず，異なる k の式が混ざったまま扱わないとならない。そのために，できる所から式 (8.88) を解く。まず，式 (8.88) の $S_k(t)$ は形式的に解けて

$$S_k(t) = e^{-\lambda k \phi(t)}. \tag{8.91}$$

ただし，式 (8.89) も考慮して $\phi(t)$ を

$$\phi(t) \equiv \int_0^t \overline{\Theta}(t')dt' = \frac{1}{\langle k \rangle} \sum_{k=1}^{\infty} (k-1)p(k) \int_0^t \rho_k(t')dt' = \frac{1}{\langle k \rangle} \sum_{k=1}^{\infty} (k-1)p(k)R_k(t) \tag{8.92}$$

と定義した。ϕ を用いて述べると，$\lim_{t \to \infty} \phi(t) > 0$ ならば流行が起こり，$\lim_{t \to \infty} \phi(t) = 0$ ならば各 k について $\lim_{t \to \infty} S_k(t) = 1$ なので流行が起こらない。$S_k(t)$ をそれぞれ追跡するよりも，$\phi(t)$ という 1 変数だけを扱うほうが簡単である。式 (8.88)，(8.90)，(8.91)，(8.92) を用いて，$\phi(t)$ のみで閉じ

た微分方程式

$$\begin{aligned}\frac{d\phi(t)}{dt} &= \frac{1}{\langle k\rangle}\sum_{k=1}^{\infty}(k-1)p(k)\frac{dR_k(t)}{dt}\\ &= \frac{1}{\langle k\rangle}\sum_{k=1}^{\infty}(k-1)p(k)\rho_k(t)\\ &= \frac{1}{\langle k\rangle}\sum_{k=1}^{\infty}(k-1)p(k)\left(1-S_k(t)-R_k(t)\right)\\ &= 1-\frac{1}{\langle k\rangle}-\frac{1}{\langle k\rangle}\sum_{k=1}^{\infty}(k-1)p(k)S_k(t)-\phi(t)\\ &= 1-\frac{1}{\langle k\rangle}-\frac{1}{\langle k\rangle}\sum_{k=1}^{\infty}(k-1)p(k)e^{-\lambda k\phi(t)}-\phi(t)\end{aligned} \quad (8.93)$$

を得る。定常状態を知るために式 (8.93) の左辺を 0 と置くと

$$\phi_\infty = 1 - \frac{1}{\langle k\rangle} - \frac{1}{\langle k\rangle}\sum_{k=1}^{\infty}(k-1)p(k)e^{-\lambda k\phi_\infty}. \quad (8.94)$$

ただし、$\phi_\infty \equiv \lim_{t=\infty}\phi(t)$.

$\phi_\infty = 0$ は式 (8.94) の解である。流行に相当する $\phi_\infty > 0$ の解が存在するかどうかを吟味する。式 (8.94) の右辺は、$\phi_\infty = 1$ のときに 1 より小さい。そこで、図 8.18 (A) で、横軸の Θ を ϕ_∞ に読み換えた状況が成立すれば、$\phi_\infty > 0$ の解が存在する。こうなるための条件は

$$\left.\frac{d}{d\phi_\infty}\left(1-\frac{1}{\langle k\rangle}-\frac{1}{\langle k\rangle}\sum_{k=1}^{\infty}(k-1)p(k)e^{-\lambda k\phi_\infty}\right)\right|_{\phi_\infty=0} > 1. \quad (8.95)$$

式 (8.95) の左辺を計算すると、

$$\lambda\frac{\langle k^2\rangle - \langle k\rangle}{\langle k\rangle} > 1. \quad (8.96)$$

式 (8.96) の $>$ が $=$ となるような λ が感染率の臨界値 λ_c なので、

$$\lambda_c = \frac{\langle k\rangle}{\langle k^2\rangle - \langle k\rangle}. \quad (8.97)$$

この結果は、SIS モデルの結果（式 (8.80)）に近い。

実は，式 (8.80) や式 (8.97) と本質的に同じ結果が，SIS モデル [119] と SIR モデル [64, 156] について，1980 年代には数理疫学の分野で知られていた。ネットワークという視点ではなかったが，感染力の強さに基づいて人をグループわけして，同じような解析を行ったのである。

SIS モデルと SIR モデルは時間変数をもち，静的なパーコレーションよりも感染症のモデルとして現実的であるように見える。ところが，実は，ネットワークの種類に関わらず，SIR モデルの最終状態とボンド・パーコレーションの状態がほぼ一対一に対応する [118, 171]。SIR モデルにおいて，状態 I の頂点 v が治癒するのにかかる平均時間は $1/\mu$ である。よって，v が隣接点を感染させる事象は平均 λ/μ のポアソン過程である。なので，v の隣接点で状態が S である点が最終的に v から感染しない確率は $e^{-\lambda/\mu}$ である。感染しないことは，ボンド・パーコレーションで枝に白石が置かれることに対応する。よって，$q = 1 - e^{-\lambda/\mu}$ によってボンド・パーコレーションと SIR モデルが結びつく。ある頂点 v から始まる SIR モデルの感染の大きさは，ボンド・パーコレーションで v が属する黒石ネットの大きさに対応する。よって，本節のように，SIR モデルの最終状態にだけ興味があるならば，SIR モデルの代わりにボンド・パーコレーションを用いてもよい。実際，SIR モデルの臨界値（式 (8.97)）はボンド・パーコレーションの臨界値（8.2.3 節）と同一である。ボンド・パーコレーションは，時間変数がない分，SIR モデルよりも扱いやすい。

第9章　ネットワーク上の他の確率過程

9.1　進化ゲーム

9.1.1　進化ゲームとは

　進化ゲームのゲームとは，経済学などで出てくるゲーム理論のゲームであり，経済活動や他の社会行動などのモデルである．私たちは，目的地に電車で行くか車で行くか，給料のうち何円を貯金するか，といった判断をする必要がしばしばある．会社や国家が意思決定の単位であることもある．さらには，動物もそのようなゲームを行っていると見なせる場合があり，ゲーム理論は，生態系の種と種の競争や同じ種内の競争などの解析にも使われている．ゲーム理論でよくある定式化として，行動の選択肢とその結果を何らかの表に書く．個体（プレーヤーと呼ぶ）は，この表，あるいはその一部の情報を知った上で，利益（利得と呼ぶ）を最大化しようとする．通常，ゲームには相手がいる．相手も自分と同じくらい賢いかもしれないので，相手の行動を推測しながら自分の行動を決定することもある．

　ネットワーク上のゲームの中で最もよく解析されているのは，囚人のジレンマである．2人がゲームに参加し，それぞれの人は協力 C または裏切り D を選択するとする．各プレーヤーが得る利得は，利得表

$$\begin{array}{c} \\ \text{自分が C} \\ \text{自分が D} \end{array} \begin{array}{cc} \text{相手が C} & \text{相手が D} \\ \left(\begin{array}{cc} (3,3) & (0,5) \\ (5,0) & (1,1) \end{array} \right. & \left. \begin{array}{c} \\ \\ \end{array} \right) \end{array} \quad (9.1)$$

で与えられる．それぞれの小さい括弧の中で，左の数字は自分が得る利得，右

の数字は相手が得る利得を表す．自分も相手も C だと，双方は，比較的高い利得 3 を得る．しかし，もし相手が C のまま自分が D に転じると，自分はより大きい 5 を得る．自分としては D に転じる誘惑がある．自分が実際に D に転じると，相手の利得は 0 となる．すると，相手としては，C に留まるよりも D に転じて利得 1 を得る方がましである．相手が自分よりも先に C から D に転じる場合も同様である．結局，2 人とも合理的に振舞えば，最終的には 2 人とも D となる．実際，この状態はナッシュ均衡と呼ばれる数学的な均衡解である．しかし，2 人とも C に留まれば，2 人とも利得 3 を得て，2 人が D である状況よりも双方にとって得である．囚人のジレンマは，環境問題（C = 多少不便でも公共交通機関を使う，D = 環境には悪いが便利な車を使う），集団労働（C = がんばって働く，D = 自分 1 人くらいなら，と思って手を抜いて働く）など様々な社会的ジレンマ状況をモデル化している．

合理性からは相互裏切りが結論されても，実際の社会ではプレーヤーは必ずしも合理的に振舞うわけではなく，そこそこの協力が保たれていることも多い．そこで，囚人のジレンマで相互協力を可能にする仕組みが長年研究されている．

その仕組みを調べるための枠組みの 1 つに進化ゲームがある [66, 181, 186]．進化ゲームでは，プレーヤーは，利得が高い誰かの行動を真似る傾向があることになっている．成功者の行動をコピーすれば自分も成功者になれる，という目論みである．成功者は自然淘汰を通じて生き残りやすくて，次世代で自分の行動様式をより多くの他のプレーヤーに伝播すると言ってもよい．なお，皆が単に他人の真似をすると，全員が同じ行動をとる帰結となって困ることもあるので，成功者の行動を真似ずに気まぐれに行動を変えてみるという突然変異を仮定することもある．ともかく，真似（と突然変異）を行うプレーヤーの集団では，集団内の C や D の割合が時間とともに変わる．その変化が集団の進化に対応する．進化によってどのような行動様式（例えば C または D）が増えるか，を調べる．

このような進化ゲームの枠組みにおいて，協力行動が進化しうる仕組みは，現在となってはいくつも知られている．その中で，ネットワークと関係する主な仕組みが 3 つあるので，それらを紹介する．

9.1 進化ゲーム

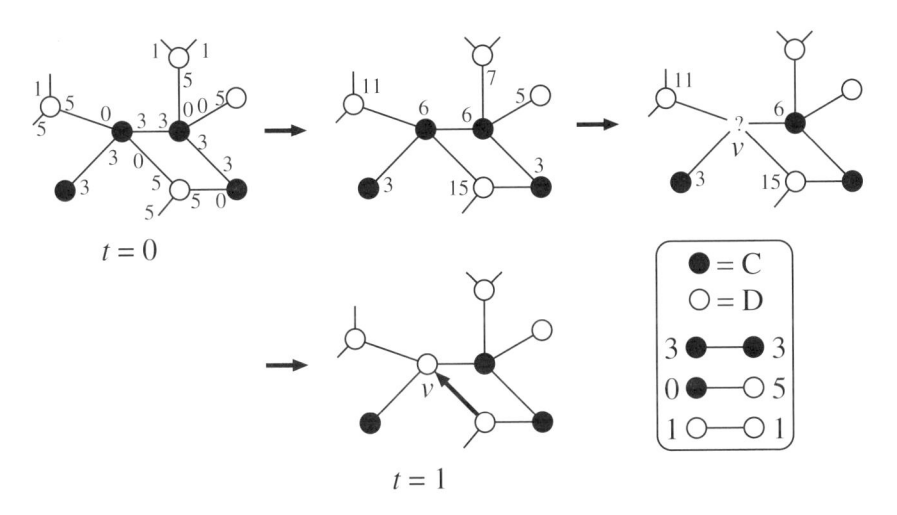

図 9.1 ネットワーク上の囚人のジレンマ

9.1.2 ネットワーク上の進化ゲーム

まず，ネットワーク上の進化ゲームを説明する．各頂点の上に C または D が置かれているとする．頂点＝プレーヤーである．C または D を戦略と言う．一般的には，相手の過去の行動に応じて C を出すか D を出すかを決める，といったより高度な戦略も考えられる．ここでは，ネットワークの及ぼす効果の話に集中するために，戦略は単純にして，C または D であるとしている．$t = 0, 1, \ldots$ を時刻とする．

──── 進化ゲームのダイナミクス ────

(1) 初期条件として，各頂点に例えば C と D を確率 1/2 で割りふる（図 9.1 の $t = 0$）．
(2) 各頂点は，隣人のそれぞれと利得表（例えば式 (9.1)）にしたがってゲームを行う．
(3) 各頂点について，隣人のそれぞれとゲームを行って得た利得の合計を，自分の $t = 0$ における総利得ということにする．
(4) 戦略の更新を行う．例えば，誰か 1 人 v を確率 $1/N$ で選ぶ．v は，v の最も大きい利得を得た隣人の戦略（C または D）をコピーす

第 9 章　ネットワーク上の他の確率過程

(5) $t=1$ として，ステップ 2〜4 を行う。
(6) 以降 $t=2,3,\ldots$ として続ける。ネットワーク全体での C と D の割合が大体一定値に落ちついたら終了する。N が小さいとき，あるいは，更新ルールの種類によっては，比較的速く C だけか D だけになることもある。その場合は，その時点で終了する。

注意として，更新ルールの決め方には，大きな自由度がある。利得の大きい頂点の戦略が増えやすければよく，以下の更新ルールもよく使われる。

- v は，v の隣人 k 人の戦略のどれかを，k 人それぞれの利得に比例する確率でコピーする。利得の低い隣人の戦略をコピーすることもある。
- 隣人の戦略をコピーする（＝自分自身は死ぬ）v を選ぶ際に，利得の低い人を選びやすくする。
- 今まで説明した更新ルールでは，v として死ぬ個体を選ぶ。代わりに，産む個体を選ぶこともできる。その場合は，
  ○ 利得の高い人を，産む v として選びやすくする。または，
  ○ まず，v は無作為に選ぶ。次に，v の隣接点の中から死ぬ個体を選ぶ際に，利得の低い個体を選びやすくする。

  などの実装が考えられる。
- v と，無作為に選んだ v の隣人の利得を比べて，戦略のコピーが起こる確率を利得の差の関数とする。v の利得が相対的に大きいほど v の戦略が広がりやすいようにする。
- 一度に複数のプレーヤーの戦略を更新する。

囚人のジレンマなので，ネットワーク構造が特に何もない完全グラフでは，図 9.2 に示すように，ネットワークはいずれ D だらけになる。どの瞬間においても，D の方が C よりも利得が高いからである。更新ルールによらずに図 9.2 のようになる。

ネットワーク上の現象論モデルの中で，進化ゲームは，他の多くの現象論モデル（パーコレーション（8.1〜8.4 節），SIS モデル（8.5 節），SIR モデル（8.6 節），ランダム・ウォーク（9.2 節），同期（第 10 章）など）よりも一段難

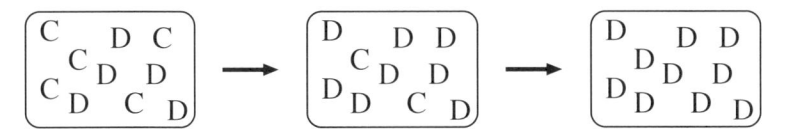

```
C D C        D D D        D D D
 C C D D  →  D C D D  →  D D D D
C D C D      D D C D      D D D D
```

図 **9.2** 完全グラフ上の囚人のジレンマ

しく思われる．その主な理由は，自分の次の時刻での戦略は，隣接点の戦略だけでなく，隣接点の隣接点の戦略にも影響されるからである．例えば，図 9.1 のプレーヤー v は，利得 15 を得た隣接点の戦略（ここでは D）をコピーしたが，この 15 という数字には，さらに隣の点の戦略の影響が入っている．一方，パーコレーションでは，各頂点の状態は隣の頂点の状態に依存しない．SIS モデルや SIR モデルでは，少し時間がたった後の頂点の状態は，隣接点の状態に依存するかもしれないが，隣接点の隣接点の状態までには影響されない（もちろん，長時間後には影響される）．

このような難しさが主な理由で，ネットワーク上の進化ゲームはパーコレーションや SIS モデルなどよりも解析が難しい．よって，数値計算がよく用いられる．また，実証研究も難しいので，戦略は C または D のみに限定したり，他の設定もなるべく単純にしたりして現象を調べることが望ましい．

9.1.3 空間的互恵性

どのようなネットワークにおいて協力が生き残りやすいだろうか．正方格子が答の 1 つであることを，ノヴァックとメイが 1992 年に見出した[180]（[66, 181] も参照）．この分野でよく使われるように，ムーア近傍の正方格子（図 4.4 (C)（p.70））を考える．ノイマン近傍の正方格子（図 4.3（p.67））を用いても，定性的には同じ結論となる．

図 9.3 (A) に示すように，C は正方格子上で塊を作ってお互いに助けあうことにより生き残ることができる．このような C の塊は，D に囲まれたとしても D に一方的にはやられない．なぜなら，式 (9.1) の利得表によると（図 9.3 も参照），2 人の D は隣接しても利得 1 ずつしか得られない．しかし，2 人の C が隣接すると利得 3 ずつを得る．C と D が接する境界では D の利得は 5，C の利得は 0 で，確かに D が C よりも強い．それでも，各プレーヤーが 8 人の隣接プレーヤーと対戦して得た合計利得で比べると，C が D よりも広がり

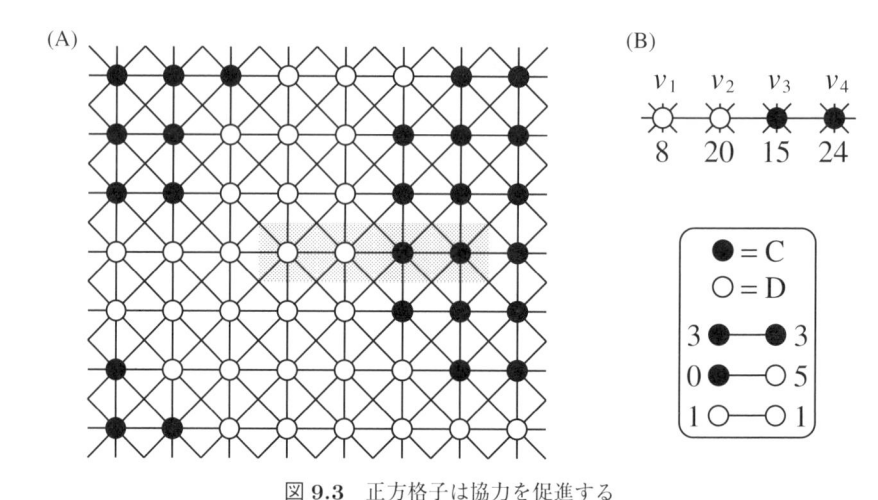

第9章 ネットワーク上の他の確率過程

図 9.3 正方格子は協力を促進する

やすい状況が起こりうる。図 9.3（A）の陰つきの部分を拡大すると図 9.3（B）となる。数字は各プレーヤーの合計利得である。v_2 と v_3 の間に D の塊と C の塊の境界がある。v_2 が死ぬと，v_1 の戦略（= D）よりも v_3 の戦略（= C）をコピーしやすい。また，v_3 が死ぬと，v_2 の戦略（= D）よりも v_4 の戦略（= C）をコピーしやすい。したがって，この境界においては C の塊が D の塊よりも優勢である。C の塊は通常はネットワーク全体を覆うわけではないこと，また，C と D の境界は時間とともに動くこと，に注意する。

こういった結論をなるべく体系的に導くためには，式（9.1）の利得表よりも，例えば

$$\begin{array}{c} \begin{array}{cc} 相手がC & 相手がD \end{array} \\ \begin{array}{c} 自分がC \\ 自分がD \end{array} \left(\begin{array}{cc} (1,1) & (0,T) \\ (T,0) & (\epsilon,\epsilon) \end{array} \right) \end{array} \qquad (9.2)$$

という利得表がよく使われる。ϵ は小さい数である。厳密には $\epsilon > 0$ のときにのみ囚人のジレンマである。ただ，$\epsilon = 0$ としてしまうことが多く，それでも特に問題は生じない。$T > 1$ のときに，式（9.2）の利得表は囚人のジレンマを表す。T が大きいほど C から D に転じる誘惑が大きく，C が生き残りにくい。そこで，時間が十分にたったときの C の割合を，T を変えながら調べる。T が大きいほど C は生き残りにくい。図 9.3 のネットワークでは，更新ルー

ルにもよるが $T \approx 2$ 程度まで C が生き残る [180]。ただ，細かい数字は進化ゲームの設定によるので，とても重要なわけではない。

C が塊を作ることによって生き残る仕組みを，**空間的互恵性**と言う。互恵とは助けあうという意味である。空間的互恵性は正方格子や他のクラスター性が高いネットワークで見られる。つなぎかえ確率の小さい WS モデル上でも，C が栄える。クラスター性が高ければ，局所的には枝が密であるために，C が図 9.3 のような塊を作ることができるのである。一方，クラスター性の低いランダム・グラフ上では，C は塊を作れない。塊の中身の C の数に比べて塊の表面積が大きくなってしまうからである。塊の中身では C は助けあって高い利得を得るが，塊の表面では C は D に搾取される。ランダム・グラフ上では，後者による損失が大きい。特に，平均次数が大きいランダム・グラフ上では協力が進化せず，完全グラフ上の進化（図 9.2）と同じようにいずれ D だけになる。

9.1.4 スケールフリー・ネットワーク上の進化ゲーム

複雑ネットワーク上の進化ゲームは，ワッツが 1999 年の本ですでに扱っている [14]。その後もいくつかの論文は出ていたが，よく研究されるようになり始めたのは，スケールフリー・ネットワークが協力を促進する，という結果が 2005 年に発表されて以降である [106, 206]（総説 [49] も参照）。実際には，進化ゲームと関連すると考えられる人間関係のネットワークは，スケールフリーでないことも多い（3.1 節）。ただ，以下のスケールフリー・ネットワークにおける結果は，スケールフリーほどではない次数の散らばりをもつネットワークにおいても，相応に成り立つ。

スケールフリー・ネットワークにおけるハブ v_1 と v_1 の隣接点 v_2 の利得を考える。v_1 の次数を $k_1 = 100$，v_2 の次数を $k_2 = 2$ とする（図 9.4）。利得表は式 (9.2) で与えられるとする。仮に，v_1 が C であるとしよう。100 人の隣接プレーヤーのうち 10 人が v_1 と相互協力し，90 人が v_1 から搾取するとする。このとき，v_1 の利得は $1 \times 10 = 10$ である。v_2 が D であるとする。2 人の隣接プレーヤーの両方がたまたま C で 2 人から搾取できるとき，v_2 の利得は $2T$ である。通常は $1 < T < 2$ 程度なので，v_2 の利得は高々 4 程度であり，v_1 の合計利得 10 よりもかなり小さい。

第9章　ネットワーク上の他の確率過程

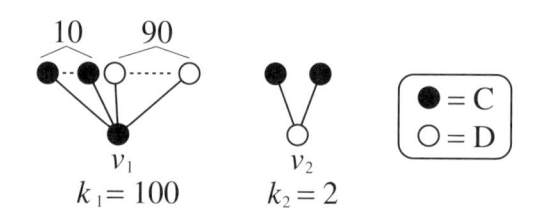

図9.4　進化ゲームにおける，ハブと次数の小さい頂点

　v_2 の利得 $2T$ は，v_2 の利得としては考えられる最大値である．一方，v_1 の利得はかなり低く見積もった．というのも，v_1 は9割の隣接点には搾取されている．あまり賢く振舞っているとは言えない．それでも，ハブ v_1 の利得は，v_2 の利得よりも高い．このことは，v_1 や v_2 が C であるか D であるかに関わらず成り立つ．このように v_1 が v_2 よりも強いのは，ともかくゲームに参加すると得をしやすいという設定だからである．式 (9.2) によると，プレーヤーは1回のゲームで0か正の利得を得る．C が幾らかでも周りにいれば，平均的に正の利得であるとしてよい．そして，次数が大きい頂点は，小さくても平均的には正である利得をかき集めて，次数が小さい頂点が達成できうる利得（＝ T × 小さい次数）を超える利得を容易に得る．よって，スケールフリー・ネットワーク上の進化ゲームでは，ハブが有利であり，ハブの行動が他人に広まりやすい．

　ハブ v_1 が D なら，D が周囲に広まる．すると，そのうちに自分も全ての隣接点も D を選ぶかもしれない．すると，v_1 の合計利得は $0 \times 100 = 0$ となる．この場合はさすがに，隣接プレーヤーの利得の方が高いかもしれない．よって，v_1 の D は隣接点の戦略にとって替わられうる．

　v_1 が C なら，C が周囲に広まる．すると，隣接点も C を選びやすくなり，v_1 はより多くの隣接プレーヤーたちと相互協力する．このとき，v_1 の合計利得は以前よりも高くなる．例えば，隣接する C が10人から20人に増えれば，合計利得は $10 \times 1 = 10$ から $20 \times 1 = 20$ に増える．

　v_1 の隣に他のハブ v_3 がいるとこの論理だけでは通用しないが，それでも，v_1 と v_3 が両方 C になれば C が安定化される．結局，ハブの C は安定化しやすい．ハブから他のプレーヤーへと C が広まり，ネットワーク全体でも C が多くなる．この結果は，T がかなり大きな値（$T \approx 2$ など）でも成立する．

ところが，スケールフリー性が協力を促進することは，普遍的というわけではない．少なくとも，以下の 2 つの大きな仮定に基づいている．

1 つ目の仮定として，式 (9.1)，(9.2) に見られるように，利得行列の利得の値が正に偏っている．このような利得行列は，標準的なものとしてよく用いられている．その根拠は，どの頂点の次数も等しいネットワークにおいては，利得行列にある各利得の値をまとめて数倍したり，定数のゲタをはかせて

$$\begin{array}{c} \quad 相手が C \quad\quad 相手が D \\ \begin{array}{c} 自分が C \\ 自分が D \end{array} \begin{pmatrix} (1-h, 1-h) & (-h, T-h) \\ (T-h, -h) & (-h, -h) \end{pmatrix} \end{array} \quad (9.3)$$

としたりしても進化の結果が変わらないことから来ている．例えば，図 9.3 の正方格子では，式 (9.3) の利得表を用いると全員の利得が一様に $8h$ 減るだけで，プレーヤーの相対的な利得は変わらない．よって，進化ダイナミクスは基本的に h の値に依らない．

しかし，次数が散らばっているネットワークでは，そのような不変性は成り立たない．実際，式 (9.3) の利得行列で h が 0.5～1 程度になると，利得の値は全体的に負になる．そうすると，ゲームに参加するとむしろ損をしやすい．毎回たくさんのゲームに参加しなければならないハブの利得は，他の頂点の利得よりも小さくなる．このとき，スケールフリー・ネットワーク上で C は特に増えない [154]．

2 つ目の仮定として，進化は合計利得に基づいている．図 9.4 でハブ v_1 の利得が高いのは，v_1 がうまく振舞ったからではなく，v_1 がハブだからである．v_1 の利得が高いからといって，次数の小さい v_2 は，v_1 の戦略を真似しても v_1 のように高い利得を得ることを期待できない．v_2 の次数が 2 しかないという事実は変わらないからである．隣接点の次数を知らないなら，v_2 が成功者 v_1 の戦略を真似ることは合理的である．しかし，v_2 が隣接点の次数を知っているなら，v_2 は，1 本の枝あたりの平均利得が高い隣接点を真似するとよさそうだ．平均利得を用いると，図 9.4 における v_1 の利得は $10 \times 1/100 = 0.1$，v_2 の利得は $2 \times T/2 = T$ となる．v_1 よりも v_2 の方が利得が高い．平均利得に基づくスケールフリー・ネットワーク上の囚人のジレンマでは，C は特に増えない [207, 216]．

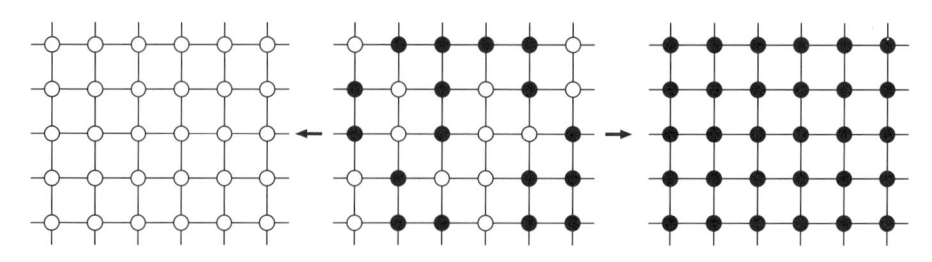

図 9.5　固定の概念

2つの仮定の危うさについて述べたが，これらの仮定が妥当なときもある。複数の隣接プレーヤーとの対戦結果をどのようにまとめるべきか，について一般的な見解はない。社会科学を巻きこんだ議論が必要である。

また，枝のつなぎ変えを許すと協力が促進されるという結果は多くある。非協力的な枝を切って協力的な相手を探すと仮定すれば，自然な結果である。

9.1.5 進化ゲームの固定確率

最後に，ネットワーク上のゲームを解析するもう1つの視点として固定確率がある。図 9.5 の真ん中にあるような C と D が混ざった状態から進化ゲームのダイナミクスが始まるとする。真似のみでダイナミクスが進めば，いずれ全員が C または全員が D になって終了する。全員が C になって終了する確率を C の固定確率と言う。今までは十分に時間がたった後の C の割合で説明したが，ここでは，さらに長い時間をかけて，C だけか D だけかになるまで進化ゲームを続けるのである。

固定確率は，集団遺伝学に歴史をもつ概念であり，数学的な解析手法がかなり確立している。固定確率という視点に立つと，ネットワーク上の進化ゲームについて解析解を出すことがしばしば可能である。例えば，レギュラー・ランダム・グラフ（図 7.6（p.136））について，C の固定確率が大きいための条件が知られている[185]。次数が小さいほど，C が固定しやすい。

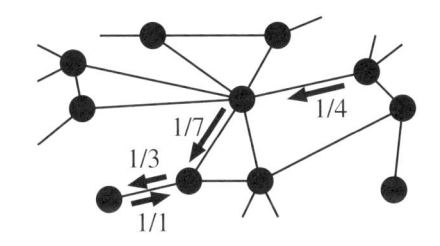

図 9.6　ネットワーク上の単純ランダム・ウォーク

9.2　ランダム・ウォーク

9.2.1　ネットワーク上のランダム・ウォーク

　古典的なネットワーク上のランダム・ウォークは，数学や物理学などにおいて古くから調べられている [142]．複雑ネットワークを含む一般のネットワーク上のランダム・ウォークを，以下のように考える．1人のランダム・ウォーカーがネットワーク内のある頂点にいて，各時刻で今いる頂点の隣接点のいずれかに移動するとする．最も単純には，単位時間ごとに，自分の隣接頂点のどれかに等確率で移動する．例えば，図 9.6 のようにウォーカーがネットワーク上を歩く．数字は，各時刻でその方向に進む確率であり，次数の逆数である．このような確率過程を**単純ランダム・ウォーク**と言う．

　単純でないものも含めて，ランダム・ウォークの応用例は多い．元来は，ギャンブルの解析にランダム・ウォークが用いられた．1次元格子上のランダム・ウォークを考える．単純化して，格子上の位置が所持金を表し，1回の賭けに勝つと右に一歩移動し，負けると左に一歩移動すると仮定する．勝ちと負けが半々の確率で起こるとすれば，所持金は単純ランダム・ウォークを行う．ランダム・ウォークは，近年の金融工学の基幹を成してもいる．

　ネットワーク上のランダム・ウォークの応用には，ネットワーク上に埋もれた情報の検索，インターネット上のパケット輸送，道路網における交通流解析などがある．これらの応用では，ネットワーク上のウォーカーは，多少は目的地についての情報をもち，全くランダムに歩くわけではないかもしれない．しかし，ある程度はランダムに歩くことが普通であり，ランダム・ウォークの解

析結果や手法が生かされる。9.2.4節でネットワーク上の情報検索を紹介する。また，全くランダムな場合の応用として，WWW の検索エンジン（9.2.2節，9.2.3節），中心性 [174, 178][1]，コミュニティ検出 [200] などがある。

ランダム・ウォークは，複雑ネットワークよりも遥か昔から研究されている。ただ，そこでの興味と複雑ネットワーク上のランダム・ウォークの興味はしばしば異なる。数学や物理学，特に数学では，しばしば無限ネットワーク上のランダム・ウォークを扱う。教科書に現れるのも，この場合が多い。ネットワークが無限に広いので，ある点から出発したウォーカーは出発地点に帰ってくるかどうかわからない。必ずウォーカーが有限時間で出発地点に戻ってくる場合を**再帰的**と言う。単純ランダム・ウォークが再帰的かどうかはネットワークによって異なる。1次元格子と 2 次元格子では再帰的であり，3 次元以上の格子や木では再帰的でないことが知られている。再帰性の有無は，無限ネットワーク上のランダム・ウォークにおける最初の関心事の 1 つである。

無限ネットワークである複雑ネットワークの例に，一般の次数分布をもつ木（7.2節）で $N = \infty$ の場合がある。このようなネットワーク上のランダム・ウォークを解析することはあるが，必ずしも主流ではない。現実にある複雑ネットワークは有限ネットワークだからである。

無限か有限かの違いは，ランダム・ウォークにおいては大きい。例えば，有限ネットワークにおいては，再帰性の問題は意味をなさない。ウォーカーが各時刻で隣接点のどれかに移動する，という通常の状況下では，連結な有限ネットワーク上のランダム・ウォークは必ず再帰的だからである。ずっと待っていれば，必ず出発点に戻ってくる。

有限ネットワークにおいては，ウォーカーがある頂点に到達するまでにかかる時間の平均や分布，十分に時間がたったときにある頂点を訪れる確率（**定常密度**と呼ぶ）にまず最初の関心が注がれる。到達までにかかる時間は無限ネットワークでも成立する問であるが，定常密度は無限ネットワークでは意味を成さない。無限ネットワーク上の単純ランダム・ウォークには定常密度が存在しないからである。長い時間待っていると，ウォーカーは平均的には遠くに行ってしまう。例として，1 次元格子上の単純ランダム・ウォークが原点から出発

---

[1] 補遺（PDF 版）で紹介する。「はじめに」を参照

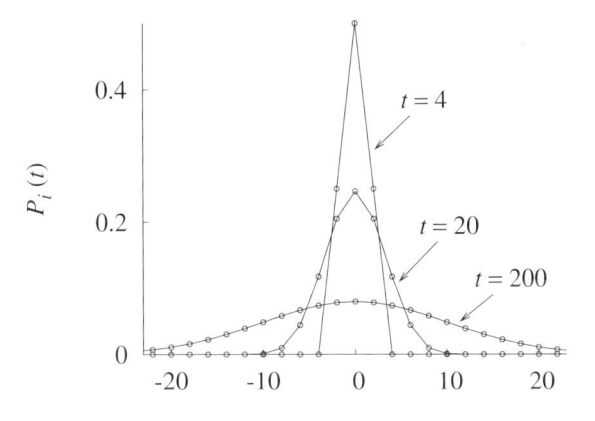

図 **9.7** 1次元格子上の単純ランダム・ウォーク

するときの，いくつかの時刻での密度を図 9.7 に示す．時間がたつほど，中心極限定理により形は正規分布に近づき，広がりは無制限に大きくなる．定常密度は存在しない．

このように，無限ネットワークと有限ネットワークで，ランダム・ウォークの関心事がかなり異なる．本節では，有限ネットワークの場合について説明する．数学や工学などの教科書で言うと，マルコフ連鎖の項が参考になる．

有限ネットワーク上で，離散時間の単純ランダム・ウォークを考える．ある点 v_i にいるウォーカーは，次の時刻に，隣接点のいずれかに等確率で動くとする．v_i にいたウォーカーが次の時刻に v_j に行く確率を B_{ij} とする．$N \times N$ 行列 $B = (B_{ij})$ を推移確率行列という．

$$B_{ij} = \frac{A_{ij}}{\sum_{\ell=1}^{N} A_{i\ell}} \tag{9.4}$$

となる．$\sum_{\ell=1}^{N} A_{i\ell}$ は規格化定数であり，v_i の次数 k_i に等しい．v_i にいるウォーカーは，次の時刻に必ずどこかの頂点に行くので，

$$\sum_{j=1}^{N} B_{ij} = 1. \tag{9.5}$$

実際に，式 (9.4) は式 (9.5) を満たす．

$P_i(t)$ を，ウォーカーが時刻 t で v_i にいる確率とする．$P_i(t)$ の時間発展は，

第9章 ネットワーク上の他の確率過程

マスター方程式

$$P_i(t+1) = \sum_{j=1}^{N} P_j(t) B_{ji} \quad (1 \leq i \leq N) \tag{9.6}$$

で記述される。式 (9.6) がマスター方程式と呼ばれるのは，この式を全ての i についてもっていれば，ランダム・ウォークの滞在確率の動きを全部把握できるからである。

十分に時間がたったときにウォーカーが頂点 i にいる確率（定常密度）を P_i^* と置く。式 (9.6) で t が大きいとして $P_i^* = P_i(t) = P_i(t+1)$ と見なすと

$$P_i^* = \sum_{j=1}^{N} P_j^* B_{ji}, \quad (1 \leq i \leq N), \tag{9.7}$$

$$\sum_{i=1}^{N} P_i^* = 1. \tag{9.8}$$

式 (9.7) を行列で書くと

$$(P_1^* \; P_2^* \; \cdots \; P_N^*) = (P_1^* \; P_2^* \; \cdots \; P_N^*) B. \tag{9.9}$$

すなわち，各頂点の定常密度を並べてできたベクトルは，推移確率行列の，固有値 1 に対応する左固有ベクトルである。

枝に方向のない場合 $(A_{ij} = A_{ji})$ は，

$$P_i^* = \frac{k_i}{\sum_{\ell=1}^{N} k_\ell} \tag{9.10}$$

が式 (9.9) の解である。なぜなら，

$$\sum_{j=1}^{N} P_j^* B_{ji} = \sum_{j=1}^{N} \frac{k_j}{\sum_{\ell=1}^{N} k_\ell} \frac{A_{ji}}{k_j} = \frac{k_i}{\sum_{\ell=1}^{N} k_\ell} = P_i^* \tag{9.11}$$

となっているからである。

式 (9.10) より，定常密度は次数 k_i に比例する。ウォーカーはハブに居やすい。ネットワークを歩くとハブに行き当たりやすいからである（式 (2.7) (p.10)）。この結果は，任意のネットワークに当てはまる。ハブが辺境のハブか，いかにも中心らしき所にいるハブかに依らない。十分に待った後ならば，次数だけでウォーカーの滞在確率が決まる。

9.2.2 ページランク

　枝に方向がないネットワークにおいては，次数だけで定常密度が決まる。その方が話が簡単であり，研究の数も多い。しかし，本節では，枝に方向があるネットワーク上のランダム・ウォークを扱う。というのも，グーグルの検索エンジンに使われているページランクという基幹技術が，有向ネットワーク上のランダム・ウォークに対応する。ページランクはランダム・ウォークであると言っても差しつかえない。本節では，ページランクを紹介する。

　ウェブの検索エンジンが対象とするネットワークは WWW である。WWW は，ウェブページを頂点，ハイパーリンクを枝とするネットワークである（3.2節）。ページ v_1 がページ v_2 にリンクしていても，逆向きのリンクがあるとは限らない。WWW は，枝の方向を考慮しても無視しても，スケールフリー・ネットワークである。

　ここでは，WWW を有向ネットワークと見なし，頂点に入る枝の数（入次数）と頂点から出る枝の数（出次数）を区別する。各頂点の入次数と出次数は，一般に一致しない。

　検索エンジンとは，検索語に関連する各ページに得点をつけて，得点の高いものを検索結果の上位に表示する方法であると言える。従来の検索エンジンは，ネットワークと関係ない方法で得点を決めていて，その性能がいまいちであった。そこで，ネットワークの視点を入れて，検索エンジンは

　(i) ページと検索語の関連度

　(ii) ページのネットワーク上の重要性

の2つの要素からなると考えてみる。(i) はネットワークと関係ない。あるページがどんなに有名だったり，ネットワークのハブだったりしても，検索語と関係ない内容ならば検索結果としてふさわしくない。(ii) がネットワークに関係する。ネットワークの頂点に得点をつけるので，中心性（2.5節）の指標を定義するということである。なお，実装における (i) と (ii) のさじ加減は，しばしば非公表である。

　グーグルは，(ii) を算出するためにページランクという方法を用いている[2]。ページはウェブページの意味でもあるが，ページランクを発案した2人のうち

---

[2] ページランクについては，WWW 上に多くの資料がある。文献 [17, 147, 203] も参照

第9章 ネットワーク上の他の確率過程

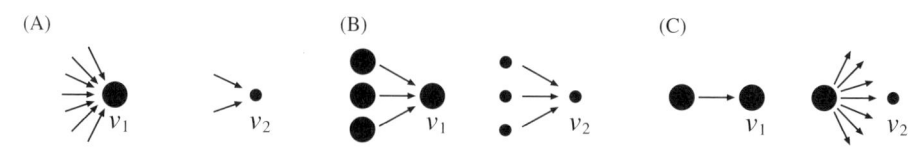

(A)　　　　　　　　　(B)　　　　　　　　　(C)

図 9.8　ページランクの基準。●の大きさは頂点のページランク

の1人 (Lawrence Page) の苗字でもある。グーグルでは，ページランクを基幹として，他のランキング手法の結果と混合して，最終的な検索結果を決めている。ページランクは，雑誌や論文などの引用ランキングにも使われている。

まずは，ページランクの定義を単純化して説明する。ウェブページの重要性の基準を

(1) 多くのページからリンクされるページは重要（図 9.8（A））

(2) 重要なページからリンクされるページは重要（図 9.8（B））

(3) 厳選されたリンクを受けることは貴重（図 9.8（C））

の3つで定める。図 9.8 で，v_1 のランクは v_2 のランクより大きい。

基準（1）はわかりやすい。しかし，基準（1）だけならば，簡単にこの定義を欺いて自分のページのページランクを上げることができる。たくさんの無意味なページを作り，それらのページから順位を上げたい自分のページにリンクすればよい。そのような方法でページランクが左右されては困る。そこで，基準（2）が必要である。自分が人工的に作った無意味なページは重要なページでないから，先ほどの欺きが阻止される。

基準（1）と（2）だけでも足りない。なぜなら，重要なページが大判振舞いをしすぎるかもしれない。重要なページが10000本のリンクを出しているなら，そのうちの1本を受けとることにさほどの価値がない。ニュースサイトや各種ポータルサイトなどの重要なページが10000本のリンクを出すことは，実際に起こりうる。そこで，基準（3）が必要になる。たくさんのリンクのうちの1本ではなく，数少ないリンクのうちの1本を受けとることを重視するのである。

ページ v_i のページランク x_i $(1 \leq i \leq N)$ を，3つの基準を達成するよう

に，まずは

$$x_i = \sum_{j=1}^{N} B_{ji} x_j = \sum_{j=1}^{N} \frac{A_{ji}}{\sum_{\ell=1}^{N} A_{j\ell}} x_j, \quad \sum_{i=1}^{N} x_i = 1 \qquad (9.12)$$

で定義する（定義の細かな修正は後で行う）．式（9.12）は，連立一次方程式の解としてページランクを定義している．2番目の式は規格化である．WWWの枝には方向があることに注意する．つまり，$A_{ji} = 1$ は v_j から v_i に枝があることを表すが，逆向きの枝がある（$A_{ij} = 1$）とは限らない．なお，どの頂点からどの頂点へも枝の方向に沿って歩いて到達できるネットワークを強連結であるという．Perron–Frobenius の定理より，強連結なネットワークに対しては x_i が全て正である．

式（9.12）によると，x_i は，たくさんのページから枝を受けとると大きくなりやすい（基準(1)）．そのときは式（9.12）の右辺にたくさんの項があり，左辺の x_i を大きくする．次に，x_i は，ランクの高いページから枝を受けとると大きくなりやすい（基準(2)）．そのときは右辺に大きな値の x_j が現れ，左辺の x_i を大きくする．最後に，x_i は，貴重な枝を受けとると大きくなりやすい（基準(3)）．頂点 v_j からの枝が貴重であるとは，v_j の出次数が小さく，v_i が v_j の数少ない枝のうちの1本を受けとることである．v_j の出次数は $\sum_{\ell=1}^{N} A_{j\ell}$ なので，貴重な枝を受けとると，式（9.12）の右辺の $A_{ji}/\sum_{\ell=1}^{N} A_{j\ell}$ が大きくなり，左辺の x_i も大きくなる．

まとめると，式（9.12）は3つの基準を満たす定義である．9.2.1節で見たように，式（9.12）は，実はランダム・ウォークの定常密度を与える．9.2.1節では枝に方向がないとしたが，枝に方向があるページランクの場合でも同じことである．ランダム・ウォークとページランクの結びつきは，人間の行動を想像すると理解できる．つまり，あるユーザーがWWW上をサーフしていて，各ページに含まれる各ハイパーリンクを等確率でクリックするとする．このとき，十分に時間がたてば，ページ v_i が訪れられる確率はページランク x_i に等しい．実際のユーザーは，例えばページ上方にあるリンクや文字の大きいリンクをクリックしやすい．ただ，ここでは，等確率なクリックを仮定することを通して，ページランクを定義した．

枝に方向がなければ，ウォーカーの定常密度は次数に比例する（9.2.1節）．

枝に方向がある場合の理解に向けて，平均場近似をしてみる．つまり，自分の隣のページの次数やランクは平均的な値であると思ってみる．式 (9.12) より，

$$x_i = \sum_{j=1}^{N} \frac{A_{ji}}{\sum_{\ell=1}^{N} A_{j\ell}} x_j \approx \sum_{j=1}^{N} \frac{A_{ji}}{\langle k \rangle} \langle x \rangle \propto \sum_{j=1}^{N} A_{ji}. \tag{9.13}$$

ここで $\langle x \rangle$ は x_i の平均値である．式 (9.12) で x_i の和が 1 になるように規格化したので，$\langle x \rangle = 1/N$ である．また，v_j の出次数 $\sum_{\ell=1}^{N} A_{j\ell}$ を平均次数 $\langle k \rangle$ で近似した．さて，$\sum_{j=1}^{N} A_{ji}$ は v_i の入次数である．よって，平均場近似によるページランクは入次数に比例し，基準 (1) に対応する．実際には，基準 (2) と基準 (3) も大切であり，それは，式 (9.13) で表される平均場近似の能力を超える．枝に方向があるランダム・グラフや BA モデルに対しては平均場近似の精度がそれなりに高いが，他の様々なモデルや実データに対しては精度が低い [155]．

図 9.9 の例を考える．$N = 8, M = 21$ であり，隣接行列と，ランダム・ウォークの推移確率行列はそれぞれ

$$A = \begin{pmatrix} 0 & 0 & 1 & 1 & 0 & 0 & 0 & 1 \\ 0 & 0 & 0 & 1 & 0 & 0 & 0 & 1 \\ 1 & 0 & 0 & 0 & 0 & 0 & 0 & 0 \\ 1 & 0 & 0 & 0 & 0 & 1 & 0 & 1 \\ 1 & 1 & 1 & 1 & 0 & 0 & 1 & 1 \\ 1 & 0 & 0 & 0 & 1 & 0 & 0 & 1 \\ 1 & 0 & 0 & 0 & 0 & 0 & 0 & 1 \\ 0 & 0 & 0 & 0 & 0 & 1 & 0 & 0 \end{pmatrix}, \quad B = \begin{pmatrix} 0 & 0 & \frac{1}{3} & \frac{1}{3} & 0 & 0 & 0 & \frac{1}{3} \\ 0 & 0 & 0 & \frac{1}{2} & 0 & 0 & 0 & \frac{1}{2} \\ 1 & 0 & 0 & 0 & 0 & 0 & 0 & 0 \\ \frac{1}{3} & 0 & 0 & 0 & 0 & \frac{1}{3} & 0 & \frac{1}{3} \\ \frac{1}{6} & \frac{1}{6} & \frac{1}{6} & \frac{1}{6} & 0 & 0 & \frac{1}{6} & \frac{1}{6} \\ \frac{1}{3} & 0 & 0 & 0 & \frac{1}{3} & 0 & 0 & \frac{1}{3} \\ \frac{1}{2} & 0 & 0 & 0 & 0 & 0 & 0 & \frac{1}{2} \\ 0 & 0 & 0 & 0 & 0 & 1 & 0 & 0 \end{pmatrix}.$$
$$\tag{9.14}$$

式 (9.12) の，例えば $i = 1$ の式は

$$x_1 = x_3 + \frac{x_4}{3} + \frac{x_5}{6} + \frac{x_6}{3} + \frac{x_7}{2} \tag{9.15}$$

となる．右辺の項が比較的多いことは，v_1 の入次数が大きいことを反映している（基準 (1)）．x_3, x_4, x_5, x_6, x_7 が平均的に大きければ x_1 も大きくなる（基準 (2)）．また，v_1 は，v_3 が出す唯一の枝を受けとっている（基準 (3)）．

式 (9.14) の行列 B に対して式 (9.12) を解くと，表 9.1 の 2 列目となる．

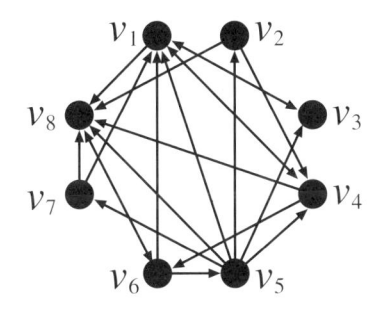

図 **9.9** このネットワークのページランクは？

表 **9.1** 図 9.9 のネットワークにおける各点のページランク

頂点	x_i	入次数	入次数に基づく 平均場近似	出次数	出次数に基づく 平均場近似
v_1	0.2275	5	0.2381	3	0.1429
v_2	0.0140	1	0.0476	2	0.0952
v_3	0.0899	2	0.0952	1	0.0476
v_4	0.0969	3	0.1429	3	0.1429
v_5	0.0843	1	0.0476	6	0.2857
v_6	0.2528	2	0.0952	3	0.1429
v_7	0.0140	1	0.0476	2	0.0952
v_8	0.2205	6	0.2857	1	0.0476

この表に，各頂点の入次数と出次数，および，ページランクが入次数や出次数に比例すると想定したときのページランクの推定値も示す．入次数に比例する推定値は，すでに説明した平均場近似である．表 9.1 によると，期待通り，ページランクは入次数と高い相関をもつが一致はしない．また，ページランクと出次数はあまり相関していない．

以上がページランクの原理である．実用のためには，もう少し洗練する必要がある．それは，WWW は有向ネットワークであり，一般に強連結でないことに起因する．

例えば，どの頂点からも枝を受けとらない図 9.10 の v_1 のようなページがよくある．枝の方向を無視するとどの頂点からも v_1 に到達できるが，枝の方向を考えるとどの頂点からも v_1 に到達できない．図 9.10 のネットワークに

第 9 章　ネットワーク上の他の確率過程

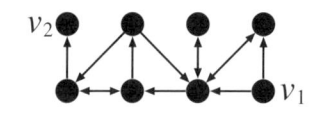

図 9.10　方向つきのネットワークでよくある状況

ついて，式 (9.12) で $i = 1$ とすると，全ての j について $A_{ji} = 0$ なので $x_1 = 0$. よって，v_1 から出る枝がほかのページのランクに全く寄与しないことになってしまう。それを避けるためには，入次数が 0 の点にもウォーカーを到達させなければならない。そこで，ウォーカーは，単純ランダム・ウォークを確率 $1 - q$ で行い，残りの確率 q で，ネットワーク全体の中から等確率で選んだあるページへ飛ぶとする。すると，毎時刻につき確率 q/N で入次数が 0 の点にもウォーカーが訪れる。確率 q の場合の行き先を，一様分布ではなく，事前知識に基づく何らかの分布で決めることもある。

また，WWW にはたくさんの行き止まり（dangling node と呼ばれる）がある。外に枝を出さないページのことであり，図 9.10 の v_2 が例である。画像からなるページは，典型的な行き止まりである。ウォーカーがこのようなページに到達すると，上記の確率 $1 - q$ でランダム・ウォークを行う場合に，次の行き先がない。この場合の処置を決める必要がある。よく使われる規則に，(i) 確率 q のときと同様に行き止まり v 自身を含むいずれかのページに等確率で飛ぶ，(ii) v に留まる，などがある。(ii) では，確率 q の事象が起こらない限り，ウォーカーは v から脱出しない。ここでは，(ii) の規則を採用する。

ページランクの定義を以下のように一般化する。v_i から出る枝が 1 本以上のときは

$$B_{ij} = \frac{q}{N} + (1 - q) \frac{A_{ij}}{\sum_{\ell=1}^{N} A_{i\ell}}. \tag{9.16}$$

0 本のとき，すなわち，行き止まりのときは，式 (9.16) の分母 $\sum_{\ell=1}^{N} A_{i\ell}$ が 0 になるので，代わりに

$$B_{ij} = \begin{cases} \frac{q}{N} + (1 - q), & (i = j), \\ \frac{q}{N}, & (i \neq j), \end{cases} \tag{9.17}$$

とする。式 (9.17) は，確率 $1-q$ で動かず，確率 q でどこかの点に飛ぶことを記述している。この行列 B を用いて，

$$(x_1 \cdots x_N) = (x_1 \cdots x_N)B \qquad (9.18)$$

より各点のページランクを求める。このように修正されたページランクも，やはり一種のランダム・ウォークに対応する。ウォーカーの滞在確率が定常確率 x_i に時間とともに収束するための数学的条件も満たされ（先ほどの定義では，実はそうとは限らない），また，$x_i > 0$ $(1 \leq i \leq N)$ である。

修正前にしろ修正後にしろ，実は，行列 B の最大固有値は1である。したがって，$(x_1 \cdots x_N)$ は B の最大固有値に対応する左固有ベクトルであり，ページランクは固有ベクトル中心性（2.5.4 節）の一種と言える。x_i の値をネットワークから求めるには，連立一次方程式(9.18)を素直に解いてもよいが，固有ベクトル中心性に適用可能である反復法（2.5.4 節）の方が遥かに速い。特に，q が大きいほど反復法の収束が速い。ただ，q が大きいと，でたらめなジャンプが多くなり，元のネットワークの効果がぼけてしまう。ページの重要性を測るためには q がない方が良く，行き止まりの頂点などに対処したり数値計算を高速に行ったりするためには $q > 0$ が必要である。折衷案として $q = 0.15$ 程度がよく使われる。

9.2.3 HITS

WWW には，ページランクではとらえきれない独特なネットワーク構造がある。そこで，クラインバーグは，ページランクに似て非なる HITS という手法を提案した[129, 130]。HITS では，次の2種類の重要なページを区別する。

- オーソリティ：入力された検索語について重要な情報をもつページ。検索エンジンが答として返したいページである。オーソリティの出次数は小さくてもよいが，他のページからリンクを受けてオーソリティ（＝権威）として認識されることが必要である。
- ハブ：オーソリティを認めるページ。重要な情報をもつページに着実にリンクをはるようなページである。自分自身は重要な情報は含まなくてもよく，入次数が大きい必要もない。ここでのハブの定義は，通常のハブの定義（＝次数が大きい頂点）と異なる。本節だけでは，この新しい

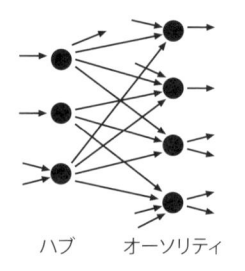

第 9 章　ネットワーク上の他の確率過程

図 **9.11**　2 種類の重要なページ

ハブの定義を用いる。

ハブとオーソリティを模式的に示すと図 9.11 のような 2 層構造となる。ページランクは 2 層構造を考慮していない。

ハブとオーソリティを区別したい理由はある。まず，検索エンジンが返したいページは，検索語そのものにはひっかからないかもしれない。例えば，九州のサッカーチームを探したいとき，そのようなチームのトップページには，もしかしたら「サッカー」，「九州」といった単語は当然すぎて入っていないかもしれない。むしろ，サッカー情報を集めたハブページがあって，そこから探しているチームや他のチームのトップページ（オーソリティ）にリンクがあることを期待できる。また，異なるチームのサイトはお互いにリンクをはっていないかもしれない。すなわち，検索の理想的な出力結果であるオーソリティどうしは，隣接していないかもしれない。

このような 2 層構造を考慮して，ページ v_i のオーソリティ度 $x_i(\geq 0)$ とハブ度 $y_i(\geq 0)$ を

$$x_i \propto \sum_{j=1}^{N} A_{ji} y_j, \tag{9.19}$$

$$y_i \propto \sum_{j=1}^{N} A_{ij} x_j, \tag{9.20}$$

で定義する。比例の記号 $\propto$ で書いたのは技術的な理由であり，比例定数は後で決まる。

式 (9.19) より，多くのハブ（y_j の大きい頂点）からリンクを受ける（$A_{ji} = 1$）ほど，x_i のオーソリティ度は大きい。式 (9.20) より，多くのオーソリティ

(x_j の大きい頂点) を認める ($A_{ij} = 1$) ほど, y_i のハブ度は大きい.

式 (9.19), (9.20) をベクトルの形で書くと

$$\boldsymbol{x} \propto A^\top \boldsymbol{y}, \tag{9.21}$$

$$\boldsymbol{y} \propto A\boldsymbol{x}. \tag{9.22}$$

ただし, $\top$ は転置を表し, また,

$$\boldsymbol{x} \equiv \begin{pmatrix} x_1 \\ x_2 \\ \vdots \\ x_N \end{pmatrix}, \quad \boldsymbol{y} \equiv \begin{pmatrix} y_1 \\ y_2 \\ \vdots \\ y_N \end{pmatrix}. \tag{9.23}$$

実際には, 反復法でオーソリティ度やハブ度を求める. $\boldsymbol{x}(t), \boldsymbol{y}(t)$ を t 回反復後の $\boldsymbol{x}, \boldsymbol{y}$ の評価値とする. 初期値 $\boldsymbol{x}(0), \boldsymbol{y}(0)$ をてきとうに選び,

$$\boldsymbol{x}(t+1) = A^\top \boldsymbol{y}(t), \tag{9.24}$$

$$\boldsymbol{y}(t+1) = A\boldsymbol{x}(t+1) \tag{9.25}$$

によって反復を行う. ただし, $\boldsymbol{x}(t+1)$ と $\boldsymbol{y}(t+1)$ を

$$\sum_{i=1}^N x_i^2(t+1) = 1, \quad \sum_{i=1}^N y_i^2(t+1) = 1 \tag{9.26}$$

で規格化する. 式 (9.24), (9.25) より

$$\boldsymbol{x}(t+1) = A^\top A \boldsymbol{x}(t), \tag{9.27}$$

$$\boldsymbol{y}(t+1) = AA^\top \boldsymbol{y}(t) \tag{9.28}$$

よって, $\boldsymbol{x}$ は $A^\top A$ の最大固有ベクトル, $\boldsymbol{y}$ は $AA^\top$ の最大固有ベクトルに収束する. Perron–Frobenius の定理より, 各 x_i や y_i は非負である.

最後に, ページランクと HITS に共通することとして, 実用上は, 世界全体の WWW に対してランクを計算するわけではない. それでは N が大きすぎる. 次の手順で検索が行われる.

(1) 検索語が打ちこまれる.

(2) ネットワークではなくデータベースに基づく他の検索エンジンを用いて，答の上位少数（例えば200）のページを集める。データベースに基づく検索エンジンとは，各ページとキーワードの対応を一覧表にしたものである。この方法だけで良い検索エンジンを作ることは難しいが，ここでは，それを援用する。

(3) 集められたページとその数リンク先までのページからネットワークを作り，このネットワークを反復アルゴリズムの対象とする。N を数千程度にすることが多い。その結果，ページランクの高いページ，ないし，ハブやオーソリティが含まれやすくなる。

(4) このネットワークに対してページランクや HITS のアルゴリズムを適用する。

9.2.4 情報探索

ウェブ上の検索に限らず，インターネットでのパケット輸送のように，ネットワーク上に埋もれている情報や目的地を探索することは多い。ミルグラムのスモールワールド実験の例では，手紙のリレーにおいて，始点の人とゴールの人の距離が $L = 6$ 程度となった。ところで，L と書くと始点とゴールが最短路で通信することを暗黙に仮定しているかのようである。L の定義が最短路に基づくからである。しかし，スモールワールド実験ではそうでない。各自は，ゴールまでの最短路を知らない状況のもとで，何となくゴールに近い人に手紙を投げたはずである。それにも関わらず，リレーの長さは 6 程度であった。ネットワークの L は，もっと小さいかもしれない。限られた情報のもとで人々が手紙を投げても距離が 6 程度であったことは，スモールワールド実験の隠れた驚きである。

情報探索（ゴールを探すことをこう呼ぶ）を行うとき，最短路を利用できないことは多い。全く情報が与えられていなければ，手紙はランダム・ウォークするしかない。実際は，少しは各自に情報が与えられていることが多い。その場合，地理的にゴールに近い人やゴールの人と職業などの属性が近い人に手紙を投げるだろう。本節では，このような，ランダム・ウォークと最短路ウォークの中間くらいの賢さであるウォークのモデルを紹介する。全くでたらめな動きではないので，本節では単にウォークと書く。

9.2 ランダム・ウォーク

私たちは2次元面上に住んでいると見なされて，自分の位置等を認識している。HITS を提案したクラインバーグは，別の研究として，スモールワールド性をもちうる2次元のネットワーク（5.3節）上で行われるスモールワールド実験を，理論的に解析した [24, 132, 133, 135]。始点とゴールがネットワークの中から1人ずつ無作為に選ばれるとする。手紙の位置に対応するウォーカーは，2次元平面の中での自分とゴールの座標，また，自分から出る近道がどこへ向かうかを知っているとする。ただし，他人の近道のことまでは知らず，したがって，ネットワーク構造を完全には知らない。このときに，始点からゴールへの平均到達時間 T を考える。

ネットワークを定めよう。まず，頂点は正方格子を成すとする。次に，WS モデルと異なり，各自が1本ずつの近道をもつとする。近道の行き先は，地理的に近い頂点でありやすいとする。具体的に，自分 v_1 の座標を (x_1, y_1)，近道の仮の相手 v_2 の座標を (x_2, y_2) とする。正方格子なので，x_1, y_1, x_2, y_2 は整数としてよい。v_1 と v_2 の距離は $r = |x_1 - x_2| + |y_1 - y_2|$ で定める。そして，$r^{-\alpha}$ に比例する確率で，v_2 が近道の行き先として選ばれるとする。

$\alpha > 0$ とする。すると，地理的に遠い相手に向かう近道は存在しにくい。WS モデルでは，相手との地理的な（＝拡張サイクルに沿う）距離は近道の確率に影響しない。それと比べると，ここでの近道の仮定はより現実的である。現実のネットワークで L が小さいと言っても，地理的に近い人どうしは，地理的に遠い人どうしよりもある程度隣接しやすいのである。なお，α が大きいほど，地理的に遠い2点を結ぶ枝ができにくくなり，L が大きくなる。

ウォーカーは，距離 r の意味で一番ゴールに近い隣接点に移動するとする。正方格子の枝を使うかもしれないし，近道を使うかもしれない。α が小さいほど一挙に遠くまで飛べるので，ウォーカーがゴールに速く到達すると思われるかもしれない。しかし，そうではない。証明は示さないが [111, 112, 133, 135]，平均到達時間 T の下限は N^β に比例し，

$$\beta = \begin{cases} \frac{2-\alpha}{3}, & (0 \leq \alpha < 2), \\ \frac{\alpha-2}{\alpha-1}, & (\alpha > 2), \end{cases} \tag{9.29}$$

となる（図9.12）。β が小さいほど，速くゴールに到達できる。$\alpha = 2$ のとき，

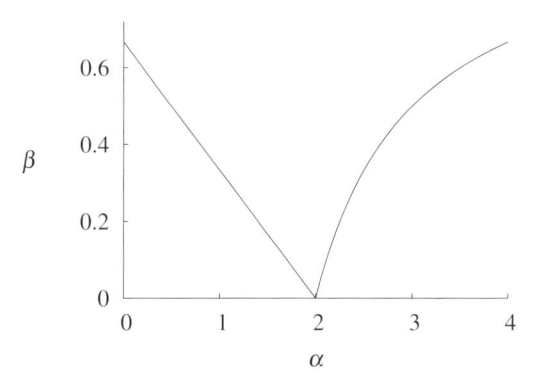

図 **9.12** 情報探索にかかる時間の下限。$T \propto N^\beta$

式 (9.29) または図 9.12 から，$\beta = 0$ となる。このとき，$T \propto (\log N)^2$ であることが知られている。式 (9.29) は T の下限のみの評価だが，数値計算で T を評価すると，T の α への依存性は図 9.12 と大体一致する。

$\alpha = 2$ で β は最小となる。α が小さいほど距離 r の長い近道が存在しやすいが，α が小さいほど β が小さくなるわけではない。α が小さすぎると，地理的に遠くへの近道が多すぎて，効率的にゴールに向かえないのである。$\alpha = 2$ において，地理的に近くへの枝数と遠くへの枝数が釣り合い，効率的な探索が可能になる。D 次元ならば $\alpha = D$ でのみ，$(\log N)^2$ となり，それ以外では N^β，$\beta > 0$ となる [105, 132, 133]。

WS モデルの 2 次元版は，このモデルの $\alpha = 0$ に対応する。地理的に近いか遠いかに関わらずに近道を作るからである。このとき，式 (9.29) より $\beta = 2/3$．よって，手紙のリレーから求めた T を L と思うならば，$L \propto N^{2/3}$ 以上となり，$L \approx 6$ というミルグラムの実験結果を説明できない。

$\alpha = 2$ のとき，T は $(\log N)^2$ 程度となり，$\log N$ ほどではないが小さい。よって，$\alpha = 2$ ならば L が小さいと思ってよい。しかし，$\alpha = 2$ としたこのネットワークがミルグラムの実験結果を説明するとは言えない。$\alpha = 2$ という特別な値しか許されないからである。現実世界で高い精度で $\alpha \approx 2$ になっているとは考えにくい。

この問題を解決するために，階層性とホモフィリー（似たものが集まりやすいこと）という社会ネットワークの 2 つの性質を考慮したモデルもある [134,

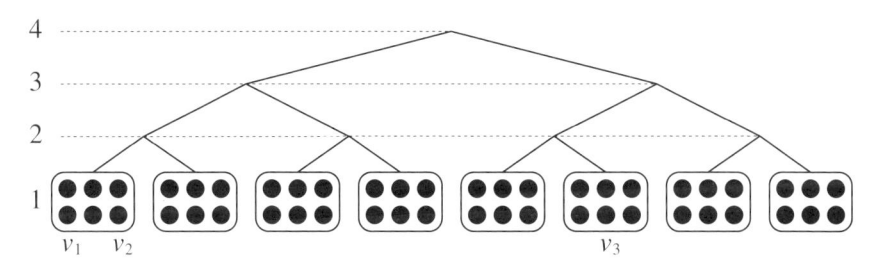

図 **9.13** 階層的な社会ネットワークの概念

135, 220]。頂点が図 9.13 のように配置されているとする。この図は，ネットワークではなく，頂点間の趣味や所属などの類似度を表す。2 点 v_i と v_j の社会的属性の隔たり d'_{ij} は，この図を上にたどっていって初めてぶつかる地点の高さであるとする。図 9.13 では $d'_{12} = 1, d'_{13} = 4$ である。そして，ネットワークにおいて 2 点が隣接する確率を $e^{-(\text{正の定数}) \times d'_{ij}}$ で定める。d'_{ij} が小さいほど 2 頂点は隣接しやすく，ホモフィリーに対応する。d'_{ij} が大きくても，たまたま v_i と v_j が結ばれて 2 点間距離が $d(v_i, v_j) = 1$ となるかもしれない。逆に，2 点が同じグループに属して $d'_{ij} = 1$ でも，v_i と v_j は結ばれずに $d(v_i, v_j) > 1$ かもしれない。d'_{ij} の大小は $d(v_i, v_j)$ の大小と正の相関をもつが，一致はしない。

このネットワーク上での手紙のリレーを考える。先の 2 次元ネットワークの場合と同様に，自分 v_i は，各隣接点 v_j からゴール v_t への d'_{jt} を知っているとする。そして，d'_{jt} が最小となる隣接点へメッセージを投げる。先の 2 次元ネットワークでは地理的にゴールに近い人へと手紙を投げるが，この階層モデルでは属性の意味でゴールに近い人へと手紙を投げる。実際に人々が手紙を投げる状況として，この仮定は現実らしい。

ここまで，各自が 1 つだけの属性をもつ場合を説明した。実際には，人の属性は趣味，仕事などいくつかの次元をもつので，2 つ以上の属性に基づいて距離を測るとよい。すると，情報探索の効率が非常によくなり，小さい T を達成できることが知られている。しかも，2 次元モデルでは $\alpha = 2$ のみで T が小さくなったことと対照的に，階層モデルでは変数（属性の数や，$e^{-(\text{正の定数}) \times d'_{ij}}$ にある正の定数）の値のそれなりに広い範囲で探索効率がよい [220]。このモデルは，スモールワールド実験の説明として，より強い説得力をもつ。

9.3 カスケード故障

ネットワークの枝には，しばしば物量が流れる．航空網での人の流れ，電力網での電気の流れ，インターネットでのパケットの流れ，道路網での車の流れが例である．現実的に考えると，各頂点や各枝が通せる流れの量には限界がある．空港の規模や変電所の規模は頂点の容量を，インターネットの回線の太さや道路の幅は枝の容量を規定する．ネットワーク上の流量の最大化，流れの効率化といった問題は，離散数学やオペレーションズ・リサーチなどの分野で以前から研究されている．複雑ネットワークの上でも，主に数値計算によって，ネットワーク上の物流の問題が解析されている．本節では，カスケード故障というモデルを紹介する．

電力網を考える．頂点は発電所，変電所，家庭などを表し，枝は電線である．電力網はスモールワールド・ネットワークである [219]．電力が，発電所から末端の各頂点に決まった量だけ送られていて，頂点を通過できる電力の最大容量が頂点ごとに与えられているとしよう．

今，ある頂点が故障するとする．この頂点を通る電力が増えすぎて最大容量を超えてしまった，と思ってもよい．電力の需要は元のままなので，その頂点を通過していた電力は，その電力の出発地と目的地を結ぶ何らかの経路を迂回するようになる．すると，迂回路上の頂点の負荷が増えて，容量を超えてしまうかもしれない．もしそうなれば，この頂点も停止してしまい，そこを通っていた電力はさらなる迂回路に回される．このような連鎖が続くと，頂点の故障の連鎖（カスケード）が起こり，電力網は雪崩のように機能停止し，電力輸送ができなくなる．1つの頂点が故障するだけでは，このような大惨事にはならないかもしれない．しかし，数個の頂点が停止するだけで，あるいは，故障する1個の頂点の選び方によっては，故障の連鎖が起こるかもしれない．2003年にアメリカ東部でアメリカ史上最大の大停電が起こり，最大15時間も電気が止まった．この大停電では，このような連鎖が起こったと思われている．

カスケード故障のモデル [164] を紹介する．単純に，各頂点から各頂点へと何らかの流れがあるとする．大切な仮定として，流れは最短路を通るとする．すると，各頂点 v_i を通る流れの量は，媒介中心性 b_i（2.5.3節）に等しい．媒

介中心性が，複雑ネットワークの研究では負荷とも呼ばれる［116］ゆえんである。中心的な頂点を通る流量が多いことはあらかじめわかっているので，最初はどの頂点も容量超過を起こしていないとするのが自然である。そこで，各頂点の容量は

$$\mathrm{Ca}(i) = (1+\alpha)b_i \tag{9.30}$$

であると仮定する。$\alpha \geq 0$ は容量の余裕である。α が小さいほど各頂点の容量は流量ぎりぎりであり，どこかの頂点が停止するときに故障の連鎖が起こる可能性が大きい。この設定のもとで，次のようにする。

カスケード故障のダイナミクス

(1) ある頂点 v を除去する。
(2) v を通っていた流れは，迂回しなければならない。そこで，v を除去したネットワークにおいて各頂点の媒介中心性を再計算する。個々の流れは，v を除去したネットワークでの最短路を新たに使うことになる。再計算した媒介中心性を，同じ文字 b_i で書く。
(3) 容量を超えた頂点，すなわち，新しい b_i が $\mathrm{Ca}(i)$ より大きい頂点を全て除去する。
(4) 頂点を除去したネットワークにおいて，残った各頂点の媒介中心性 b_i を再計算する。
(5) ステップ3とステップ4を，容量超過の頂点がなくなるまで繰り返す。

例として，図9.14（A）のネットワーク上で $\alpha = 0.8$ の場合を考える。各点の b_i を表9.2の（A）に示す。表には，$\mathrm{Ca}(i) = (1+\alpha)b_i$ も示されている。今，v_1 を除去する。すると，ネットワークは図9.14（B）となり，各 b_i は表9.2の（B）に示す値に更新される。$b_1 = 0$ となった。また，v_1 を通っていた最短路が他の頂点を迂回するようになったので，b_i が増えた頂点がある。その一方，v_1 を始点とする最短路がなくなったので，b_i が減った頂点もある。次に，$\mathrm{Ca}(i) > b_i$ となっている頂点 v_3, v_4, v_8, v_{14} を除去すると，ネットワークは

第9章 ネットワーク上の他の確率過程

図 9.14 (C) となる．再び，各点の b_i を更新する．この時点でネットワークはほとんど分断されていて，多くの頂点どうしが通信できず，$b_i = 0$ である頂

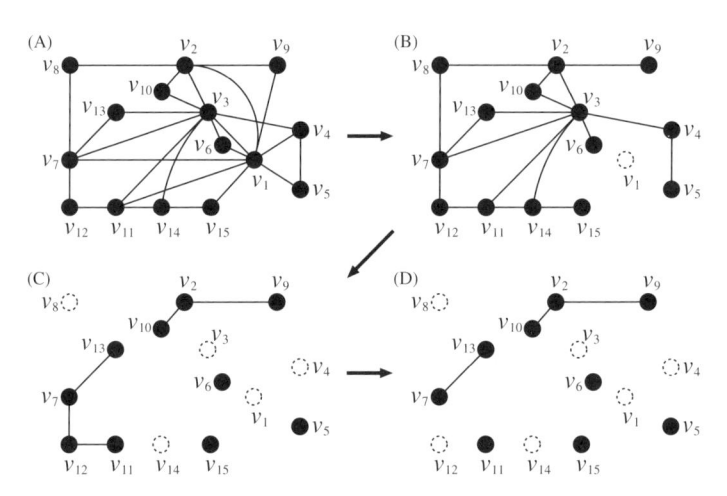

図 9.14 故障の連鎖が進行する様子．$\alpha = 0.8$, $N = 15$. $m = m_0 = 2$ の BA モデルを用いて初期ネットワークを生成した

表 9.2 図 9.14 のネットワークにおける b_i．(A) 〜 (D) は図 9.14 の (A) 〜 (D) に対応

頂点	$\mathrm{Ca}(i)$	(A)	(B)	(C)	(D)
v_1	61.14	33.97	0	0	0
v_2	16.47	9.15	16.33	1.00	1.00
v_3	54.24	30.13	56.50	0	0
v_4	2.55	1.42	12.00	0	0
v_5	0	0	0	0	0
v_6	0	0	0	0	0
v_7	23.46	13.03	10.50	2.00	0
v_8	0.96	0.53	1.67	0	0
v_9	0	0	0	0	0
v_{10}	0	0	0	0	0
v_{11}	11.52	6.40	5.17	0	0
v_{12}	0.96	0.53	0.83	2.00	0
v_{13}	0	0	0	0	0
v_{14}	3.60	2.00	12.00	0	0
v_{15}	1.50	0.83	0	0	0

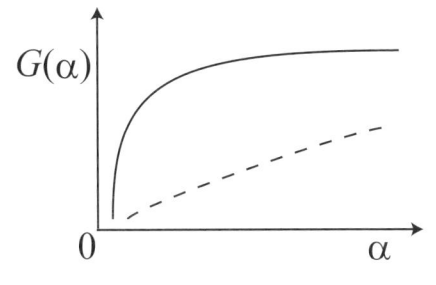

図 **9.15** 連鎖の起こりやすさ

点が多い。$Ca(i) > b_i$ となっている v_{12} を除去すると図 9.14（D）となり，ここで終了する。

最後に残った最大連結成分の頂点数を N_{after} とする。図 9.14 では $N_{\text{after}} = 3$ である。$G(\alpha) = N_{\text{after}}/N$ を観測することにする。$G(\alpha)$ が小さいほど，故障の連鎖が大きかったことになる。$G(\alpha)$ は α について単調増加であり，$G(0) = 0$ であり，N が大きければ $G(\infty) = (N-1)/N \approx 1$ である．そこで，α を増やすときにどのように $G(\alpha)$ が増えるかを調べる。図 9.15 の実線のように $G(\alpha)$ が急速に増えれば，容量の余裕 α が小さくても連鎖が起こりにくいので，ネットワークは故障の連鎖に対して高い耐性をもつ。図 9.15 の点線のように $G(\alpha)$ がゆっくり増えれば，α が大きくても連鎖が起こりやすいので，ネットワークは低い耐性をもつ。

このモデルの主な解析手段は数値計算である。数値計算の結果として，スケールフリー・ネットワークもランダム・グラフも，通常のカスケード故障には強い。かなり α が小さくても，連鎖は起こりにくい。

しかし，ハブや媒介中心性の大きな頂点を最初に故障させることにすると，状況は異なる。特に，媒介中心性が大きい頂点を最初に除去すると，この頂点を通っていた多量の流れが他の経路を迂回するはめになる。ランダム・グラフではそれでも連鎖が起こりにくいが，スケールフリー・ネットワークでは連鎖が起こりやすくなる。その意味で，スケールフリー・ネットワークの方がランダム・グラフよりも故障の連鎖に弱い。1つの頂点をつぶすだけでも連鎖が起こりうる。この事情は，サイト・パーコレーション（8.2.1 節，8.2.2 節）と選択的攻撃（8.3 節）との関係に幾分似ている。

故障の連鎖からネットワークを守る方策も大切である。例えば，最初の頂点を除去した後の状況が観測できる，という設定のもとでの防御策が調べられている [165]。この瞬間に b_i が小さい頂点を除去すると，最終状態において故障する頂点数が減る。すなわち，残る頂点数 N_{after} が大きい。頂点は流れの通り道であると同時に，自分を端点とする流れの出発点である。媒介中心性の定義に戻って考えると，自分から出発する流れの量は頂点によらず同じである。b_i の小さい頂点は，流れを通すことにあまり寄与せず，かつ，自分から出発する流れを一定量だけ発生するので，除去してしまう方がよいのである。

また，頂点除去の話とは独立に，媒介中心性が大きい枝を除去すると，やはり N_{after} が大きくなる。枝は流れの通り道なので，枝を除去するとむしろ流れが良くなるというのは，いささか驚きである。実用上は，頂点や枝をつけ加える，枝をつなぎかえる，といった防御策は費用がかさむ。頂点や枝を除去することなら，より簡単にできる。

第 10 章 ネットワーク上の同期

　同期とは，複数の要素の活動が揃うことである。古くは，ホイヘンスが1665年に，2つの振り子時計の振りが自然と同期することを発見した。同期は，多数のホタルの発光，脳内のニューロンの発火，心筋細胞の拍動，拍手など様々な現象に見られる。

　同期の仕組みは，大きく分けて2つある。1つ目は，各要素（例えばホタル）たちが他の要素の状態についての情報を得て，それに何らかの意味で同調する方向に自分の状態を動かすことである。コンサートで言えば，各奏者が周りの奏者の演奏を聴いて合わせることである。2つ目は，先生がいて，要素たちは先生の動きに同調しようとすることである。コンサートで言えば，各奏者が指揮者に合わせることである。コンサートならば指揮者がいるので2つ目の方だと思われるかもしれないが，仮に指揮者がいなくても，合奏は大体可能である。両方の同期の仕組みが大切である。

　本章では，相互作用を通じて要素たちが同期をする，という1つ目の方の仕組みについて説明する。従来は，各要素が他の全ての要素と相互作用する完全グラフの場合が詳細に解析された。次に，現実世界では完全グラフ上で相互作用が起こっていると見なせないことが多いので，1次元格子や正方格子などにおける同期の研究が進んだ。そして，複雑ネットワークが登場してからは，その上での同期現象も調べられている。ネットワークの話題も扱っている同期現象の啓蒙書に[3, 8]，ネットワーク上の同期の総説に[52]，同期にある程度触れているネットワークの総説に[20, 38, 45, 51]がある。ネットワーク上の現象モデルの研究の中では，同期の研究は，感染症関係の研究の次に多いように思われる。

　ネットワーク上の同期を解析する方法の流儀は，2つに大別される。これは，考える活動の種類の違いに主に起因する。1つ目は，周期的な同期現象であ

第 10 章　ネットワーク上の同期

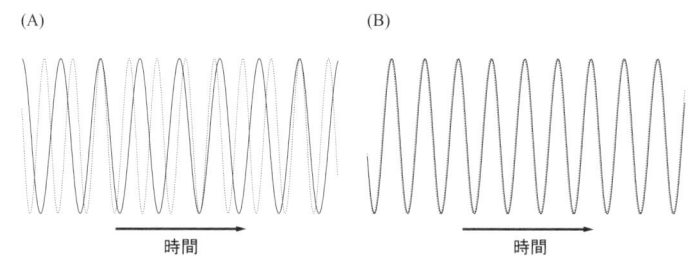

図 10.1　2 つの周期的な素子の（A）非同期と（B）同期。素子は結合振動子（10.1 節）で，$\omega_1 = 1.0$, $\omega_2 = 1.4$. （A）$K = 0$, （B）$K = 1$

り，10.1 節で紹介する．心拍，日周リズム，細胞分裂などに見られるように，活動はしばしば周期的である．個々の素子は周期的な活動をするとしよう．周期的な素子が同期すると，皆が同じ活動をするので，集団の活動は素子数の分だけ大きくなる．同期せずに各自がばらばらのリズムで活動していると，集団を集めても，活動はあまり大きくならない．2 つの異なる周期的な素子の例を図 10.1 に示す．図 10.1（A）では，素子間に結合がないために同期が起こらず，各素子は自分に固有の速度で動き続ける．図 10.1（B）では，2 つの素子が十分な結合強度で結ばれていて同期が起こる．

2 つ目の解析方法の流儀は，周期的とは限らない素子たちの同期であり，10.2 節で紹介する．複数の銘柄の株価が，連動して変化する様子を想像されたい．

この 2 つの場合のそれぞれについて，どのようなネットワークで同期が起こりやすいのだろうか．

10.1　結合位相振動子

まず，周期的な素子を考える．ここでは振動子と呼ぶ．振動子たちがネットワーク上で相互作用して，同期を起こす可能性について考える．この枠組みは日本のお家芸である．というのも，蔵本由紀らが 1970 年代からこの分野の研究を世界的に牽引しているからである．また，WS モデルのストロガッツは，実は，ネットワークよりも結合位相振動子の方をより多く研究している．

10.1 結合位相振動子

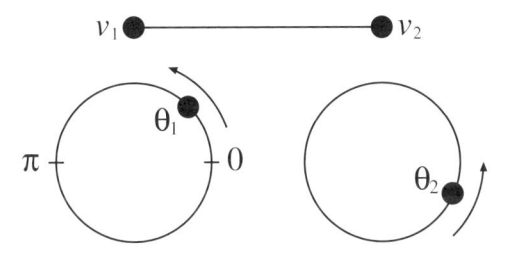

図 10.2 2つの位相振動子

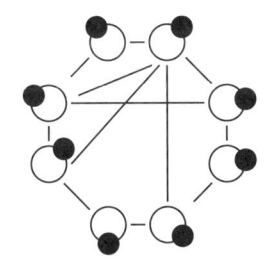

図 10.3 ネットワーク上の結合位相振動子

周期的な振動子の中で最も単純な，図 10.2 のように円周上を回る振動子を考える．見た目としては，振動というより回転している．このような振動子を，位相振動子と呼ぶ．ネットワークの頂点に（位相）振動子が1つずつ乗っていて，隣接する2つの振動子が直接相互作用することにする．図 10.3 のような状況である．この系を結合位相振動子という．このときに，振動子たちが同期できるかどうかを問う．同期のしやすさは，ネットワークの形に依存する．

一般のネットワークの場合の解析は難しい．そこで，まず，$N=2$ 個の頂点が1本の枝で結ばれた無向ネットワーク上の結合位相振動子（図 10.2）について考える．同期可能性を調べるために，この振動子ネットワークを

$$\frac{d\theta_1}{dt} = \omega_1 + \kappa \sin(\theta_2 - \theta_1), \quad (10.1)$$

$$\frac{d\theta_2}{dt} = \omega_2 + \kappa \sin(\theta_1 - \theta_2), \quad (10.2)$$

で定式化する．頂点 i ($i=1,2$) の状態は位相 $\theta_i \in [0, 2\pi)$ である．$\theta_i = 2\pi$

第 10 章 ネットワーク上の同期

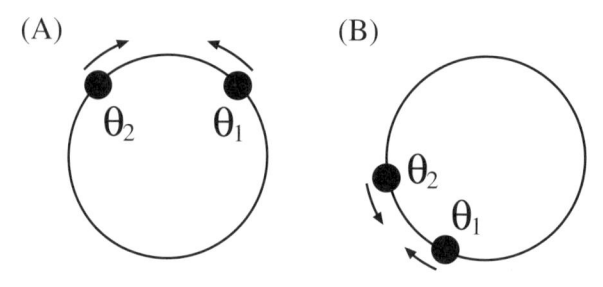

図 10.4 結合関数の方向。(A) $0 < \theta_2 - \theta_1 < \pi$ のとき。(B) $\pi < \theta_2 - \theta_1 < 2\pi$ のとき

の所でリセットされて $\theta_i = 0$ になるとする。つまり，0 と 2π を同一視する。すると，図 10.2 にあるように，θ_i は単位円周上の 1 点を定める。$\omega_i/2\pi$ は振動子 i の自然周波数であり，他の振動子との結合がないときに振動子 i が円周上を進む速度を表す。κ は結合の強さであり，たいていの場合にならって $\kappa \geq 0$ を仮定する。式 (10.1) によると，振動子 2 が振動子 1 よりも前にいるとき ($0 < \theta_2 - \theta_1 < \pi$ のとき。ただし，2π の整数倍の差は無視する)，$\sin(\theta_2 - \theta_1) > 0$ なので，振動子 1 は速く回って振動子 2 に追いつこうとする。式 (10.2) より，振動子 2 は遅く回って振動子 1 に歩調を合わせようとする。図 10.4 (A) のような状況である。逆に，振動子 1 が振動子 2 よりも前にいるときは，振動子 1 が減速し，振動子 2 が加速して，お互いに相手に同調しようとする (図 10.4 (B))。

式 (10.1)，(10.2) の結合に sin 関数を用いる主な理由は，解析の便宜上である。θ_2 と θ_1 の差が小さいときは，$\sin(\theta_2 - \theta_1) \approx \theta_2 - \theta_1$ であり，位相の差に比例する強さで θ_1 と θ_2 が近づきあおうとする。

時間が経つにつれて θ_1 と θ_2 の動きが図 10.1 (B) のように一致する，すなわち，同期するかもしれない。κ が小さすぎたりすると，同期が起こらないかもしれない (図 10.1 (A))。実は，図 10.1 (B) では，θ_1 と θ_2 の間に僅かな差がある。$\kappa \to \infty$ あるいは $\omega_1 = \omega_2$ という限定的な状況でのみ，θ_1 と θ_2 は一致する。実世界に見られる同期も少しくらいの位相のずれを伴うことが多いので，本節では，周波数が同期している状態を同期と見なす。図 10.1 (A) は，周波数の意味でも同期していない。以下，同期 (＝周波数の同期) が起こる条件について述べる。

式 (10.1), (10.2) で添字 1 と 2 を入れかえると式の順番が入れ換わるだけなので, 一般性を失わずに, $\omega_1 \leq \omega_2$ とする. さらに, $\omega_1 = \omega_2$ ならば結合がなくても同期するので, $\omega_1 < \omega_2$ を仮定して κ の値と同期の有無との関係を調べる.

$\phi = \theta_2 - \theta_1$ と置く. 時間が経つときに $|\phi|$ が一定の範囲内に留まるならば, 本節の関心である周波数の同期が達成されている. 式 (10.2) から式 (10.1) を引くと

$$\frac{d\phi}{dt} = \omega_2 - \omega_1 - 2\kappa \sin \phi. \tag{10.3}$$

定常状態を考える. 式 (10.3) の左辺を 0 と置いて

$$\sin \phi = \frac{\omega_2 - \omega_1}{2\kappa}. \tag{10.4}$$

式 (10.4) の解 ϕ が存在するには $-1 \leq \sin \phi \leq 1$ が必要である. $\omega_1 < \omega_2$ と仮定したので,

$$0 < \frac{\omega_2 - \omega_1}{2\kappa} \leq 1 \tag{10.5}$$

のときに式 (10.4) の解 ϕ が存在する.

式 (10.5) が成り立つとき, 解の 1 つは

$$\phi^* = \arcsin\left(\frac{\omega_2 - \omega_1}{2\kappa}\right) \tag{10.6}$$

であり, $0 < \phi^* \leq \pi/2$ を満たす. もう 1 つの解は $\pi - \phi^*$ である. 式 (10.5) の $\leq$ が不等号で成り立つとき, 2 つの解は $0 < \phi^* < \pi/2 < \pi - \phi^* < \pi$ の位置関係にある. このとき, 式 (10.3) の右辺を位相差 ϕ に対して図示すると図 10.5 (A) のようになる. ϕ は, 右辺が正のときに増加して負のときに減少するので, ϕ の発展の様子は図 10.5 (A) の横軸上の矢印で表され, ϕ^* は安定な同期解, $\pi - \phi^*$ は不安定な同期解であることがわかる. 解が安定とは, 定常解から少しずらされても定常解に戻ってくることである. 安定解 ϕ^* が, 物理的に実現される状態である. $0 < \phi^* < \pi/2$ なので, 安定解においては, 図 10.4 (A) のように振動子 2 の位相が振動子 1 の位相よりも少し先行している. $\omega_1 < \omega_2$ という仮定から直観的に想像されることである.

式 (10.5) の $\leq$ が等号で成り立つとき, 2 つの解は同一で $\phi^* = \pi - \phi^* = \pi/2$

第10章 ネットワーク上の同期

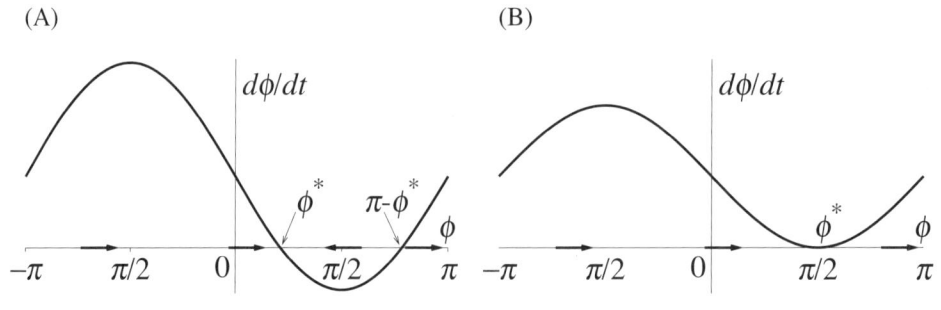

図 10.5 位相差 ϕ の時間発展。(A) $(\omega_2 - \omega_1)/2\kappa < 1$。(B) $(\omega_2 - \omega_1)/2\kappa = 1$

である。このとき，式（10.3）の右辺は図 10.5（B）のようになり，解 $\phi^* = \pi/2$ は ϕ を増やすような変化に対しては安定でない。

まとめると，2 つの振動子は

$$\kappa > \kappa_c \equiv \frac{\omega_2 - \omega_1}{2} \tag{10.7}$$

のときに同期する。θ_1 と θ_2 の差が大きいところから始めても，図 10.5（A）によると，その差 ϕ は必ず定常解 ϕ^* に向かう。よって，同期はいずれ達成される。周波数が同期しても，ϕ が 0 になるわけではないことに注意する。$\kappa < \kappa_c$ のときは，2 つの振動子の周波数はお互いに近づくものの一致しない。

式（10.6）によると，ω_1 と ω_2 が近いほど，また結合強度 κ が大きいほど同期が起こりやすい。κ_c は結合強度の臨界値である。この値を境に転移が起こる。よって，パーコレーションや SIS, SIR モデルの場合と同様に，ネットワークの場合についても有限な κ_c があるかどうか，あるなら値はいくらか，を知ることがまずの目標となる。

N 個の頂点からなるネットワークに対しては，結合位相振動子系は

$$\frac{d\theta_i(t)}{dt} = \omega_i + \sum_{j=1}^{N} \kappa_{ij} \sin(\theta_j - \theta_i) \quad (1 \leq i \leq N) \tag{10.8}$$

と表される。κ_{ij} は振動子 j から振動子 i への結合強度であり，枝がないところは $\kappa_{ij} = 0$ とする。枝ごとに結合強度が違ってもよく，それは枝の重みを考慮したネットワークに相当する。ただ，ここでは，枝のあるところは結合

10.1 結合位相振動子

強度が同じであるという簡単な場合，すなわち，$\kappa_{ij} = \kappa A_{ij}$（$A$ は隣接行列）を扱う。ω_i が全て同一ならば同期は簡単に起こるので，ω_i は，ある確率分布 $g(\omega)$ から各 i ごとに独立に決まるとする。技術的な理由で，任意の ω について $g(\omega) = g(-\omega)$ であることと $g(\omega)$ が $\omega = 0$ でのみ極大となることを仮定する。さて，$g(\omega)$ によっては，いくつかの ω_i が平均値からとても離れているかもしれない。すると，そのような振動子を含めて全ての振動子が同期することは難しい。そこで，κ を 0 から上げていくときに，N 個全部ではなく，それなりの割合 $(= O(N))$ の振動子が同期し始める κ の値を κ_c と書き，これに着目する。

完全グラフに対しては，蔵本の有名な理論的結果 [145, 146]

$$\kappa_c = \frac{2}{\pi g(0) N} \tag{10.9}$$

が知られている（式（10.9）は，厳密には $N \to \infty$ で成り立つ）。N が大きいほど，式（10.8）の右辺の結合項の総計が大きくなって同期が起こりやすくなり，式（10.9）でも N が大きいほど κ_c は小さくなる。$g(0)$ は，何らかの定数と思ってよい。

より一般のネットワークについては，まず，正方格子のような L が大きいネットワークでは同期が起こりにくいことが以前から知られている [152, 204, 205]。複雑ネットワークについては，ワッツがすでに 1999 年の著書で WS モデル上での数値計算結果を発表し [14]，その後も様々なネットワークについての研究がある。決定的証拠というわけではないが，L が小さいと振動子たちが通信しやすいので同期しやすいことを示唆する結果がいくつもある。

次数の散らばりが大きいほど同期が始まりやすい（κ_c が小さい）ことは，より確実視されている。次数分布以外は気にしない平均場近似の結果として，

$$\kappa_c = \frac{2}{\pi g(0)} \frac{\langle k \rangle}{\langle k^2 \rangle} \tag{10.10}$$

が知られている [121, 122, 148]。感染症のモデルの解析（第 8 章）で見たように，次数の散らばりが大きいほど $\langle k^2 \rangle / \langle k \rangle$ が大きく，κ_c は小さい。したがって，同期が起こりやすい。特に，$p(k) \propto k^{-\gamma}$，$\gamma \leq 3$ のスケールフリー・ネ

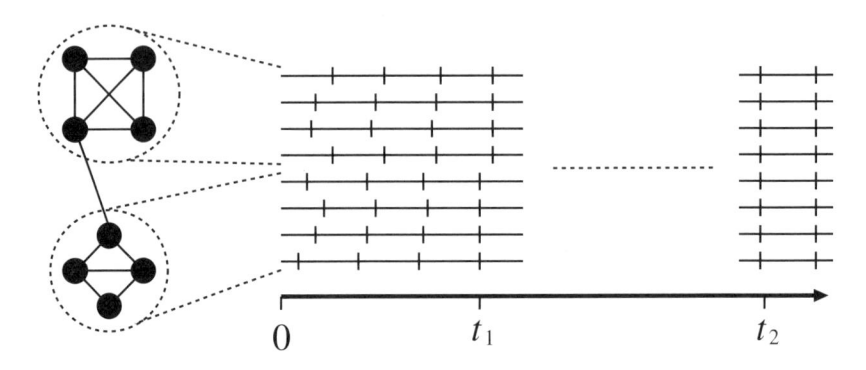

図 10.6　結合位相振動子を用いたコミュニティ検出

ットワークでは $\kappa_c = 0$ となる．また，式 (10.10) の拡張として，

$$\kappa_c = \frac{2}{\pi g(0) \times (\text{隣接行列の最大固有値})} \tag{10.11}$$

という理論的結果もある [198]．

なお，完全グラフでは $\langle k \rangle = N-1$, $\langle k^2 \rangle = (N-1)^2$, 隣接行列の最大固有値 $= N-1$, である．$N-1 \approx N$ より，式 (10.10)，(10.11) は完全グラフの結果（式 (10.9)）を含む．

ネットワーク上の結合位相振動子の同期についてわかっていることは必ずしも多くないが，応用例としてコミュニティ検出（2.6 節）がある [65]．与えられたネットワークをコミュニティに分割したいとする．式 (10.8) で ω_i が全て等しいとし，ばらばらの初期条件 θ_i ($1 \leq i \leq N$) からダイナミクスを始める（図 10.6 の時刻 0）．図 10.6 では，位相 $0 (= 2\pi)$ を横切るところに縦棒がふってある．右の第 1〜4 行の横線は上側のコミュニティの 4 頂点，第 5〜8 行は下側のコミュニティの 4 頂点に対応する．すると，2 振動子系の場合と同様に，$\kappa > 0$ でありさえすれば全ての振動子はいずれ同期し，しかも位相差が 0 に向かう．ただ，同期するまでには時間がかかる．枝が同期を導くので，コミュニティ構造を本当にもつネットワークでは，枝が比較的密である各コミュニティ内で先に位相が揃うだろう（図 10.6 の時刻 t_1）．この時点では，異なるコミュニティの位相は揃っていないのが普通である．その後，異なるコミュニティ間

で状態のやりとりが起こる．2つのコミュニティを結ぶ枝は少ないので，このやりとりには時間がかかる．よって，ある程度時間が経ってからネットワーク全体で位相が揃うだろう（図 10.6 の時刻 t_2）．位相の近い振動子たちは同じコミュニティに属すると見なすことによって，コミュニティ検出を行うことができる．早い時刻ではコミュニティ数が多く，遅い時刻では少ない．待ち過ぎると，全ての頂点が 1 つのコミュニティと見なされ，コミュニティ分割をしたことにならない．この方法は，階層性があるコミュニティ構造（図 2.14（p.40））の抽出にもそのまま適用できる．

10.2 結合力学系

現実世界の同期問題では，個々の素子は式（10.8）のように振動すると見なせるとは限らない．結合がなくても，個々の素子がカオス的に複雑に動くことなどがある．カオス素子の場合に限らず，ほぼ規則的に振動しているとは限らない素子がネットワークでつながった系を結合力学系と呼ぶことにする．結合位相振動子を含めることもできるが，別々に考えることが主流なので，ここでも分けることにする．

結合力学系が同期するための条件について述べる．頂点 v_i に乗っている各力学系 i の時刻 t での状態が，D 次元実数ベクトル $\boldsymbol{x}_i(t) \in \boldsymbol{R}^D$ で表されるとする．$\boldsymbol{x}_i(t)$ は，他の素子とつながっていないときは

$$\frac{d\boldsymbol{x}_i(t)}{dt} = \boldsymbol{F}(\boldsymbol{x}_i(t)) \quad (1 \leq i \leq N) \tag{10.12}$$

という力学系にしたがうものとする．$\boldsymbol{F}$ は $\boldsymbol{R}^D$ から $\boldsymbol{R}^D$ への関数である．結合位相振動子で ω_i が i ごとに異なることを許したように，i ごとに異なる $\boldsymbol{F}$ を使うことも考えられる．しかし，そのようにすると解析が難しすぎるので，$\boldsymbol{F}$ はどの i に対しても同じであるとする．すると，結合位相振動子の場合から類推して，少しでも結合があれば同期が起きて，意味のない問題設定であると思われるかもしれない．そこで，自明ではない状況設定として，式（10.12）はカオス力学系であるとする．カオスの説明はしないが，カオスの性質として，$\boldsymbol{x}_i(t)$ と $\boldsymbol{x}_j(t)$ $(i \neq j)$ が少しでも異なれば，結合がない場合には $\boldsymbol{x}_i(t)$ と $\boldsymbol{x}_j(t)$ が離れて行く傾向がある．なので，2 素子を同期させるためには，それ

なりの結合強度が必要になるのである。

ネットワーク上の結合力学系は

$$\frac{d\boldsymbol{x}_i(t)}{dt} = \boldsymbol{F}(\boldsymbol{x}_i(t)) + \kappa \sum_{j=1}^{N} A_{ij} \left[\boldsymbol{H}\left(\boldsymbol{x}_j(t)\right) - \boldsymbol{H}\left(\boldsymbol{x}_i(t)\right) \right] \quad (1 \leq i \leq N) \tag{10.13}$$

と仮定されることが多い。κ は結合強度である。$\boldsymbol{H}$ は $\boldsymbol{x}(t) \in \boldsymbol{R}^D$ を受けとって $\boldsymbol{R}^D$ に写す関数である。結合位相振動子では，位相という唯一の変数を，その差を小さくするように sin 関数で結合した。結合力学系では，各素子は一般に複数の変数をもつ。各素子が3次元空間内を動くとしよう。この3変数をここでだけ x, y, z とすると，2つの力学系を同期させるためだからといって x_i と x_j，y_i と y_j，z_i と z_j がそれぞれ結合していなくてもよい。例として $\boldsymbol{x} = (x\,y\,z)^\top$（$\top$ は転置を表す）で $\boldsymbol{H}(\boldsymbol{x}) = (x\,0\,0)^\top$ なら，x だけを介してつながっているということである。このときも，素子たちは同期できることがある。式 (10.13) によると，$\boldsymbol{H}$ という関数の値の大小という意味で，隣接する頂点 v_i と v_j の状態が近づこうとする。以下，$\boldsymbol{F}$，$\boldsymbol{H}$，次元 D について特に仮定をせずに，一般的な場合について考える。

完全同期状態

$$\boldsymbol{s}(t) \equiv \boldsymbol{x}_1(t) = \cdots = \boldsymbol{x}_N(t) \tag{10.14}$$

は式 (10.13) の解である。式 (10.14) を式 (10.13) に代入すると

$$\frac{d\boldsymbol{s}(t)}{dt} = \boldsymbol{F}(\boldsymbol{s}(t)). \tag{10.15}$$

式 (10.15) は，1 素子の場合（式 (10.12)）と同じである。同期はできていて，同期したまま式 (10.15) にしたがって複雑であろう動きをしている，ということである。

この同期状態の線形安定性を調べる。そのために，$N \times N$ ラプラシアン行列 L を

$$L_{ij} \equiv \begin{cases} -A_{ij}, & (i \neq j), \\ \displaystyle\sum_{\ell=1, \ell \neq i}^{N} A_{i\ell}, & (i = j), \end{cases} \tag{10.16}$$

で定義する．一般に，ラプラシアンとは，各行について和が 0 となる（$\sum_{j=1}^{N} L_{ij} = 0, 1 \leq i \leq N$）行列である． 🔍 p.239 まで　この L を用いて式（10.13）を書き直すと

$$\frac{d\boldsymbol{x}_i(t)}{dt} = \boldsymbol{F}(\boldsymbol{x}_i(t)) - \kappa \sum_{j=1}^{N} L_{ij} \boldsymbol{H}(\boldsymbol{x}_j(t)). \tag{10.17}$$

現在の状態が同期解から少しだけずれているとする．このとき，微小なベクトル $\Delta \boldsymbol{x}_i(t) \in \boldsymbol{R}^D$ を用いて

$$\boldsymbol{x}_i(t) = \boldsymbol{s}(t) + \Delta \boldsymbol{x}_i(t) \quad (1 \leq i \leq N) \tag{10.18}$$

と表される．各素子は D 次元内の任意の方向に少しだけずれてよい，ということである．同期解 $\boldsymbol{x}_i(t) = \boldsymbol{s}(t)$ の周りで式（10.17）を線形化すると

$$\frac{d \Delta \boldsymbol{x}_i(t)}{dt} = D_F(\boldsymbol{s}(t)) \Delta \boldsymbol{x}_i(t) - \kappa \sum_{j=1}^{N} L_{ij} D_H(\boldsymbol{s}(t)) \Delta \boldsymbol{x}_j(t). \tag{10.19}$$

ここで，$N \times N$ 行列 D_F, D_H はそれぞれヤコビアンで，

$$\boldsymbol{F}(\boldsymbol{x}_i(t)) \approx \boldsymbol{F}(\boldsymbol{s}(t)) + D_F(\boldsymbol{s}(t)) \Delta \boldsymbol{x}_i(t), \tag{10.20}$$

$$\boldsymbol{H}(\boldsymbol{x}_i(t)) \approx \boldsymbol{H}(\boldsymbol{s}(t)) + D_H(\boldsymbol{s}(t)) \Delta \boldsymbol{x}_i(t), \tag{10.21}$$

を満たす．時間とともに各 $\Delta \boldsymbol{x}_i(t)$ が 0 に近づけば，$\boldsymbol{x}_i(t)$ が同期解 $\boldsymbol{s}(t)$ に近づくということなので，同期状態は微小なずれに対して安定である．そのための条件を求める．

$\Delta \boldsymbol{x}_i(t)$ を個別に扱うのは見通しが悪いので，微小な $D \times N$ 行列

$$\Delta X(t) \equiv (\Delta \boldsymbol{x}_1(t) \; \cdots \; \Delta \boldsymbol{x}_N(t)) \tag{10.22}$$

第 10 章 ネットワーク上の同期

を考える。$\varDelta X(t)$ は

$$\begin{aligned}
&\frac{d\varDelta X(t)}{dt}\\
&=\frac{d}{dt}\left(\varDelta \boldsymbol{x}_1(t) \; \cdots \; \varDelta \boldsymbol{x}_N(t)\right)\\
&=D_F(\boldsymbol{s}(t))\left(\varDelta \boldsymbol{x}_1(t) \; \cdots \; \varDelta \boldsymbol{x}_N(t)\right)\\
&\quad -\kappa\left[\sum_{j=1}^N L_{1j}D_H\left(\boldsymbol{s}(t)\right)\varDelta \boldsymbol{x}_j(t)\cdots\sum_{j=1}^N L_{Nj}D_H\left(\boldsymbol{s}(t)\right)\varDelta \boldsymbol{x}_j(t)\right]\\
&=D_F(\boldsymbol{s}(t))\varDelta X(t)-\kappa D_H\left(\boldsymbol{s}(t)\right)\left(\varDelta \boldsymbol{x}_1(t) \; \cdots \; \varDelta \boldsymbol{x}_N(t)\right)\begin{pmatrix} L_{11} & \cdots & L_{N1}\\ \vdots & & \vdots\\ L_{1N} & \cdots & L_{NN}\end{pmatrix}\\
&=D_F(\boldsymbol{s}(t))\varDelta X(t)-\kappa D_H\left(\boldsymbol{s}(t)\right)\varDelta X(t)L^\top \quad (10.23)
\end{aligned}$$

にしたがう。

摂動は $D\times N$ 次元だが，これを，独立した N 個の D 次元摂動の力学系に分離すると見通しがよくなる。そこで，線形代数の定石にしたがって行列を対角化する。ここでは，簡単のために L は対角化可能であるとする（L が対角化不可能でも，以下の議論の正当性は損なわれない [177]）。L の固有値を $\lambda_1, \lambda_2, \ldots, \lambda_N$ と書くと，ある正則行列 P に対して

$$P^{-1}LP=\begin{pmatrix} \lambda_1 & 0 & \cdots & \\ 0 & \lambda_2 & & \vdots \\ \vdots & & \ddots & 0 \\ & \cdots & 0 & \lambda_N \end{pmatrix}. \quad (10.24)$$

そこで，

$$\varDelta X(t)=\left(\varDelta \boldsymbol{x}_1(t) \; \cdots \; \varDelta \boldsymbol{x}_N(t)\right)\equiv\left(\boldsymbol{z}_1(t) \; \cdots \; \boldsymbol{z}_N(t)\right)P^\top \quad (10.25)$$

で変数を $\varDelta \boldsymbol{x}_1(t),\ldots,\varDelta \boldsymbol{x}_N(t)$ から $\boldsymbol{z}_1(t),\ldots,\boldsymbol{z}_N(t)$ に変更する。式 (10.25) を

式 (10.23) に代入して

$$\frac{d}{dt}\left[(\boldsymbol{z}_1(t) \cdots \boldsymbol{z}_N(t))P^\top\right]$$
$$= D_F(\boldsymbol{s}(t))(\boldsymbol{z}_1(t) \cdots \boldsymbol{z}_N(t))P^\top - \kappa D_H(\boldsymbol{s}(t))(\boldsymbol{z}_1(t) \cdots \boldsymbol{z}_N(t))P^\top L^\top. \tag{10.26}$$

$(P^\top)^{-1}$ を右からかけて

$$\frac{d}{dt}(\boldsymbol{z}_1(t) \cdots \boldsymbol{z}_N(t))$$
$$= D_F(\boldsymbol{s}(t))(\boldsymbol{z}_1(t) \cdots \boldsymbol{z}_N(t)) - \kappa D_H(\boldsymbol{s}(t))(\boldsymbol{z}_1(t) \cdots \boldsymbol{z}_N(t))P^\top L^\top (P^\top)^{-1}$$
$$= D_F(\boldsymbol{s}(t))(\boldsymbol{z}_1(t) \cdots \boldsymbol{z}_N(t)) - \kappa D_H(\boldsymbol{s}(t))(\lambda_1 \boldsymbol{z}_1(t) \cdots \lambda_N \boldsymbol{z}_N(t)). \tag{10.27}$$

各列ごとに見ると

$$\frac{d\boldsymbol{z}_i(t)}{dt} = [D_F(\boldsymbol{s}(t)) - \kappa \lambda_i D_H(\boldsymbol{s}(t))]\boldsymbol{z}_i(t) \quad (1 \leq i \leq N). \tag{10.28}$$

式 (10.28) は, 各 i について同じ形をしている. そこで,

$$\frac{d\boldsymbol{z}(t)}{dt} = [D_F(\boldsymbol{s}(t)) - \alpha D_H(\boldsymbol{s}(t))]\boldsymbol{z}(t) \tag{10.29}$$

をマスター方程式と呼ぶ. ただし, 式 (6.16) (p.102), 式 (9.6) (p.206) のマスター方程式とは別物である. さて, $\boldsymbol{z}(t) = 0$ は式 (10.29) の解である. 全ての i について $\boldsymbol{z}_i(t) = 0$ なら変数変換式 (10.25) より全ての i について $\Delta \boldsymbol{x}_i(t) = 0$ である. よって, $\boldsymbol{z}(t) = 0$ は同期解に対応する.

そこで, $\alpha = \kappa \lambda_1, \ldots, \kappa \lambda_N$ のそれぞれについて式 (10.29) を吟味する. 通常通り, 連結の無向ネットワークを考えると, 隣接行列 A は対称で, 式 (10.16) で定義される L も対称である. よって, 実対称行列の固有値は実数であるという線形代数の知見より, $\lambda_1, \ldots, \lambda_N$ は実数である.

次に, N 個の固有値のうち 1 つの固有値に対する式 (10.29) だけは特別で

ある。というのは，

$$L \begin{pmatrix} 1 \\ \vdots \\ 1 \end{pmatrix} = \begin{pmatrix} \sum_{j=1, j\neq 1}^{N} A_{1j} - \sum_{j=1, j\neq 1}^{N} A_{1j} \\ \vdots \\ \sum_{j=1, j\neq N}^{N} A_{Nj} - \sum_{j=1, j\neq N}^{N} A_{Nj} \end{pmatrix} = \begin{pmatrix} 0 \\ \vdots \\ 0 \end{pmatrix} \quad (10.30)$$

より，L の固有値の 1 つ λ_1 は 0 である。対応する固有ベクトルは $(1 \cdots 1)^\top$．$\alpha = \kappa\lambda_1 = 0$ を式 (10.29) に代入すると，実は $\boldsymbol{z}(t) = 0$ が不安定解であることが発覚する。しかし，このことは，同期を保ったまま複雑な（線形安定でない）並進運動が起こることを表しているだけである。残りの $\lambda_2, \ldots, \lambda_N$ について $\alpha = \kappa\lambda_i$ とした式 (10.29) は相対運動に対応する。これら $N-1$ 個のマスター方程式が安定ならば，同期解は安定である。ネットワークが連結ならば，$\lambda_i > 0 \ (2 \leq i \leq N)$ となることが知られているので，順番を並べかえて $0 < \lambda_2 \leq \lambda_3 \leq \cdots \leq \lambda_N$ になるようにしておく。

$\boldsymbol{z}(t) = 0$ が安定になる（専門的に言うと，式 (10.29) の最大リアプノフ指数が負になる）α の領域 S を考える。α を与えたとき，解 $\boldsymbol{z}(t) = 0$ が安定かどうかは，行列 D_F, D_H による。D_F や D_H は $\boldsymbol{F}$ や $\boldsymbol{H}$ の微分なので，元の力学系 ($\boldsymbol{F}$) や結合の形 ($\boldsymbol{H}$) によるということである。さらには，$\boldsymbol{F}$ や $\boldsymbol{H}$ そのものが $\boldsymbol{s}(t)$，よって，時間に依存する。したがって，一般的なことは言えないが，経験的に，領域 S の形はたいてい次のどちらかであることが知られている。

(I) $\alpha_{\min} < \alpha < \alpha_{\max}$ （図 10.7 の実線）   (10.31)

(II) $\alpha_{\min} < \alpha$ （図 10.7 の点線）   (10.32)

まず，より精力的に調べられている (I) の場合を説明する。$\alpha = \kappa\lambda_i \ (2 \leq i \leq N)$ のそれぞれについて式 (10.31) が成立するならば，

$$\alpha_{\min} < \kappa\lambda_2 \leq \kappa\lambda_3 \leq \cdots \leq \kappa\lambda_N < \alpha_{\max}. \quad (10.33)$$

したがって

$$\frac{\alpha_{\min}}{\lambda_2} < \kappa < \frac{\alpha_{\max}}{\lambda_N} \quad (10.34)$$

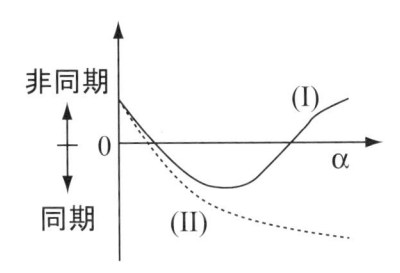

図 10.7 同期のための条件。縦軸は最大リアプノフ指数

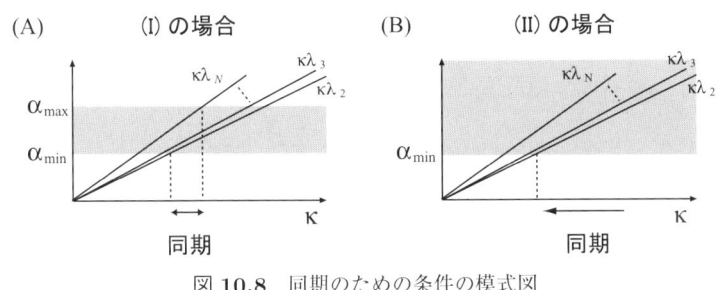

図 10.8 同期のための条件の模式図

が同期が安定であるための必要十分条件である。図 10.8（A）に示すように，κ が小さすぎると $\kappa\lambda_2 < \alpha_{\min}$ となるし，大きすぎると $\kappa\lambda_N > \alpha_{\max}$ となる。結合強度 κ は，もちろんある程度必要だが，大きすぎると同期を壊してしまう。この事情は，結合位相振動子（10.1 節）の事情と異なる。

$\alpha_{\min}$ や $\alpha_{\max}$ は力学系や結合関数によって異なる。様々な力学系や結合関数に対して同期しやすいネットワークであるためには，L の最大固有値 λ_N と，正で最小の固有値 λ_2 の比

$$R \equiv \frac{\lambda_N}{\lambda_2} \tag{10.35}$$

が小さいとよい。というのも，式（10.34）を満たす κ が存在するための条件は，

$$\frac{\alpha_{\min}}{\lambda_2} < \frac{\alpha_{\max}}{\lambda_N}. \tag{10.36}$$

第 10 章 ネットワーク上の同期

すなわち，
$$R < \frac{\alpha_{\max}}{\alpha_{\min}}. \tag{10.37}$$

さらに，式 (10.37) が満たされているときも，R が小さいほど式 (10.34) を満たす κ の範囲が広い．固有値は小さい順番に並べてあるので，R が小さいということは，$\lambda_1 = 0$ 以外の $N-1$ 個の固有値がなるべくお互いに近いということである．

式 (10.35) より，λ_2 と λ_N さえわかれば，同期の安定性を評価できる．任意のネットワークに対して

$$\frac{N}{N-1} k_{\max} \leq \lambda_N \leq 2 k_{\max}, \tag{10.38}$$

$$\lambda_2 \leq \frac{N}{N-1} k_{\min}, \tag{10.39}$$

が成り立ち，この公式はしばしば有用である．以下，いくつかの例を挙げる．

次数が k の拡張サイクルを考える．k を偶数として，各点は輪の上に並べられ，片側につき $k/2$ 個先までの頂点と隣接している．このとき，N 個の固有値を直接計算すると

$$k - 2 \sum_{j=1}^{k/2} \cos\left(\frac{2\pi(i-1)j}{N}\right) \quad (1 \leq i \leq N) \tag{10.40}$$

となる．正で最小の固有値 λ_2 は，$i=2$ および $i=N$ のときに実現される重根である．式 (10.40) で $i=2$ または $i=N$ とし，N が大きいと見なして $\cos$ を級数展開すると，

$$\lambda_2 \approx \frac{\pi^2 k(k+1)(k+2)}{6 N^2}. \tag{10.41}$$

また，式 (10.38) によると $kN/(N-1) \leq \lambda_N \leq 2k$ なので，N が変化しても最大固有値 λ_N はあまり変化しない．このことは，数値計算によっても確かめられている [191]．したがって，各 k に対して

$$R \propto N^2. \tag{10.42}$$

よって，N が大きいほど同期が起こりにくい．直観的に言うと，N が大きい

ほど，ネットワークの平均距離が大きく，頂点間の通信が難しくなって同期しにくい．2次元以上の格子についても同様である．

WS モデルによって拡張サイクルの枝をつなぎかえると，R は減り，同期が促進される［71］．直観的には平均距離が小さくなるからであるが，厳密な理由は少し異なる．というのも，平均距離が小さくなるつなぎかえの割合（式（5.10）（p.91）付近を参照）よりも大きいつなぎかえの割合において，やっと R が小さくなるのである．

つなぎかえが多い方の極限はランダム・グラフである．頂点間に枝がある確率を p とする．$\langle k \rangle = (N-1)p$ であった．このとき

$$R = \frac{Np + \sqrt{2p(1-p)N \log N}}{Np - \sqrt{2p(1-p)N \log N}} \tag{10.43}$$

が知られている［52, 71］．$p > 2\log N/N$ であれば $\lim_{N\to\infty} R$ は発散しない．また，$p \gg \log N/N$ であれば $\lim_{N\to\infty} R = 1$ となる．仮に $p \propto \log N/N$ ならば，$\langle k \rangle \approx Np \propto \log N$ となり，平均次数が N とともに大きくなりすぎないという要請に一見反する．ただ，ランダム・グラフでは全体がつながっているために $p > \log N/N$ が必要で（4.4 節），このときもやはり $\langle k \rangle \propto \log N$ なので，このくらいの $\langle k \rangle$ の増加は許容範囲内と思える．まとめると，ランダム・グラフは，N が大きいほど安定な同期を導きやすい．WS モデルでつなぎかえをすると同期しやすくなるという結果と合致する．

次に，スケールフリー・ネットワークを扱う．式（10.38）によると，λ_N は $k_{\max}$ に比例するくらいである．スケールフリー・ネットワークでは，N が大きくなると，$k_{\max}$，よって λ_N は大きくなる（式（2.20）(p.16)）．次に，式（10.39）には下限がついていないが（下限の評価式も存在するが，複雑なので書かない），大雑把に言うと，λ_2 は $k_{\min}$ に比例するくらいである．$k_{\min}$ は N によらないことが普通なので，λ_2 は N を変えてもあまり変化しない．この λ_2 の評価は厳密ではなく，次数が k の拡張サイクルで $\lim_{N\to\infty} \lambda_2 = 0$ であることが反例になっている．ただ，通常のスケールフリー・ネットワークに対しては，この λ_2 の評価で十分である．したがって，スケールフリー・ネットワークにおいては，R（$\propto k_{\max}/k_{\min}$）は N とともに大きくなり，同期が起こりにくくなる［176］．結合位相振動子と逆の結果である．

第10章 ネットワーク上の同期

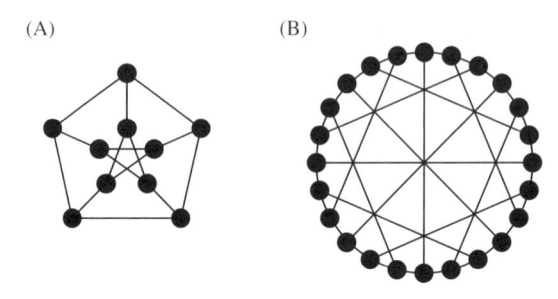

図 10.9 entangled network の例。(A) $N = 10$（ピーターセン・グラフとも呼ばれる）。(B) $N = 24$（McGee ケージ・グラフとも呼ばれる）

例はこのくらいにして，頂点数 N と枝数 M が与えられたときに，同期が最も達成されやすいネットワークは何か，という問題を考えよう。原則としては，R が最小になるのは

$$0 = \lambda_1 < \lambda_2 = \cdots = \lambda_N \tag{10.44}$$

のときである。答が拡張サイクルやスケールフリー・ネットワークでないことは今までの議論から明らかである。ランダム・グラフは1つの候補であるが，R がより小さいネットワークが存在するかもしれない。枝に方向のない場合は，この問題の完全な解は知られていないが，数値計算で調べることはできる。固有値を数値計算するライブラリは，C や MATLAB を含む多くの言語で提供されている。これを用いつつ，任意のネットワークから出発して，ネットワークを徐々に変えてみる。ある1本の枝をつなぎ変えてみて R が下がるならその変更を採用し，下がらないなら採用しない（または，低い確率で採用する），という操作を繰り返す。その結果出てくるネットワークは例えば図 10.9 のようになり，entangled network と総称される。次数はあまり散らばっていず，平均距離は小さく，偏りの少ない平等主義的なネットワークである [101]。

枝の方向づけを許して同期を増強する手段もある。スケールフリー・ネットワークで同期を促進するためには，枝はそのままで，結合強度をうまく非対称にすると効果的である。枝 $A_{ij} = A_{ji} = 1$ について $A_{ij} = k_i^{-\beta}$，$A_{ji} = k_j^{-\beta}$ と再定義してみる。k_i, k_j は v_i, v_j の次数である。$\beta = 0$ が，無向ネットワークの場合である。β を動かすと，$\beta = 1$ のときに R が最小となり，同期が起

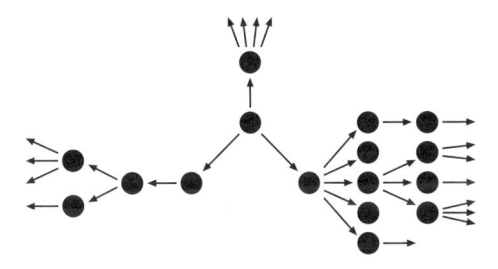

図 **10.10** 一方向的な，一般の次数分布をもつ木

こりやすい [166, 167]．頂点 i への入力の総和を，受ける結合強度の総和で測ることにすると，$\sum_{j=1}^{N} A_{ij} = k_i \times k_i^{-\beta} = k_i^{1-\beta}$ である．$\beta = 0$ の場合には，各頂点は枝の本数分だけの入力を受けるので，ハブほど入力の総和が大きい．$\beta = 1$ のときは，頂点によらず入力の総和が同じになる．このとき，ネットワークは「平ら」になり，同期が促される．

有向ネットワークでは，式 (10.44) を満たす解が知られている [177]．その例は，図 10.10 に示すような，一方向的（フィードフォワード）な，一般の次数分布をもつ木である．

(II) の場合，すなわち，式 (10.31) ではなく式 (10.32) が同期の条件であるような F，H もある．このとき，同期の条件は

$$\alpha_{\min} < \kappa\lambda_2 \leq \kappa\lambda_3 \leq \cdots \leq \kappa\lambda_N \tag{10.45}$$

で，図示すると図 10.8 (B) のようになる．λ_2 が大きいほど同期が起こりやすい．また，与えられたネットワークに対しては，κ が $\alpha_{\min}/\lambda_2$ より大きければ同期状態が安定である．つまり，結合が大きいほど同期が起こりやすく，結合位相振動子の結果 (10.1 節) と似ている．結合位相振動子では臨界値 κ_c がネットワークによって異なり，その依存性は，式 (10.10) または式 (10.11) で決まる．結合力学系では，力学系 F や結合様式 H が与えられると，κ_c は λ_2 だけで決まる．

結合位相振動子より結合力学系の方が，ネットワーク上の同期についてより多い研究がされている．結合力学系の同期の研究では，全ての素子が同一であると仮定しても，結合強度に応じて同期が起こったり起こらなかったりする，という非自明な現象が見られること，ネットワークの効果（λ_2 と λ_N）と結合

力学系の効果（F と H）を分離して論じやすいこと，が主な理由であろう．ただし，結合力学系の解析で仮定されているような同一素子の完全同期現象は，世の中でよく見られるというわけでもない．応用の広さを鑑みると，10.1節の結合位相振動子の解析で紹介したような各素子が異なる場合の研究も，より重要になってくるであろう．

第 11 章 付録

11.1 アルゴリズム集

本文中で触れられた複雑ネットワークのアルゴリズムのいくつかを，擬似プログラムの形で紹介する．これらは，(i) よく使われる，(ii) 複雑ネットワークを計算機で扱うための技術について理解が深まる，(iii) 他の書物で扱われていないことが多い，という基準で選んだ．

以下，本文と同じく N は頂点数，M は枝数である．枝の情報は，隣接行列ではなく枝リストとして配列 E に保持する（1.2 節）．図 11.1 のネットワークの場合，枝集合は $(v_1, v_2), (v_2, v_3), (v_2, v_4), (v_3, v_4)$ であり

$$E[0] = 0, \quad E[1] = 1, \quad E[2] = 1, \quad E[3] = 2,$$
$$E[4] = 1, \quad E[5] = 3, \quad E[6] = 2, \quad E[7] = 3,$$

とする．C などのプログラミング言語にあわせて，以下の擬似プログラム上では，頂点の番号は 1 から N でなく 0 から $N-1$ とした．配列 E の指標も，1 から 8 でなく 0 から 7 とした．$E[0] = 0$ と $E[1] = 1$ で 1 番目の枝が (v_1, v_2) であることを表す．本節では無向ネットワークのみを扱うので $E[0]$ と $E[1]$ は逆でもよい．また，特に指定しない限り，枝リストの中での枝の順番は問わな

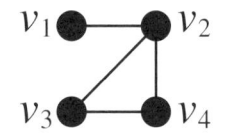

図 11.1 $N = 4, M = 4$ のネットワークの例

い。

11.1.1 クラスター係数

function C(int N, int M, int $*E$) {
 int i, j_1, j_2, v_s, v_e1, v_e2, swap, found, first, $P[N]$;   作業変数
 int $k[N]$;   次数
 int tri$[N]$;   ある頂点を含む三角形の数

 for (i=0 ; i<N ; i++) $k[i]$=tri$[i]$=$P[i]$=0;   初期化
 for (i=0 ; i<M ; i++)
  if ($E[2*i]$>$E[2*i+1]$) { $E[2*i]$<$E[2*i+1]$ に直す
   swap=$E[2*i]$; $E[2*i]$=$E[2*i+1]$; $E[2*i+1]$=swap;   枝は無向だが，
  } $E[2*i]$ を始点, $E[2*i+1]$ を終点と呼ぶ
 sort(E,2*sizeof(int));   枝の順番を始点について昇順にする
 for (i=0 ; i<2*M ; i++) $k[E[i]]$++;   各頂点の次数
 for (i=0 ; i<M ; i++) $P[E[2*i]]$++
 for (i=1 ; i<N ; i++) P$[i]$+=P$[i-1]$;   P$[i]$ は始点の番号が i 以下の枝数

 for (v_s=0 ; v_s<N ; v_s++) {
  if (v_s==0) first=0;
  else first=$P[v_\mathrm{s}-1]$;   first は，始点が v_s である最初の枝の番号
  for (i=first ; i<$P[v_\mathrm{s}]$; i++)
   for (j_1=i+1 ; j_1<$P[v_\mathrm{s}]$; j_1++) {
    v_e1=$E[2*i+1]$; v_s の 1 つ目の隣接点
    v_e2=$E[2*j_1+1]$; v_s の 2 つ目の隣接点
    if (v_e1>v_e2) {
     swap=v_e1; v_e1=v_e2; v_e2=swap;
    } v_e1<v_e2 となった
    j_2=$P[v_\mathrm{e1}-1]$;
    found=0;
    while (j_2<$P[v_\mathrm{e1}]$ and found==0) {   始点が v_e1 の全ての枝について
     if ($E[2*j_2+1]$==v_e2) v_e2 は v_e1 と隣接, かつ v_e2 > v_e1
      found=1; v_s と v_e1 と v_e2 は三角形を成す
     else j_2++;
    }
    if (found==1) {
     tri$[v_\mathrm{s}]$++;   tri$[v_\mathrm{e1}]$++;   tri$[v_\mathrm{e2}]$++;
    }

```
      }
    }

    double C=0;                                    クラスター係数の初期化
    double C_ℓ[N];                                  頂点ごとのクラスター係数
    int N_eff=0;                                   次数が 2 以上の頂点の数
    for (i=0 ; i<N ; i++)
      if (k[i] ≥ 2) {
        N_eff++;
        C_ℓ[i]=(double)tri[i]/(k[i]*(k[i]−1)/2);
        C+=C_ℓ[i];                                 ネットワークのクラスター係数
      }
    C=C/N_eff;
  }                                                出力は C
```

11.1.2 媒介中心性

Brandes による，高速に媒介中心性を計算するアルゴリズム [7, 86] を紹介する。

```
function betweenness(int N, int M, int *E) {
    int i, j, v_s, v_e, u, w, first, d[N];                    作業変数
    double σ[N];                                   σ[i] は頂点 i を通る最短路の数
    double δ[N];                                   媒介中心性への貢献度
    int pair[2*M];                                 最短路上にある親子関係の数
    int S[N], Q[N];                                スタックとキュー
    int N_pair, N_S;                               配列の実質的な要素数
    int q_s, q_e;                                  キューの開始位置と終了位置
    int E_b[4*M];          枝 (v_i,v_j) と枝 (v_j,v_i) を区別した枝リスト … ①
    for (i=M−1 ; i≥0 ; i−−) {
      E_b[4*i]=E_b[4*i+3]=E[2*i];
      E_b[4*i+1]=E_b[4*i+2]=E[2*i+1];
    }
    sort(E_b,2*sizeof(int));                       枝を始点について昇順にする
    int P[N];                                      P[i] は始点の番号が i 以下の枝数
    for (i=0 ; i<N ; i++) P[i]=0;
    for (i=0 ; i<M ; i++) P[E_b[2*i]]++;
    for (i=1 ; i<N ; i++) P[i]+=P[i−1];
```

```
double b[N];                                              媒介中心性
for (i=0 ; i<N ; i++) b[i]=0;                             初期化

for (v_s=0 ; v_s<N ; v_s++) {                             全ての始点について
  for (i=0 ; i<N ; i++) {
    d[i]=−1;                                              頂点 i からの距離を初期化
    σ[i]=δ[i]=0;
  }
  d[v_s]=0;
  σ[v_s]=1.0;
  N_S=0;                                                  スタック S は空
  Q[0]=v_s; q_s=0; q_e=1;                                 キューに v_s を入れる
  N_pair=0;                                               配列 pair は空
  while (q_s != q_e) {                                    キューが空でない限り以下を行う
    u=Q[q_s]; q_s++;                                      キューから要素を 1 つ取り出す
    S[N_S]=u; N_S++;                                      スタックに u を入れる
    if (u==0) first=0;
    else first=P[u−1];
    for (i=first ; i<P[u] ; i++) {                        u の全ての隣接点について
      v_e=E_b[2∗i+1];
      if (d[v_e]<0) {                                     v_e が初めて見つかった
        d[v_e]=d[u]+1;                                    最短路である
        Q[q_e]=v_e; q_e++;                                キューに v_e を入れる
      }
      if (d[v_e]==d[u]+1) {                               最短路である
        σ[v_e]+=σ[u];
        pair[2∗N_pair]=v_e;                               子
        pair[2∗N_pair+1]=u;                               親
        N_pair++;                                         親子関係の数
      }
    }
  }                                                       Q が空でない限り続ける

  sort(pair,2∗sizeof(int));                               子について昇順にする
  while (N_S>0) {                                         スタック S は空になるまで続ける
    w=S[N_S−1]; N_S−−;                                    スタックから要素を取り出す
    if (w != v_s) {
      i=0;
      if (w>0) {                                          w と i が親子である最小の i を探す
```

　　　　　while (pair[2∗i] != w) i++;　　　　　　二分探索などで高速化可能
　　　　}
　　　　while (pair[2∗i]==w and i<N_{pair}) {　　　　pair[2∗i+1] は w の親
　　　　　　δ[pair[2∗i+1]]+=σ[pair[2∗i+1]]/σ[w]∗(1+δ[w]);
　　　　　　i++;
　　　　}
　　　　b[w]+=δ[w];
　　　}
　　}
　}
　for (i=0 ; i<N ; i++) b[i]=b[i]/2;　　　　　　規格化。なくてもよい
}　　　　　　　　　　　　　　　　　　　　　　　　　出力は配列 b

① メモリの消費量は多くなる。他のデータ構造を使うことも可能である。与えられたネットワークを有向ネットワークとして扱うならば，この操作は不要であり，以下，E_b の代わりに E をそのまま用いればよい。

11.1.3 BA モデル

function ba(int N, int m_0, int m) {　　m_0 と m は BA モデルの定数 ($m_0 \geq m$)
　int k[N];　　　　　　　　　　　　　　　　　　　　　次数
　int E[2∗(m∗(N−m_0)+m_0(m_0−1)/2)];　　　[ ] 内の値は，最終的な枝数 × 2
　int i, j, v_e, found, done[m];　　　　　　　　　　作業変数
　int M=0;　　　　　　　　　　　　　　　　　　　　　枝数

　for (i=0 ; i<m_0 ; i++) {　　　　　　　　　初期条件は，m_0 頂点の完全グラフ
　　k[i]=m_0−1;
　　for (j=0 ; j<i ; j++) {　　　　　　　　　　　　　　　i と j を結ぶ
　　　E[2∗M]=i; E[2∗M+1]=j;
　　　M++;
　　}
　}

　for (i=m_0 ; i<N ; i++) {　　　　　　　　　(i+1) 番目の頂点を追加
　　k[i]=0;　　　　　　　　　　　　　　　　　　　　　初期化
　　while (k[i]<m){　　　　　　　　　　　　　　m 本の枝を加える
　　　do {
　　　　v_e = E[(int)rand([0,2∗M))];　　　　　[0,2M−1] に分布する整数乱数

第 11 章　付録

```
        } while (ve==i);                       これだけで優先的選択が完了 … ①
        found=0;                               i と ve が既に隣接していれば =1 にする
        for (j=0 ; j<k[i] ; j++)
          if (done[j]==ve) found=1;            既に枝がある
        if (found==0) {                        ve と i を結ぶ
          done[k[i]]=ve;                       i と ve が結ばれた
          E[2*M]=i;    k[i]++;
          E[2*M+1]= ve;    k[ve]++;
          M++;
        }
      }                                        頂点 i と枝 m 本の追加が終了
    }                                          N−m 個の頂点の追加が終了
  }                                            出力は M, E
```

① 優先的選択の速い実装 [140, 201] を用いた。

11.1.4　コンフィグモデル

次数分布 $p(k) \propto k^{-\gamma}$ のコンフィグモデルを生成するアルゴリズムを紹介する。

```
  function config(int N, double γ, int kmin) {     kmin は最小次数
    int i, vs, ve, sum, mult, ri; double rd;       作業変数
    double 𝒩=0;                                    次数分布の規格化定数
    double P[N];                                   P[i] は次数が i 以下の確率
    for (i=kmin ; i≤N−1 ; i++)                     次数の可能な最大値は N−1
      𝒩+=exp(−log(i)*γ);                           右辺=i^{−γ}
    P[kmin]=exp(−log(kmin)*γ)/𝒩;
    for (i=kmin+1 ; i≤N−1 ; i++)
      P[i]=P[i−1]+exp(−log(i)*γ)/𝒩;                P[N − 1]=1 に注意

    int k[N];                                      次数
    for (i=0 ; i<N ; i++) {                        … ①
      rd=rand([0,1));                              rd は [0,1) の一様分布にしたがう乱数
      k[i]=kmin;
      while (rd>P[k[i]]) k[i]++;                   次数が決まる
    }

    int ksum=0;                                    次数和
```

11.1 アルゴリズム集

```
int k_rem[N];                                    残り次数
for (i=0 ; i<N ; i++) {
  k_sum+=k[i];                                   次数和
  k_rem[i]=k[i];                                 初期化
}
if (k_sum mod 2==1) {                            k_sum が奇数
  k_rem[N−1]++;
  k_sum++;
  print("最後の頂点の次数を 1 増やして，次数和を偶数にした");
}

int E[k_sum];                                    正式には malloc 関数などを使う
int M=0;                                         枝数
int k_max;                                       残り次数の最大値
int t=0;                                         反復回数
int t_max=100*k_sum;                             最大反復回数。値は任意
while (k_sum>0 and t<t_max) {
  k_max=0;
  for (i=0 ; i<N ; i++)                          新しい枝の端点の 1 つ v_s を決める
    if (k_rem[i]>k_max) {
      k_max=k_rem[i];
      v_s=i;
    }                                            … ②

  ri=(int)rand([0,k_sum−k_max));                 k_sum−k_max は v_s の次数を除いた次数和
  v_e=−1;                                        以下，v_s のつながり先 v_e を決める
  sum=0;
  while (ri ≥ sum) {                             二分探索などで高速化可能
    v_e++;
    if (v_e != v_s)
      sum+=k_rem[v_e];                           v_e は k_rem[v_e] に比例する確率で選ばれる
  }
  mult=0;                                        既に枝があれば下で =1 にする
  i=0;
  while (i<M and mult==0) {                      全ての枝について調べる
    if ((E[2*i]==v_s and E[2*i+1]==v_e) or (E[2*i]==v_e and E[2*i+1]==v_s))
      mult=1;                                    既に枝がある
    i++;
  }                                              この部分も高速化可能
```

第 11 章　付録

```
    if (mult==0) {                          vs と ve をつなぐ
        E[2*M]=vs;    E[2*M+1]=ve;
        ksum-=2;
        M++;
        krem[vs]--;   krem[ve]--;
    }
    t++;
}
if (t==tmax) M=0;                           ネットワーク生成に失敗
}                                           出力は M, E
```

① あらかじめ決めた次数分布にしたがうように次数を発生する。二分探索などで高速化することもできる。また，この部分は，コンフィグモデル以外にも適用できる。

② 残り次数の大きい頂点から順番に枝を割り当てる。こうすると，ネットワークがうまく生成されやすい。このような順番づけをしても，生成される次数分布が目的の次数分布と異なってしまうことはない。

11.1.5　SIR モデル

```
function SIR(int N, int M, int E[2*M]) {
    int i, j, vs, ve, imin, imax;  double rd, rate;       作業変数
    int k[N];                                             次数 … ①
    for (i=0 ; i<2*M ; i++) k[E[i]]++;
    int P[N];                                  P[i] は，頂点 0〜i の次数和
    P[0]=k[0];
    for (i=1 ; i<N ; i++) P[i]=P[i-1]+k[i];
    int Eb[4*M];              枝 (vi,vj) と枝 (vj,vi) を区別した枝リスト … ②
    for (i=M-1 ; i≥0 ; i--) {
        Eb[4*i]=Eb[4*i+3]=E[2*i];
        Eb[4*i+1]=Eb[4*i+2]=E[2*i+1];
    }
    double λ=0.5;                         感染率。治癒率は μ=1 とする
    double t=0;                                           経過時間
    int st[N];                          頂点の状態。0 が S, 1 が I, 2 が R
    int Ilist[N];                         状態が I の頂点の番号の配列
```

11.1 アルゴリズム集

```
int P_I[N];                                          状態が I の頂点の累積次数

for (i=0 ; i<N ; i++) st[i]=0;                       状態 S
int pt_0=(int)rand([0,N));                           等確率で選ばれた 1 人の初期患者
st[pt_0]=1;                                          初期患者の状態は I
I_list[0]=pt_0;
P_I[0]=k[pt_0];
int N_I=1;                                           I の人数
int N_R=0;                                           R の人数
while (N_I>0) {                                      SIR ダイナミクス開始
    rate=λ*P_I[N_I−1]+N_I;                          全ての状態更新事象のレートの和 … ③
    t += −log(rand([0,1)))/rate;
    rd=rand([0,rate));                               以下, 状態を更新する頂点を決める
    if (rd<N_I) {                                                           I → R
        v_e=I_list[(int)rd];                         I_list 内の頂点 1 つを確率 $1/N_I$ で選ぶ
        st[v_e]=2;                                   頂点 $v_e$ が I → R
        for (j=v_e ; j<N_I−1 ; j++) {
            P_I[j]=P_I[j+1]−k[v_e];                  $v_e$ を除去して 1 つ前につめる
            I_list[j]=I_list[j+1];                   $I_list[v_e]$ を除去
        }
        N_I−−;
        N_R++;
    } else {                                                                S → I
        rd−=N_I;                                     今, rd は $[0,λ*P_I[N_I−1])$ の一様乱数 … ④
        i_min=0;
        i_max=N_I−1;
        v_s=i_max;
        while (i_min != v_s or i_max != v_s) {       二分探索
            v_s=(i_min+i_max)/2;
            if (rd>λ*P_I[v_s]) i_min=v_s+1;
            else i_max=v_s;
        }                                            $v_s$ 番目の I が感染源の候補
        v_e=E_b[2*(P[I_list[v_s]]−(int)rand([0,k[v_s])))−1)+1];  隣接点を 1 つ選ぶ
        if (st[v_e]==0) {                                                   $v_e$ は S
            st[v_e]=1;                                                      $v_e$ は I になる
            I_list[N_I]=v_e;
            P_I[N_I]=P_I[N_I−1]+k[v_e];
            N_I++;
        }
```

```
    }                                           S → I の更新が終了
  }                                           1 回の状態更新が終了
}                                出力は R の最終的な人数 $N_R$ と終了時刻 $t$
```

① $P[N]$ を用いるので $k[N]$ がなくても済むが，わかりやすさのために $k[N]$ も用いた。

② 媒介中心性のアルゴリズムの ① と同じ。メモリの消費量は多くなる。

③ 1 人の I が R になるレートは 1 で，N_I 人のレートの合計は N_I. 1 人の I が隣接する S を感染させるレートは $\lambda \times$（隣接する I の数）で，その和は $\lambda \times P_I[N_I-1]$. 各状態更新事象は独立なポアソン過程として起こるため，どれか 1 つの事象が起こるという確率過程もポアソン過程であり，そのレートは rate に等しい。ただし，状態が I の頂点が隣接する I に感染させようとする空振り現象も，ここでは事象として数えている。この無駄を省くようなプログラミングもできる。このような空振り事象も含めて次に何らかの状態更新が 1 つ起こるまでの時間は，③ の次の行の右辺で与えられる。母数が rate に等しい指数分布から乱数を 1 つ選ぶ手続きである。母数が rate の指数分布において，値が T 以下となる確率（累積分布）は

$$\int_0^T \text{rate} \times e^{-\text{rate} \times t} dt = 1 - e^{-\text{rate} \times T}. \tag{11.1}$$

よって，

$$\text{rand}([0,1)) = 1 - e^{-\text{rate} \times T} \tag{11.2}$$

で定められる T は，母数が rate の指数分布にしたがう。式 (11.2) を変形すると

$$T = -\frac{\log(1 - \text{rand}([0,1)))}{\text{rate}}. \tag{11.3}$$

$1-\text{rand}([0,1))$ は区間 $(0,1]$ 上の一様乱数なので，$\text{rand}([0,1))$ で置きかえてよい（実用上，0 や 1 を含むかどうかは影響しない）。こうして③ の次の行の右辺を得る。まず，このように時計の針を進め，次に，どの状態更新が起こったかを以下で決める。時間を測定しないならば，③の次の行を削ってよい。

④ N_I 個の I のうち感染源となる頂点を以下で選ぶ。枝の本数に比例して感

染源になりやすい。

11.2 複雑ネットワークの情報源

まず，論文誌について説明する。ネットワーク科学の論文は，この分野の学際性を反映して，社会学，通信工学，情報科学，経済学，脳科学，生態学，分子生物学，情報科学などの様々な専門誌からも出版される。ただ，各分野における研究を複雑ネットワークの応用研究と位置づけるならば，ネットワークの構造，ダイナミクス，その他の現象などについての一般論が出やすい論文誌というものはある。総合誌の中では

Nature, Science, Proceedings of the National Academy of Sciences of the United States of America

の3誌は広い分野に渡って有名であり，ネットワーク研究の一般論を扱う論文誌の中でも最高峰と言える。一般論は，物理学の総合誌や物理学の中で非線形科学や確率過程を主要に扱う雑誌に多く掲載される。これらの雑誌は，物理学の典型的な手法を用いる論文だけを対象とするわけではなく，物理学以外の研究者の論文も多く掲載する。なお，上記3誌や物理学の雑誌には，応用研究の論文も掲載される。物理学では，特に

Physical Review Letters, Physical Review E

に関連論文が多く載る。*Physical Review Letters* は評価が高い。ネットワーク科学の一般論と応用が載りやすい他の雑誌に

Nature Physics, New Journal of Physics, Journal of Physics A: Mathematical and Theoretical, European Physical Journal B, Physica D, Europhysics Letters, Physica A, Physics Letters A, International Journal of Modern Physics C, International Journal of Bifurcation and Chaos

などがある。*Nature* の姉妹誌である *Nature Physics* は新しい雑誌である。

感染症や進化ゲームなど，数理生物学関係のネットワーク研究が載る雑誌に

PLoS Computational Biology, Proceedings of the Royal Society B: Biological Sciences, Journal of the Royal Society Interface, Journal of Theoretical Biology, Mathematical Biosciences

などがある。*PLoS* と *Journal of the Royal Society Interface* は新しい雑誌で

第 11 章 付録

ある。食物網の複雑ネットワーク的な研究は，生態学の主要誌である *Ecology Letters, Ecology* にもしばしば現れる。

社会学は，ネットワークの研究について最も長い歴史をもつ。*Social Networks* は定評がある雑誌である。ダイナミクスには強くないが，ネットワークの静的な構造に関しては，一般のネットワークにも適用可能な方法論まで含めて掲載される。

数学では，複雑ネットワークのモデルの多くとネットワーク上のダイナミクスの多くが確率モデルであることを反映して，確率論の雑誌に論文が載ることが増えている。例えば

Annals of Applied Probability, Annals of Probability, Electronic Journal of Probability, Electronic Communications in Probability, "*Combinatorics, Probability and Computing*" （これで 1 つの雑誌名）

がある。もう少しネットワークの構造やアルゴリズムに近い雑誌で有名なものに *Random Structures and Algorithms* がある。

ネットワーク科学の専門誌と言えるものに *Networks and Heterogeneous Media, Internet Mathematics* がある。しかし，さほど読まれていないようである。

また，総説を収録する雑誌にネットワークの総説が載る。これらの論文誌は，後で個々の総説論文を紹介するときに登場する。

ネットワークの研究者は，論文をプレプリント・サーバーに載せる傾向がある。プレプリントとは，すでにどこかの論文誌から出版した論文の実質的な複製であることもあるが，大抵は，論文誌に受理される前で投稿中の原稿である。論文の著者は，機密保持よりも速報性を好むならば，プレプリントとして論文を公にできる。プレプリントについても，論文誌で受理された論文と同様に，最初に研究した権利が認められる慣習である。よって，自分が論文を書くときに，関連するプレプリントがすでに出ているならば，引用するようにする。http://xxx.lanl.gov/ やそのミラーサイトには各分野のプレプリントがある。近年になって，分野を超越してプレプリントに通し番号がつくようになった。これに伴って，投稿者が投稿時に決める分野細目（condensed matter, quantitative biology など）は，昔ほど意味をもたなくなった。妥当な検索語句（例えば network, complex network）でこのウェブサイトを検索すれば，複

雑ネットワークの最新の研究成果の多くを無料で読める。

　ネットワークを解析するために便利なフリーウェアがいくつかある。特にPajek が有名である。英語のソフトだが，日本語の解説 [5, 123, 179] もある。Pajek は描画は上手でない。自分で頂点の位置を動かして見栄えをよくするか，他のソフトで描画する必要がある。最近は，例えば Cytoscape も有名である。大規模ネットワークの描画には LGL なども使われる。

　ネットワークの実データを公開しているウェブサイトがある。研究目的で使い，引用を正しくする限りは，使用自由であることが多い。例えば，Albert-László Barabási, Mark E. J. Newman, Arex Arenas, Olaf Sporns のサイトに実データがある。Pajek のサイトにもデータがある。

　書籍については，以降の関連図書の前半で紹介する。

関連図書

啓蒙書

[1] Barabási, A.-L. : *Linked — The new science of networks*, Perseus Publishing (2002)［総頁 256］．アルバート＝ラズロ・バラバシ（青木薫訳）:『新ネットワーク思考 — 世界のしくみを読み解く』，NHK 出版 (2002)［総頁 368］．
日本語の書籍としていち早く出版されたので，この本で複雑ネットワークを知った人は多い．バラバシは，ネットワーク研究のリーダーの 1 人であると共に，サイエンス・ライターの経験にも裏打ちされた書き手である．インターネット，テロリスト，ビジネス，などの様々な応用が語られている．啓蒙書なので，数式やモデルの詳細には立ち入らず，論理展開には飛躍もあるが，楽しく読める．

[2] Watts, D. J. : *Six Degrees — The science of a connected age*, W. W. Norton & Company (2003)［総頁 368］．ダンカン・ワッツ著（辻竜平，友知政樹訳）:『スモールワールド・ネットワーク — 世界を知るための新科学的思考法』，阪急コミュニケーションズ (2004)［総頁 389］．
WS モデルのワッツは応用数学の出身ながらも社会学へと徐々に移行した．本書は，複雑ネットワークの啓蒙書であるとともに，ネットワーク社会学の入門書とも言える．ワッツの研究（情報探索など）を中心に，WS モデルに固執せずに，より最近の話題を解説している．マーケティング，経済危機，アメリカの同時多発テロ，SARS などの事例も考察している．数式を使っていないが，数理モデルの説明はバラバシの本 [1] より詳しい．訳書は参考文献を省いているので，参考文献については原著を見られたい．

[3] Strogatz, S. : *Sync — The emerging science of spontaneous order*, Hyperion books (2003)［総頁 352］．スティーヴン・ストロガッツ（蔵本由紀監修，長尾力訳）:『SYNC — なぜ自然はシンクロしたがるのか』，早川書房 (2005)［総頁 468］．
WS モデルのストロガッツが書いた同期現象の啓蒙書．複雑ネットワークにもそれなりの頁数が割かれている．

[4] Buchanan, M. : *Nexus — Small worlds and the groundbreaking science of networks*, W. W. Norton & Company (2002)［総頁 235］．マーク・ブキャナン（阪本芳久訳）:『複雑な世界，単純な法則 — ネットワーク科学の最前線』，草思社 (2005)［総頁 357］．
物理学の博士号をもつサイエンスライターによる本．著者は，べき則一般についての啓蒙書も著している．日本でもかなり人気がある．

[5] 増田直紀，今野紀雄:『「複雑ネットワーク」とは何か — 複雑な関係を読み解く新しいアプローチ』，講談社 (2006)［総頁 245］．
新書（講談社ブルーバックス）．数式をほとんど用いずに，複雑ネットワークの導入を試みた．

[6] 増田直紀:『私たちはどうつながっているのか — ネットワークの科学を応用する』，中央公論新社 (2007)［総頁 240］．
新書（中公新書）．数式は用いずに，人のネットワークについて書いた．科学的な正確さに拘泥せず，応用可能性についても語った．

[7] 林幸雄:『噂の拡がり方 — ネットワーク科学で世界を読み解く』，化学同人 (2007)［総頁 192］．
後半では，著者の研究するカスケード故障の成果も解説されている．

[8] 蔵本由紀:『非線形科学』，集英社 (2007)［総頁 253］．
同期研究の世界的権威による新書（集英社新書）．複雑ネットワークは，最後の方で少し触れられている．

[9] Siegfried, M. : *A beautiful math — John Nash, game theory, and the modern quest for a code of nature*, Joseph Henry Press (National Academies Press) (2006)［総頁 272］．トム・ジーグフリード（冨永星訳）:『もっとも美しい数学 — ゲーム理論』，文藝春秋 (2008)［総頁 382］．

第8章で，複雑ネットワークの基礎とネットワーク上のゲームを説明。

[10] Christakis, N. A., Fowler, J. H.: *Connected — The surprising power of our social networks and how they shape our lives*, Little, Brown and Company (2009) ［総頁 352］．ニコラス・A・クリスタキス，ジェイムス・H・ファウラー著（鬼澤忍訳）：『つながり — 社会的ネットワークの驚くべき力』，講談社 (2010) ［総頁 408］．
笑い，肥満，性感染症，経営破綻，パニック，投票行動。様々な社会現象を，ネットワーク上の伝染現象という視点から眺めた啓蒙書。

専門書

[11] Dorogovtsev, S. N., Mendes, J. F. F.: *Evolution of networks — From biological nets to the Internet and WWW*, Oxford University Press (2003) ［総頁 280］．
総説論文 [40] と同じ表題の本。内容も似ているが，ページ数は 2 倍ほどある。増えたページは，説明や図の追加，成長するネットワークと成長しないネットワークの対比などに使われている。

[12] Pastor-Satorras, R., Vespignani, A.: *Evolution and structure of the Internet — A statistical physics approach*, Cambridge University Press (2004) ［総頁 284］．
インターネットのネットワーク構造に特化した本。

[13] 増田直紀，今野紀雄：『複雑ネットワークの科学』，産業図書 (2005) ［総頁 185］．
日本語では初の複雑ネットワークの専門書。

[14] Watts, D. J.: *Small Worlds — The dynamics of networks between order and randomness*, Princeton University Press (1999) ［総頁 266］．
ダンカン・ワッツ著（栗原聡，福田健介，佐藤進也訳）：『スモールワールド — ネットワークの構造とダイナミクス』，東京電機大学出版局 (2006) ［総頁 314］．
ワッツの博士論文に準拠。WS モデルについては，試行錯誤も含めて詳細に書かれている。解析のほとんどは数値計算である。ワッツの当時の若さを反映してまとまった本とは言いにくいが，個々の発案や考察につ

いて生き生きと書かれている。

[15] 青山秀明，家富洋，池田裕一，相馬亘，藤原義久：『パレートファームズ ― 企業の興亡とつながりの科学』，日本経済評論社 (2007)［総頁 370］．
経済物理学の本。6 章のうち 2 章が複雑ネットワーク関連。

[16] 林幸雄編：『ネットワーク科学の道具箱 ― つながりに隠れた現象をひもとく』，近代科学社 (2007)［総頁 212］．
日本人のネットワーク研究者たちが各章ごとを担当。成長しないが変化するネットワーク（本書図 7.1（A）(p.130)），ミクシィのネットワーク解析など。

[17] Baldi, P., Frasconi, P., Smyth, P. : *Modeling the Internet and the web ― Probabilistic methods and algorithms*, Wiley (2003)［総頁 285］．
水田正弘，南弘征，小宮由里子訳：『確率モデルによる Web データ解析法 ― データマイニング技法から e-コマースまで』，森北出版 (2007)［総頁 320］．
第 3 章で WWW に重きを置いた複雑ネットワークの基礎事項や情報探索（本書 9.2.4 節）などを，第 5 章でページランク（9.2.2 節）や HITS（9.2.3 節）などを詳しく説明。

[18] Caldarelli, G. : *Scale-free networks ― Complex webs in nature and technology*, Oxford University Press (2007)［総頁 336］．
題名よりも広い内容（コミュニティ構造，中心性など）も含む。後半は，著者が研究している，金融関係のネットワークや食物網などに詳しい。ダイナミクスはほとんど扱っていない。

[19] Alon, U. : *An introduction to systems biology ― Design principles of biological circuits*, Chapman & Hall (2006)［総頁 320］．倉田博之，宮野悟訳：『システム生物学入門 ― 生物回路の設計原理』，共立出版 (2008)［総頁 312］．
著者は物理学出身で，モチーフ（本書 2.7 節）の提唱者。システム生物学の理論の教科書で，ネットワークに限らずに遺伝子やタンパク質などを扱っている。邦訳で 100 頁以上がモチーフに割かれている。

[20] Barrat, A., Barthélemy, M., Vespignani, A. : *Dynamical processes*

on complex networks, Cambridge University Press (2008)［総頁 368］．題名の通り，ネットワーク上のダイナミクスを主に扱った専門書．統計物理学出身の 3 人が書いたので，物理寄りに書かれている．彼らの専門外の分野（例えば，同期や食物網）の記述も丁寧で正確である．また，ダイナミクスだけでなく，ネットワークの指標や各種モデルについても，要領よくまとまっている．複雑ネットワーク一般の専門書として勧められる．

[21] Junker, B. H., Schreiber, F. (Eds.) : *Analysis of biological networks*, Wiley-Interscience (2008)［総頁 368］．
システム生物学に現れるネットワークに焦点をあてた解説書．中心性，モチーフにも詳しい．

[22] 今野紀雄，町田拓也：『図解入門 よくわかる複雑ネットワーク — シミュレーションで見るモデルの性質』，秀和システム (2008)［総頁 291］．
［13］で扱ったいくつかのモデルを図を用いて丁寧に解説．理解を確認するための問題と解答もある．

[23] 金明哲編，鈴木努著：『ネットワーク分析（R で学ぶデータサイエンス 8）』，共立出版 (2009)［総頁 178］．
プログラム言語 R を用いてネットワークの実データを扱う方法を解説．解析手法は社会学のネットワーク分析に準拠している．中心性に詳しく，プログラム例も多く掲載．モチーフやスモールワールドなど複雑ネットワークの話題にも触れている．

[24] Easley, D., Kleinberg, J. : *Networks, crowds, and markets — Reasoning about a highly connected world*, Cambridge University Press (2010)［総頁 744］．
ネットワーク上の市場，ゲーム理論，情報探索，伝播現象などについて，図の多用や数学的な内容を補遺に回すことなどを通じて，平易に説明．著者によると，学部生向けの教科書という位置づけである．原稿をダウンロード可[1]．

---

1) http://www.cs.cornell.edu/home/kleinber/

純粋数学者による専門書

[25] Bollobás, B. : *Random graphs* (Second Edition), Cambridge University Press (2001) ［総頁 500］．
ランダム・グラフの名著．必要とされる数学の程度は高い．

[26] Chung, F., Lu, L. : *Complex graphs and networks*, American Mathematical Society (2006) ［総頁 264］．
隣接行列などの固有値を扱うスペクトルグラフ理論の大御所によって，著者の研究成果周辺（文献 ［91, 92］など）が紹介されている．

[27] Durrett, R. : *Random graph dynamics*, Cambridge University Press (2007) ［総頁 222］．
著者は，空間構造をもつ確率モデルを主に研究してきた確率論の大家．本書は確率論の立場で様々なモデルを扱っている．専門家以外には難易度が高い．

[28] 今野紀雄，井手勇介：『複雑ネットワーク入門』，講談社 (2008) ［総頁 161］．
確率論の立場から，数学の詳細に入りすぎない範囲で，ネットワークの基礎概念，成長モデル，閾値モデルなどについてまとめた．

経済学者による専門書

[29] Goyal, S. : *Connections — An introduction to the economics of networks*, Princeton University Press (2007) ［総頁 304］．
ミクロ経済学の伝統にのっとって個人は自分の効用関数をもち，それを最大にするように枝を作りかえる，といった話題が主である．著者の立場を反映して，内容全体が数学的に厳密である．

[30] Vega-Redondo, F. : *Complex social networks*, Cambridge University Press (2007) ［総頁 310］．
［29］と対照的．著者は自らは数学的に厳密な研究を行いながら，物理学の研究者と多く共著していて，その成果や考え方も盛り込んだ本である．数値計算や近似式なども出てくる．導入部もしっかりしていて，一般的な専門書としても読める．社会現象のダイナミクスの記述が比較的多い．

関連図書

[31] Jackson, M. O. : *Social and economic networks*, Princeton University Press (2008)［総頁 520］．
数学的に厳密な内容が主だが，なるべく平易な数学を用いる，理解を助けるための大雑把な数式を多く入れる，などの工夫が見られる．[30] 同様，社会現象のダイナミクスの記述が多い．

社会ネットワーク分析の本

[32] Wasserman, S., Faust, K. : *Social network analysis — Methods and applications*, Cambridge University Press (1994)［総頁 857］．
当時の社会ネットワークの分析手法を網羅した大著．各事項の説明も充実している．本書に関係するところでは，クラスター性，中心性，モチーフなどに詳しい．社会ネットワーク分析の語法と複雑ネットワークの語法は異なることがあるので注意する．

[33] Scott, J. : *Social network analysis — A handbook* (Second Edition), SAGE Publications Ltd (2000)［総頁 240］．
[32] と比べると手短に要領よく，しかし，理論的にも精緻にまとまっている．

[34] Freeman, L. C. : *The development of social network analysis — A study in the sociology of science*, ΣP Empirical Press (BookSurge, LLC) (2004)［総頁 218］．リントン・C・フリーマン（辻竜平訳）：『社会ネットワーク分析の発展』，NTT 出版 (2007)［総頁 254］．
中心性の研究などについて第一人者である著者が，社会ネットワークの歴史や発展を語っている．複雑ネットワークについても私見を述べている．

日本語で書き下ろされた社会学のネットワーク分析の本

[35] 安田雪：『ネットワーク分析 — 何が行為を決定するか』，新曜社 (1997)［総頁 239］．

[36] 安田雪：『実践ネットワーク分析 — 関係を解く理論と技法』，新曜社 (2001)［総頁 188］．

[37] 金光淳：『社会ネットワーク分析の基礎— 社会的関係資本論にむけて』，

勁草書房 (2003)［総頁 321］．

総説論文

[38] Strogatz, S. H. : Exploring complex networks, *Nature*, Vol. 410, pp. 268–276 (2001).
短い総説。ストロガッツの専門である同期現象，彼が研究に携わった WS モデルの L やコンフィグモデルに詳しい。本書の第 10 章で紹介した成果が出る以前に書かれたので，同期については本書の内容を含まない。

[39] Albert, R., Barabási, A. -L. : Statistical mechanics of complex networks, *Review of Modern Physics*, Vol. 74, pp. 47–97 (2002).
よく読まれる。BA モデルの 2 人が 2002 年までのネットワーク研究を概観。専門的な総説としては比較的平易。BA モデルとその拡張，パーコレーションなど，彼らの研究に近い話題に比較的詳しい。

[40] Dorogovtsev, S. N., Mendes, J. F. F. : Evolution of networks, *Advances in Physics*, Vol. 51, pp. 1079–1187 (2002).
題名が示唆するように，成長するネットワーク（本書第 6 章）について，2002 年時点までのほとんどのモデルを網羅する。解析手法の説明は，BA の総説 [39] よりも詳しい。

[41] Newman, M. E. J. : The structure and function of complex networks, *SIAM Review*, Vol. 45, pp. 167–256 (2003).
よく読まれる。ページ数は BA の総説 [39] の倍ほどあり，それに値する。著者の得意分野を反映して，コンフィグモデル，パーコレーションの母関数などにやや詳しい。ただ，社会学のネットワーク分析や複雑ネットワークの歴史から始まって，網羅的に，かつ，数式の詳細に入りすぎずにまとまっている。広い読者層に推薦できる。

[42] Barabási, A. -L., Oltvai, Z. N. : Network biology: understanding the cell's functional organization, *Nature Reviews Genetics*, Vol. 5, pp. 101–113 (2004).
本書 3.5 節で紹介したシステム生物学関係のネットワークの総説。書籍 [19, 21] も参照。

関連図書

[43] Newman, M. E. J. : Power laws, Pareto distributions and Zipf's law, *Comtemporary Physics*, Vol. 46, pp. 323–351 (2005).
ネットワークに限られない，べき則の数理についての総説．

[44] National Research Council : *Network science — Committee on network science for future army applications*, The National Academies Press (2005)［総頁 124］．
総説ではないが，アメリカが研究者を含む委員を招集して行った，ネットワーク科学についての議論や調査などの結果をまとめた独特な本．軍事応用の可能性，複雑ネットワークの授業がどの大学で行われているかなどにも言及．

[45] Boccaletti, S., Latora, V., Moreno, Y., Chavez, M., Hwang, D. -U. : Complex networks: structure and dynamics, *Physics Reports*, Vol. 424, pp. 175–308 (2006).
以前の総説［39, 40, 41］があまり触れなかった話題に重点を置いた総説．空間構造のあるネットワーク，固有値，重みつきネットワーク，コミュニティ構造，各種ダイナミクスなどに詳しい．著者が多いせいか，各内容の接続が粗い．一方，内容は多岐に渡り，記述と引用文献が充実している．

[46] May, R. M. : Network structure and the biology of populations, *Trends in Ecology and Evolution*, Vol. 21, pp. 394–399 (2006).
数理生物学の大御所が，複雑なネットワークの数理生物学や生態学（食物網，感染症の伝播，進化ゲームなど）への応用可能性を書いた短い総説．

[47] Montoya, J. M., Pimm, S. L., Solé, R. V. : Ecological networks and their fragility, *Nature*, Vol. 442, pp. 259–264 (2006).
複雑ネットワークをとり入れた，食物網の総説．

[48] Bascompte, J. : Disentangling the web of life, *Science*, Vol. 325, pp. 416–419 (2009).
複雑ネットワークをとり入れた，食物網の総説．［53］の中の記事の1つ．

[49] Szabó, G., Fáth, G. : Evolutionary games on graphs, *Physics Re-*

ports, Vol. 446, pp. 97–216 (2007).
ネットワーク上の進化ゲームの総説。

[50] Da. F. Costa, L., Rodrigues, F. A., Travieso, G., Villas Boas, P. R. : Characterization of complex networks: a survey of measurements, *Advances in Physics*, Vol. 56, pp. 167–242 (2007).
ネットワークの特徴量についての総説。

[51] Dorogovtsev, S. N., Goltsev, A. V., Mendes, J. F. F. : Critical phenomena in complex networks, *Review of Modern Physics*, Vol. 80, pp. 1275–1335 (2008).
ネットワーク上の臨界現象や相転移の理論に特化した総説。ドロゴフツェフは，この分野の世界第一人者。本書の様々な場面で相転移が現れたように，この総説も，ネットワークのモデル，パーコレーション，感染症のモデル，カスケード故障，同期など広い話題を扱っている。

[52] Arenas, A., Díaz-Guimera, A., Kurths, J., Moreno, Y., Zhou, C. : Synchronization in complex networks, *Physics Reports*, Vol. 469, pp. 93–153 (2008).
ネットワーク上の同期現象の総説。

[53] *Science*, Vol. 325, pp. 405–432 (2009).
複雑ネットワークの特集。バラバシを含む研究者らが，1人数ページずつ総説を書いた。7月24日号。

論文集など

[54] Newman, M., Barabási, A. -L., Watts, D. J. : *The structure and dynamics of networks*, Princeton University Press (2006) ［総頁 624］.
複雑ネットワーク研究のパイオニア3人が選定した，この分野で代表的な44本の論文を集めた本。1998年以前の古典も収録されている。この本の特長は，各論文についての解説文である。その内容は論文の技術的解説に留まらない。ネットワーク科学やさらに広い文脈の中で各論文を位置づけるような解説は，編者達の力量があってこそ可能である。その部分だけでも読む価値がある。

[55] 『特集・ネットワーク科学の数理 — その基礎から応用まで』，数理科

学, No. 518, pp. 5–59, 8 月号 (2006).

ネットワークの数理的な基礎について 6 編，研究成果について 3 編の解説記事を収録．

[56] 青山秀明, 相馬亘, 藤原義久編：『ネットワーク科学への招待— 世界の"つながり"を知る科学と思考』, サイエンス社（臨時別冊・数理科学 2008 年 7 月号，SGC ライブラリ 65) (2008).

2006 年から 2008 年にかけて，数理科学（サイエンス社発行）に, 6 ページ程度の解説記事が 20 編掲載された．それらをまとめて出版したもの．内容は，各記事の著者の専門に応じて物理，生物，経済，社会など多岐に渡る．

国際会議の抄録などとして，各研究者が 1 章ずつ書いた文章をまとめたような本が頻繁に出版される．論文集に近い．そのような本を数冊挙げる．

[57] Bornholdt, S., Schuster, H. G. (Eds.) : *Handbook of graphs and networks — From the genome to the Internet*, Wiley-VCH (2003) ［総頁 417］.

[58] Pastor-Satorras, R., Rubi, M., Diaz-Guilera, A. (Eds.) : *Statistical mechanics of complex networks*, (Lecture Notes in Physics 625), Springer (2003) ［総頁 206］.

[59] Ben-Naim, E., Frauenfelder, H., Toroczkai, Z. (Eds.) : *Complex networks*, (Lecture Notes in Physics 650), Springer (2004) ［総頁 521］.

[60] Caldarelli, G., Vespignani, A. : *Large scale structure and dynamics of complex networks — From information technology to finance and natural science*, World Scientific (2007) ［総頁 264］.

[61] Fortunato, S., Mangioni, G., Menezes, R., Nicosia, V. (Eds.) : *Complex networks — Results of the 2009 International Workshop on Complex Networks (CompleNet 2009)*, Springer (2009) ［総頁 226］.

[62] Gross, T., Sayama, H. (Eds.) : *Adaptive networks — Theory, models and applications*, Springer (2009) ［総頁 332］.

これ以降，主に原著論文である。論文名は略す[1]。書籍については書名を記す。

[63] Albert, R., Jeong, H., Barabási, A. -L. : *Nature*, Vol. 406, pp. 378–382 (2000).
[64] Anderson, R. M., Medley, G. F., May, R. M., Johnson, A. M. : *IMA Journal of Mathematics Applied in Medicine & Biology*, Vol. 3, pp. 229–263 (1986).
[65] Arenas, A., Díaz-Guimera, A., Pérez-Vicente, C. J. : *Physical Review Letters*, Vol. 96, article No. 114102 (2006).
[66] Axelrod, R. : *Evolution of Cooperation*, Basic Books (1984). R. アクセルロッド著（松田裕之訳）：『つきあい方の科学 — バクテリアから国際関係まで』，ミネルヴァ書房 (1998).
[67] Ball, F., Mollison, D., Scalia-Tomba, G. : *Annals of Applied Probability*, Vol. 7, pp. 46–89 (1997).
[68] Barabási, A. -L., Albert, R. : *Science*, Vol. 286, pp. 509–512 (1999).
[69] Barabási, A. -L., Albert, R., Jeong, H. : *Physica A*, Vol. 272, pp. 173–187 (1999).
[70] Barabási, A. -L., Ravasz, E., Vicsek, T. : *Physica A*, Vol. 299, pp. 559–564 (2001).
[71] Barahona, M., Pecora, L. M. : *Physical Review Letters*, Vol. 89, article No. 054101 (2002).
[72] Barbour, A. D., Reinert, G. : *Random Structures and Algorithms*, Vol. 19, pp. 54–74 (2001).
[73] Barrat, A., Weigt, M. : *European Physical Journal B*, Vol. 13, pp. 547–560 (2000).
[74] Barrat, A., Pastor-Satorras, R. : *Physical Review E*, Vol. 71, article No. 036127 (2005).
[75] Barthélemy, M., Barrat, A., Pastor-Satorras, R., Vespignani, A. : *Physical Review Letters*, Vol. 92, article No. 178701 (2004).
[76] Barthélemy, M., Barrat, A., Pastor-Satorras, R., Vespignani, A. : *Journal of Theoretical Biology*, Vol. 235, pp. 275–288 (2005).
[77] Benjamini, I., Kesten, H., Peres, Y., Schramm, O. : *Annals of Mathematcs*, Vol. 160, pp. 465–491 (2004).
[78] Bergeron, F., Flajolet, P., Salvy, B. : *Lecture Notes in Computer Science*, Vol. 581, pp. 24–48 (1992).
[79] Bianconi, G., Barabási, A. -L. : *Europhysics Letters*, Vol. 54, pp. 436–442 (2001).
[80] Bianconi, G., Barabási, A. -L. : *Physical Review Letters*, Vol. 86, pp. 5632–5635 (2001).
[81] Biskup, M. : *Annals of Probability*, Vol. 32, pp. 2938–2977 (2004).
[82] Boguñá, M., Pastor-Satorras, R. : *Physical Review E*, Vol. 68, article No. 036112 (2003).
[83] Bollobás, B., Chung, F. R. K. : *SIAM Journal of Discrete Mathematics*, Vol.

---

1) 補遺（PDF 版）に論文名を示す。「はじめに」を参照

関連図書

1, pp. 328–333 (1988).
[84] Bollobás, B., Riordan, O. : *Combinatorica*, Vol. 24, pp. 5–34 (2004).
[85] Bonacich, P. : *Journal of Mathematical Sociology*, Vol. 2, pp. 113–120 (1972).
[86] Brandes, U. : *Journal of Mathematical Sociology*, Vol. 25, pp. 163–177 (2001).
[87] Bullmore, E., Sporns, O. : *Nature Reviews Neuroscience*, Vol. 10, pp. 186–198 (2009).
[88] Caldarelli, G., Capocci, A., De Los Rios, P., Muñoz M. A. : *Physical Review Letters*, Vol. 89, article No. 258702 (2002).
[89] Callaway, D. S., Newman, M. E. J., Strogatz, S. H., Watts, D. J. : *Physical Review Letters*, Vol. 85, pp. 5468–5471 (2000).
[90] Catanzaro, M., Pastor-Satorras, R. : *European Physical Journal B*, Vol. 44, pp. 241–248 (2005).
[91] Chung, F., Lu, L. : *Proceedings of the National Academy of Sciences of the United States of America*, Vol. 99, pp. 15879–15882 (2002).
[92] Chung, F., Lu, L., Vu, V. : *Proceedings of the National Academy of Sciences of the United States of America*, Vol. 100, pp. 6313–6318 (2003).
[93] Clauset, A., Newman, M. E. J., Moore, C. : *Physical Review E*, Vol. 70, article No. 066111 (2004).
[94] Clauset, A., Shalizi, C. R., Newman, M. E. J. : *SIAM Review*, Vol. 51, pp. 661–703 (2009).
[95] Cohen, R., Erez, K., ben-Avraham, D., Havlin, S. : *Physical Review Letters*, Vol. 85, pp. 4626–4628 (2000).
[96] Cohen, R., Erez, K., ben-Avraham, D., Havlin, S. : *Physical Review Letters*, Vol. 86, pp. 3682–3685 (2001).
[97] Cohen, R., ben-Avraham, D., Havlin, S. : *Physical Review E*, Vol. 66, article No. 036113 (2002).
[98] Cohen, R., Havlin, S. : *Physical Review Letters*, Vol. 90, article No. 058701 (2003).
[99] Cohen, R., Havlin, S., ben-Avraham, D. : *Physical Review Letters*, Vol. 91, article No. 247901 (2003).
[100] Coppersmith, D., Gamarnik, D., Sviridenko, M. : *Random Structures and Algorithms*, Vol. 21, pp. 1–13 (2002).
[101] Donetti, L., Hurtado, P. I., Muñoz, M. A. : *Physical Review Letters*, Vol. 95, article No. 188701 (2005).
[102] Dorogovtsev, S. N., Mendes, J. F. F., Samukhin, A. N. : *Physical Review Letters*, Vol. 85, pp. 4633–4636 (2000).
[103] Dorogovtsev, S. N., Goltsev, A. V., Mendes, J. F. F. : *Physical Review E*, Vol. 65, article No. 066122 (2002).
[104] Dorogovtsev, S. N., Goltsev, A. V., Mendes, J. F. F., Samukhin, A. N. : *Physical Review E*, Vol. 68, article No. 046109 (2003).
[105] Draief, M., Ganesh, A. : *Journal of Applied Probability*, Vol. 43, pp. 678–686 (2006).

[106] Durán, O., Mulet, R. : *Physica D*, Vol. 208, pp. 257–265 (2005).
[107] Ebel, H., Mielsch, L. -I., Bornholdt, S. : *Physical Review E*, Vol. 66, article No. 035103(R) (2002).
[108] Eguíluz, V. M., Klemm, K. : *Physical Review Letters*, Vol. 89, article No. 108701 (2002).
[109] Farkas, I. J., Derényi, I. Barabási, A. -L., Vicsek, T. : *Physical Review E*, Vol. 64, article No. 026704 (2001).
[110] Fortunato, S. : *Physics Reports*, Vol. 486, pp. 75–174 (2010).
[111] Franceschetti, M., Meester, R. : *Journal of Applied Probability*, Vol. 43, pp. 1173–1180 (2006).
[112] Franceschetti, M., Meester, R. : *Random networks for communication — From statistical physics to information systems*, Cambridge University Press (2007).
[113] Freeman, L. C. : *Social Networks*, Vol. 1, pp. 215–239 (1979).
[114] Galarreta, M., Hestrin, S. : *Nature Reviews Neuroscience*, Vol. 2, pp. 425–433 (2001).
[115] Girvan, M., Newman, M. E. J. : *Proceedings of the National Academy of Sciences of the United States of America*, Vol. 99, pp. 7821–7826 (2002).
[116] Goh, K. -I., Kahng, B., Kim, D. : *Physical Review Lettters*, Vol. 87, article No. 278701 (2001).
[117] Goh, K. -I., Kahng, B., Kim, D. : *Physical Review E*, Vol. 64, article No. 051903 (2001).
[118] Grassberger, P. : *Mathematical Biosciences*, Vol. 63, pp. 157–172 (1983).
[119] Hethcote, H. W., Yorke, J. A. : *Lecture Notes in Biomathematics*, Vol. 56, pp. 1–105 (1984).
[120] Holme, P., Kim, B. J. : *Physical Review E*, Vol. 65, article No. 026107 (2002).
[121] Ichinomiya, T. : *Physical Review E*, Vol. 70, article No. 026116 (2004).
[122] Ichinomiya, T. : *Physical Review E*, Vol. 72, article No. 016109 (2005).
[123] 稲水伸行, 竹嶋斎 :『赤門マネジメント・レビュー』, Vol. 4, pp. 281–302 (2005).
[124] Jeong, H., Tombor, B., Albert, R., Oltvai, Z. N., Barabási, A. -L. : *Nature*, Vol. 407, pp. 651–654 (2000).
[125] Jeong, H., Mason, S. P., Barabási, A. -L., Oltvai, Z. N. : *Nature*, Vol. 411, pp. 41–42 (2001).
[126] 香取眞理 :『複雑系を解く確率モデル — こんな秩序が自然を操る』, 講談社 (1997).
[127] Keeling, M. J., Eames, K. T. D. : *Journal of the Royal Society Interface*, Vol. 2, pp. 295–307 (2005).
[128] Kermack, W. O., McKendrick, A. G. : *Proceedings of the Royal Society of London A*, Vol. 115, pp. 700–721 (1927).
[129] Kleinberg, J. M. : in *Proceedings of the 9th ACM-SIAM Symposium on Discrete Algorithms*, pp. 668–677 (1998). （[130] は，この文献と同じ表題の拡張版）

関連図書

[130] Kleinberg, J. M. : *Journal of the ACM*, Vol. 46, pp. 604–632 (1999).
[131] Kleinberg, J. M., Kumar, R., Raghavan, P., Rajagopalan, S., Tomkins, A. S. : *Lecture Notes in Computer Science*, Vol. 1627, pp. 1–17 (1999).
[132] Kleinberg, J. M. : *Nature*, Vol. 406, pp. 845 (2000).
[133] Kleinberg, J. : in *Proceedings of the 32nd ACM Symposium on Theory of Computing*, pp. 163–170 (2000).
[134] Kleinberg, J. : in *Advances in Neural Information Processing Systems (NIPS)*, Vol. 14, pp. 431–438 (2001).
[135] Kleinberg, J. in *Proceedings of the International Congress of Mathematics*, Vol. 3, pp. 1019–1044 (2006).
[136] Klemm, K., Eguíluz, V. M. : *Physical Review E*, Vol. 65, article No. 036123 (2002).
[137] Klemm, K., Eguíluz, V. M. : *Physical Review E*, Vol. 65, article No. 057102 (2002).
[138] 今野紀雄：『無限粒子系の科学』，講談社 (2008).
[139] Krapivsky, P. L., Redner, S., Leyvraz, F. : *Physical Review Letters*, Vol. 85, pp. 4629–4632 (2000).
[140] Krapivsky, P. L., Redner, S. : *Physical Review E*, Vol. 63, article No. 066123 (2001).
[141] Krapivsky, P. L., Redner, S. : *Physical Review E*, Vol. 71, article No. 036118 (2005).
[142] 熊谷隆：『確率論』，共立出版 (2003). の第 3 章
[143] Kumar, R., Raghavan, P., Rajagopalan, S., Sivakumar, D., Tomkins, A. S., Upfal, E. : in *Proceedings of the 41st Annual IEEE Symposium on the Foundations of Computer Science*, pp. 57–65 (2000).
[144] Kuperman, M., Abramson, G. : *Physical Review Letters*, Vol. 86, pp. 2909–2912 (2001).
[145] Kuramoto, Y. : *Chemical oscillations, waves, and turbulence*, Springer-Verlag (1984). Dover Publications からも再版 (2003).
[146] 蔵本由紀編：『リズム現象の世界』，東京大学出版会 (2005).
[147] Langville, A. N., Meyer, C. D. : *Google's PageRank and beyond — The science of search engine rankings*, Princeton University Press (2006). 岩野和生，黒川利明，黒川洋訳：『Google PageRank の数理 — 最強検索エンジンのランキング手法を求めて』，共立出版 (2009).
[148] Lee. D. -S. : *Physical Review E*, Vol. 72, article No. 026208 (2005).
[149] Liggett, T. M. : *Interacting particle systems*, Springer (1985).
[150] Liljeros, F., Edling, C. R., Amaral, L. A. N., Stanley, H. E., Åberg, Y. : *Nature*, Vol. 411, pp. 907–908 (2001).
[151] Mahmoud, H. M., Smythe, R. T., Szymański, J. : *Random Structures and Algorithms*, Vol. 4, pp. 151–176 (1993).
[152] Manrubia, S. C., Mikhailov, A. S., Zanette, D. H.: Emergence of dynamical order — Synchronization phenomena in complex systems. World Scientific

(2004). の第 4 章

[153] Masuda, N., Miwa, H., Konno, N. : *Physical Review E*, Vol. 70, article No. 036124 (2004).

[154] Masuda, N. : *Proceedings of the Royal Society B: Biological Sciences*, Vol. 274, pp. 1815–1821 (2007).

[155] Masuda, N., Ohtsuki, H. : *New Journal of Physics*, Vol. 11, article No. 033012 (2009).

[156] May, R. M., Anderson, R. M. : *Philosophical Transactions of the Royal Society of London B*, Vol. 321, pp. 565–607 (1988).

[157] May, R. M., Lloyd, A. L. : *Physical Review E*, Vol. 64, article No. 066112 (2001).

[158] Milo, R., Shen-Orr, S., Itzkovitz, S., Kashtan, N., Chklovskii, D., Alon, U. : *Science*, Vol. 298, pp. 824–827 (2002).

[159] Milo, R., Itzkovitz, S., Kashtan, N., Levitt, R., Shen-Orr, S., Ayzenshtat, I., Sheffer, M., Alon, U. : *Science*, Vol. 303, pp. 1538–1542 (2004).

[160] 宮下直, 野田隆史:『群集生態学』, 東京大学出版会 (2003). の第 5 章

[161] Moore, C., Newman, M. E. J. : *Physical Review E*, Vol. 61, pp. 5678–5682 (2000).

[162] Moore, C., Newman, M. E. J. : *Physical Review E*, Vol. 62, pp. 7059–7064 (2000).

[163] Moreno, Y., Pastor-Satorras, R., Vespignani, A. : *European Physical Journal B*, Vol. 26, pp. 521–529 (2002).

[164] Motter, A. E., Lai, Y. -C. : *Physical Review E*, Vol. 66, article No. 065102(R) (2002).

[165] Motter, A. E. : *Physical Review Letters*, Vol. 93, article No. 098701 (2004).

[166] Motter, A. E., Zhou, C., Kurths, J. : *Physical Review E*, Vol. 71, article No. 016116 (2005).

[167] Motter, A. E., Zhou, C. S., Kurths, J. : *Europhysics Letters*, Vol. 69, pp. 334–340 (2005).

[168] Newman, M. E. J., Moore, C., Watts, D. J. : *Physical Review Letters*, Vol. 84, pp. 3201–3204 (2000).

[169] Newman, M. E. J., Strogatz, S. H., Watts, D. J. : *Physical Review E*, Vol. 64, article No. 026118 (2001).

[170] Newman, M. E. J. : *Physical Review Letters*, Vol. 89, article No. 208701 (2002).

[171] Newman, M. E. J. : *Physical Review E*, Vol. 66, article No. 016128 (2002).

[172] Newman, M. E. J. : *Physical Review E*, Vol. 69, article No. 066133 (2004).

[173] Newman, M. E. J., Girvan, M. : *Physical Review E*, Vol. 69, article No. 026113 (2004).

[174] Newman, M. E. J. : *Social Networks*, Vol. 27, pp. 39–54 (2005).

[175] Newman, M. E. J. : *Physical Review E*, Vol. 74, article No. 036104 (2006).

[176] Nishikawa, T., Motter, A. E., Lai, Y. -C., Hoppensteadt, F. C. : *Physical*

関連図書

Review Letters, Vol. 91, article No. 014101 (2003).

[177] Nishikawa, T., Motter, A. E. : *Physica D*, Vol. 224, pp. 77–89 (2006).

[178] Noh, J. D., Rieger, H. : *Physical Review Letters*, Vol. 92, article No. 118701 (2004).

[179] de Nooy, W., Mrvar, A., Batagelj, V. : *Exploratory social network analysis with Pajek*, Cambridge University Press (2005). ウオウター・デノーイ, アンドレイ・ムルヴァル, ヴラディミール・バタゲーリ（安田雪監訳）:『Pajek を活用した社会ネットワーク分析』, 東京電機大学出版局 (2009).

[180] Nowak, M. A., May, R. M. : *Nature*, Vol. 359, pp. 826–829 (1992).

[181] Nowak, M. A. : *Evolutionary dynamics — Exploring the equations of life*, The Belknap Press of Harvard University Press (2006). 中岡慎治, 巌佐庸, 竹内康博, 佐藤一憲訳:『進化のダイナミクス — 生命の謎を解き明かす方程式』, 共立出版 (2008).

[182] 小田垣孝:『パーコレーションの科学』, 裳華房 (1993).

[183] 小田垣孝:『つながりの科学 — パーコレーション』, 裳華房 (2000).

[184] 大串隆之, 近藤倫生, 難波利幸編:『生物間ネットワークを紐とく』, 京都大学学術出版会 (2009).

[185] Ohtsuki, H., Hauert, C., Lieberman, E., Nowak, M. A. : *Nature*, Vol. 441, pp. 502–505 (2006).

[186] 大浦宏邦:『社会科学者のための進化ゲーム理論 — 基礎から応用まで』, 勁草書房 (2008).

[187] Onnela, J. -P., Saramäki, J., Hyvönen, J., Szabó, G., Lazer, D., Kaski, K., Kertész, J., Barabási, A. -L. : *Proceedings of the National Academy of Sciences of the United States of America*, Vol. 104, pp. 7332–7336 (2007).

[188] Palla, G., Derényi, I., Farkas, I., Vicsek, T. : *Nature*, Vol. 435, pp. 814–818 (2005).

[189] Pastor-Satorras, R., Vespignani, A. : *Physical Review Letters*, Vol. 86, pp. 3200–3203 (2001).

[190] Pastor-Satorras, R., Vespignani, A. : *Physical Review E*, Vol. 65, article No. 036104 (2002).

[191] Pecora, L. M. : *Pramana Journal of Physics*, Vol. 70, pp. 1175–1198 (2008).

[192] Pittel, B. : *Random Structures and Algorithms*, Vol. 5, pp. 337–347 (1994).

[193] de Solla Price, D. : *Journal of the American Society for Information Science*, Vol. 27, pp. 292–306 (1976).

[194] Ravasz, E., Somera, A. L., Mongru, D. A., Oltvai, Z. N., Barabási, A. -L. : *Science*, Vol. 297, pp. 1551–1555 (2002).

[195] Ravasz, E., Barabási, A. -L. : *Physical Review E*, Vol. 67, article No. 026112 (2003).

[196] Reichardt, J., Bornholdt, S. : *Physical Review Letters*, Vol. 93, article No. 218701 (2004).

[197] Reichardt, J. : *Structure in complex networks*, (Lecture Notes in Physics 766), Springer (2009).

[198] Restrepo, J. G., Ott, E., Hunt, B. R. : *Physical Review E*, Vol. 71, article No. 036151 (2005).
[199] Rodgers, G. J., Austin, K., Kahng, B., Kim, D. : *Journal of Physics A*, Vol. 38, pp. 9431–9437 (2005).
[200] Rosvall, M., Bergstrom, C. T. : *Proceedings of the National Academy of Sciences of the United States of America*, Vol. 105, pp. 1118–1123 (2008).
[201] Rozenfeld, H. D., ben-Avraham, D. : *Physical Review E*, Vol. 70, article No. 056107 (2004).
[202] Rozenfeld, H. D., Havlin, S., ben-Avraham, D. : *New Journal of Physics*, Vol. 9, article No. 175 (2007).
[203] 斉藤和巳：『ウェブサイエンス入門 — インターネットの構造を解き明かす』，NTT出版 (2007).
[204] Sakaguchi, H., Shinomoto, S., Kuramoto, Y. : *Progress of Theoretical Physics*, Vol. 77, pp. 1005–1010 (1987).
[205] Sakaguchi, H., Shinomoto, S., Kuramoto, Y. : *Progress of Theoretical Physics*, Vol. 79, pp. 1069–1079 (1988).
[206] Santos, F. C., Pacheco, J. M. : *Physical Review Letters*, Vol. 95, article No. 098104 (2005)
[207] Santos, F. C., Pacheco, J. M. : *Journal of Evolutionary Biology*, Vol. 19, pp. 726–733 (2006).
[208] Shen-Orr, S. S., Milo, R., Mangan, S., Alon, U. : *Nature Genetics*, Vol. 31, pp. 64–68 (2002).
[209] Söderberg, B. : *Physical Review E*, Vol. 66, article No. 066121 (2002).
[210] Solé, R. V., Pastor-Satorras, R., Smith, E., Kepler, T. B. : *Advances in Complex Systems*, Vol. 5, pp. 43–54 (2002).
[211] Song, C., Havlin, S., Makse, H. A. : *Nature*, Vol. 433, pp. 392–395 (2005).
[212] Song, C., Havlin, S., Makse, H. A. : *Nature Physics*, Vol. 2, pp. 275–281 (2006).
[213] Stauffer, D., Aharony, A. : *Introduction to percolation theory* (Revised second edition), Taylor & Francis (1994). D. スタウファー，A. アハロニー（小田垣孝訳）：『パーコレーションの基本原理』，吉岡書店 (2001).
[214] Szymański, J. : *Annals of Discrete Mathematics*, Vol. 33, pp. 297–306 (1987).
[215] Szymański, J. : in *Proceedings of Random Graphs '87*, pp. 313–324 (1990).
[216] Tomassini, M., Pestelacci, E., Luthi, L. : *International Journal of Modern Physics C*, Vol. 18, pp. 1173–1185 (2007).
[217] Vázquez, A., Boguñá, M., Moreno, Y., Pastor-Satorras, R., Vespignani, A. : *Physical Review E*, Vol. 67, article No. 046111 (2003).
[218] Vázquez, A., Flammini, A., Maritan, A., Vespignani, A. : *ComPlexUs*, Vol. 1, pp. 38–44 (2003).
[219] Watts, D. J., Strogatz, S. H. : *Nature*, Vol. 393, pp. 440–442 (1998).
[220] Watts, D. J., Dodds, P. S., Newman, M. E. J. : *Science*, Vol. 296, pp. 1302–1305 (2002).

関連図書

[221] Yoon, I., Williams, R., Levine, E., Yoon, S., Dunne, J., Martinez, N. : in *Proceedings of the IS&T/SPIE Symposium on Electronic Imaging, Visualization and Data Analysis Section*, Vol. 5295, pp. 124–132 (2004).

[222] Zachary, W. W. : *Journal of Anthropological Research*, Vol. 33, pp. 452–473 (1977)

索　引

握手の補題 (handshaking lemma), 8
アルバート (R. Albert), 95, 265

一次元格子 (one-dimensional lattice, chain), 70
一般化ランダム・グラフ (generalized random graph), 138
遺伝子発現調整ネットワーク (genetic regulatory network), 63
入次数 (indegree), 105, 207

SIR モデル (SIR model), 186
SIS モデル (SIS model), 178
枝 (edge, link, arc, bond), 3
エルデシュ (P. Erdős), 76
エルデシュ数 (Erdős number), 53

オーソリティ (authority), 213

階層的モデル (hierarchical network model), 122, 218
化学シナプス (chemical synapse), 60
拡張 1 次元格子 (extended one-dimensional lattice), 72
拡張サイクル (extended cycle), 72
隠れ変数モデル (hidden variable model), 143
カスケード故障 (cascading failure), 220
カットオフ次数 (natural cutoff degree), 16
頑健性 (robustness), 162
完全グラフ (complete graph), 65
感染率 (infection rate), 178

木 (tree), 73, 136

ギャップ・ジャンクション (gap junction), 59
強連結 (strongly connected), 209
距離 (distance, path length), 21
近接中心性 (closeness centrality), 32

空間的互恵性 (spatial reciprocity), 199
クラスター (cluster), 23, 152
クラスター係数 (clustering coefficient), 23
クリーク (clique), 66, 147

ケイリー・ツリー (Cayley tree), 75
ゲーム理論 (game theory), 193
結合位相振動子 (coupled oscillators), 227
結合度 (connectance), 58

固定確率 (fixation probability), 202
コミュニティ (community), 37
固有値 (eigenvalue), 81, 142, 232, 236, 263
固有ベクトル中心性 (eigenvector centrality), 36, 213
ゴルトン・ワトソン過程 (Galton-Watson process), 138
ゴルトン・ワトソン木 (Galton-Watson tree), 138
コンタクト・プロセス (contact process), 178
コンフィグモデル (configuration model), 130

再帰的 (recursive), 204
サイクル (cycle), 71

索　引

サイト・パーコレーション (site percolation), 151, 174

閾値モデル (threshold model), 144
次数 (degree), 7
次数中心性 (degree centrality), 32
次数分布 (degree distribution), 8
次数列 (degree sequence), 130
ジップの法則 (Zipf's law), 11
周期的境界条件 (periodic boundary condition), 69
囚人のジレンマ (Prisoner's Dilemma), 193
順位プロット (rank plot), 20
ショートカット (shortcut), 84
浸透確率 (percolation probability), 152

推移性 (transitivity), 25
スケールフリー・ネットワーク (scale-free network), 12, 95, 129, 155, 183, 188, 199, 232, 241
ストロガッツ (S. H. Strogatz), 26, 83, 226, 259, 265
スピン系 (spin system), 46
スモールワールド・ネットワーク (small-world network), 26, 83, 85
スモールワールド・プロジェクト (small world project), 22
スモールワールド実験 (small world experiment), 21, 216

生存確率 (survival probability), 182
成長 (growth), 95
正方格子 (square lattice), 67
セルフループ (self loop), 4

相転移 (phase transition), 77, 94, 152, 181
ソーシャル・ネットワーキング・サービス (social networking service), 52

ダイクストラ法 (Dijkstra's algorithm), 23

代謝ネットワーク (metabolic network), 62
多重辺 (multiple edge), 4
WS モデル (WS model), 83, 174, 217, 241
単純ランダム・ウォーク (simple random walk), 203
タンパク質相互作用ネットワーク (protein interaction network, PIN), 63

中心性 (centrality), 31
頂点 (vertex, node), 3
頂点コピーモデル (vertex copying model, duplication-divergence model), 106
頂点非活性化モデル (node deactivation model), 117
超立方格子 (hypercubic lattice), 73

つなぎかえ (rewiring), 84

定常密度 (stationary density), 204
適応度モデル (fitness model), 110
出次数 (outdegree), 105, 207

同期 (synchronization, synchrony), 225
トーラス (torus), 73
ドロゴフツェフ (S. N. Dorogovtsev), 103, 125, 260, 265, 267

ニューマン (M. E. J. Newman), 39, 265, 267

根 (root), 73

ノイマン近傍 (von Neumann neighborhood), 70
残り次数 (remaining degree, excess degree), 29

パーコレーション (percolation), 150
媒介中心性 (betweenness centrality), 33, 220
ハイパーリンク (hyperlink), 57
80 対 20 の法則 (80/20 principle), 95

索　引

ハブ (hub), 12, 213
バラバシ (A.-L. Barabási), 95, 111, 122, 126, 258, 265, 267
パレートの法則 (Pareto's law, Pareto distribution), 11

BA モデル (BA model), 95
HITS, 213
非連結 (disconnected), 6

負荷 (load), 34, 221
部分グラフ (subgraph), 66
フラクタル (fractal), 127, 140

平均（頂点間）距離 (average path length, characteristic path length), 21
平均次数 (mean degree, average degree), 8
平均場近似 (mean-field approximation), 66, 81
ベーコン数 (Bacon number), 54
ページランク (PageRank), 207
ベーテ格子 (Bethe lattice), 75
べき指数 (power-law exponent, scaling exponent), 11
べき則 (power law), 10, 95, 97

ポアソン分布 (Poisson distribution), 78, 85, 164
母関数 (generating function), 163, 265
ボーズ・アインシュタイン凝縮 (Bose-Einstein condensation), 113
ポッツモデル (Potts model), 46
ホモフィリー (homophily), 29, 55, 218
ボンド・パーコレーション (bond percolation), 153, 168, 177

マスター方程式 (master equation), 102, 206
マスター方程式 (master stability function), 237

ミクシィ (mixi), 52

密度 (density), 58

ムーア近傍 (Moore neighborhood), 70
無向グラフ (undirected graph), 4
無向ネットワーク (undirected network), 4

モジュール (module), 37
モジュラリティ (modularity), 42
モチーフ (motif), 48

有向グラフ (directed graph), 4
有向ネットワーク (directed network), 4, 48, 207, 243
優先的選択 (preferential attachment), 95

ランダム・グラフ (random graph), 76

臨界確率 (critical probability), 153
臨界木 (critical branching tree), 140
臨界指数 (critical exponent), 177
臨界値 (critical value), 181, 230
隣接 (adjacent), 3
隣接行列 (adjacency matrix), 4

ループ (loop), 4

レギュラー・ランダム・グラフ (regular random graph), 135, 202
レプリカ法 (replica method), 143
連結 (connected), 6
連結成分 (connected component), 152
連続近似 (continuum theory, continuum approximation; 連続体理論，連続理論), 13, 99

6 次の隔たり (six degrees of separation), 22

WWW (World Wide Web; ワールド・ワイド・ウェブ), 57
ワッツ (D. J. Watts), 22, 26, 83, 199, 231, 258, 260, 267

著者略歴

増田 直紀（ますだ なおき）
1998 年 東京大学工学部計数工学科卒
2002 年 東京大学大学院工学系研究科計数工学専攻博士号
2006 年 10 月から東京大学大学院情報理工学系研究科数理情報学専攻講師。2008 年 9 月から同准教授。2014 年 3 月からブリストル大学 Department of Engineering Mathematics 上級講師。
専門分野はネットワーク科学, 社会行動の数理モデル, 計算脳科学など。著書に『複雑ネットワークの科学』（共著, 産業図書）,『「複雑ネットワーク」とは何か』（共著, 講談社ブルーバックス）,『私たちはどうつながっているのか』（中公新書）,『なぜ 3 人いると噂が広まるのか』（日経プレミアシリーズ）。

今野 紀雄（こんの のりお）
1982 年 東京大学理学部数学科卒
1987 年 東京工業大学大学院理工学研究科博士課程単位取得
室蘭工業大学数理科学共通講座助教授, コーネル大学数理科学研究所客員研究員を経て, 現在, 横浜国立大学大学院工学研究院教授。博士 (理学)。
専門分野は, 無限粒子系, 量子ウォーク, ネットワーク科学。著書・訳書に『無限粒子系の科学』（講談社）,『量子ウォークの数理』（産業図書）,『複雑ネットワークの科学』（共著, 産業図書）,『マルコフ連鎖から格子確率モデルへ』（共訳, シュプリンガー・ジャパン）など多数。

複雑ネットワーク　基礎から応用まで
© 2010 Naoki Masuda & Norio Konno
Printed in Japan

2010 年 4 月 30 日　初版第 1 刷発行
2018 年 8 月 31 日　初版第 6 刷発行

著　者　　増　田　直　紀
　　　　　今　野　紀　雄
発行者　　井　芹　昌　信
発行所　　株式会社 近代科学社
〒162-0843　東京都新宿区市谷田町 2-7-15
電話 03-3260-6161　振替 00160-5-7625
http://www.kindaikagaku.co.jp

大日本法令印刷　　ISBN978-4-7649-0363-0
定価はカバーに表示してあります。